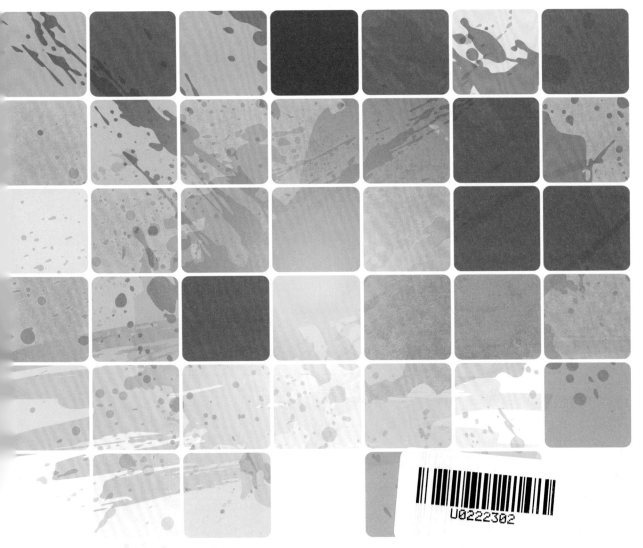

1DVD 附赠作者精心制作的经典案例的素材、效果及视频文件

网页配色设计入门到精通

瞿颖健 编著

北京希望电子出版社
Beijing Hope Electronic Press
www.bhp.com.cn

内 容 简 介

本书共分 8 章，内容包括网页色彩的基本理论、网页设计的相关知识、网页设计的基础色、网页各类元素的色彩搭配、不同布局的网页色彩搭配、不同风格的网页色彩设计、网页设计的色彩印象、网页色彩设计的应用领域。在前面的两章中，就网页色彩设计的相关理论知识进行了详细的讲解，为读者学习后面的知识进行了铺垫，以激发读者的学习兴趣；在后面的章节中，对基础色、元素、布局、风格等进行了深度的剖析，并在每一章中引用了大量的经典案例，以进一步加深读者对网页色彩设计的理解。

本书对章节内容进行了深度优化，使读者在实际工作中查阅色彩搭配方案时更为方便、快捷；本书不仅具有实用性，还兼具美观性，读者可以通过学习、理解知识，欣赏其中的经典案例，以更有效地培养自己的设计理念。

本书是网页设计等专业必备的配色工具书，也可作为各大培训机构、公司的参考书籍，以及各大中专院校相关专业的教材。

图书在版编目（CIP）数据

网页配色设计从入门到精通 / 瞿颖健编著. —北京：北京希望电子出版社，2015.6

ISBN 978-7-83002-225-9

I. ①网… II. ①瞿… III. ①网页—制作—配色—设计 IV. ①TP393.092

中国版本图书馆 CIP 数据核字（2015）第 067555 号

出版：北京希望电子出版社
地址：北京市海淀区中关村大街 22 号
中科大厦 A 座 9 层
邮编：100190
网址：www.bhp.com.cn
电话：010-62978181（总机）转发行部
010-82702675（邮购）
传真：010-82702698
经销：各地新华书店

封面：深度文化
编辑：李小楠
校对：方加青
开本：787mm×1092mm 1/16
印张：15（全彩印刷）
字数：338 千字
印刷：北京博图彩色印刷有限公司
版次：2015 年 6 月 1 版 1 次印刷

定价：49.80 元（配 1 张 DVD 光盘）

FOREWORD 前言

网页设计是一门庞大的学科，它由色彩、布局、风格、构图等多种元素构成，复杂而细致。当今是互联网的时代，大部分行业都涉及网络，而网页是网络中最重要的部分。本书以色彩为出发点，结合不同布局、不同风格的特点，深入细致地对网页配色方案进行研究和讲解。

本书章节的编排更有利于阅读学习，读者可以循序渐进地提升学习效果；内容更详实、具体，针对每一类别的网页设计进行了完整的解析，其中包括设计原理、风格、色彩等；案例更经典、实用，书中列举了大量优秀网页配色设计案例，实用性较强；更易学、易懂，更有趣味，本书用通俗易懂的文字编写，没有华丽的辞藻却更贴近生活，非常适合新手学习。

本书共8章，前两章是基础章节，包括网页色彩的基本理论、网页设计的相关知识，为后面的学习奠定了基础；后面章节分别对网页设计的基础色、网页各类元素的色彩搭配、不同布局的网页色彩搭配、不同风格的网页色彩设计、网页设计的色彩印象、网页色彩设计的应用领域等内容进行了细致的讲解。

本书配有大量优秀案例，通过对案例的设计理念、配色方案进行分析，让读者更快地加以吸收、运用，以达到举一反三的目的，从而将优秀的网页设计方案应用到工作和学习中去。本书既有全面而到位的色彩分析，又有详细而准确的色彩数值罗列（包括CMYK和RGB值），使读者在参照色块进行色彩搭配的同时，也可以遵循准确的参数进行设置。本书还为读者精心推荐了多组配色方案，让读者可以更好地理解色彩搭配的原则和技巧。

本书力求将实用性、美观性、易学性相结合，成为读者学习提高道路上的“引路石”。但由于编者水平所限，书中难免有疏漏之处，希望广大专家、读者批评斧正！

本书主要由瞿颖健编写，参与本书编写和整理的还有柳美余、苏晴、李木子、胡娟、矫雪、王萍、董辅川、杨建超、马啸、于燕香、李路、曹子龙、曹诗雅、丁仁雯、孙芳等。在编写的过程中，得到了北京希望电子出版社韩宜波老师的大力支持，在此一并表示感谢！

编著者

CONTENTS 目录

第1章 网页色彩的基本理论

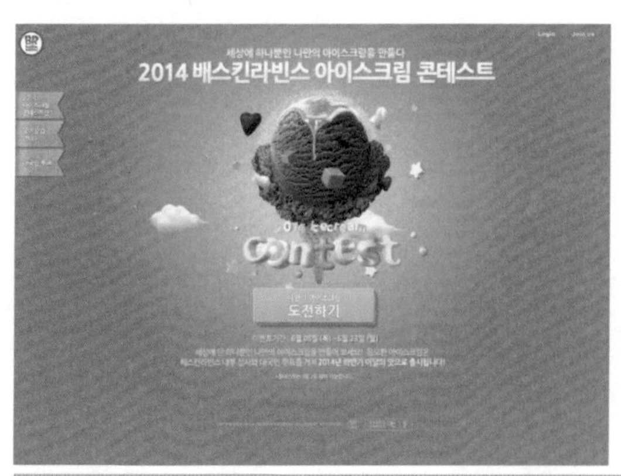

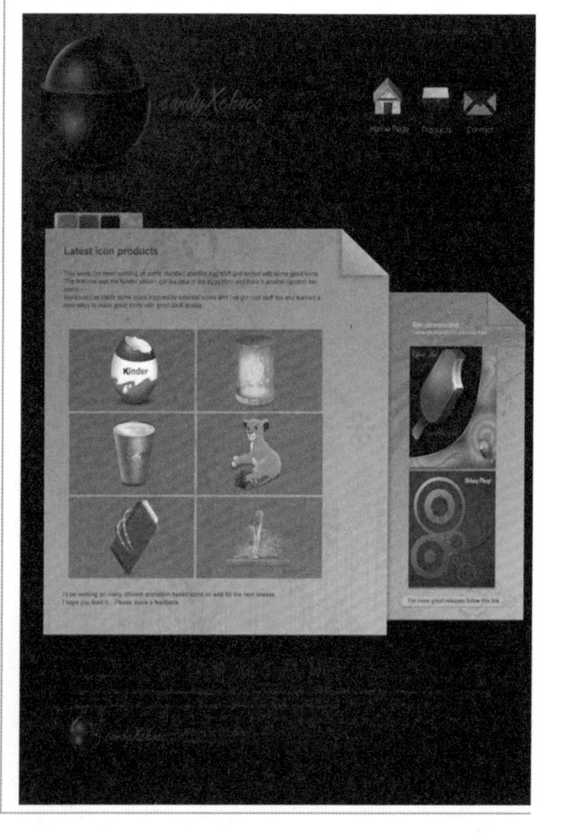

第2章 网页设计的相关知识

第3章 网页设计的基础色

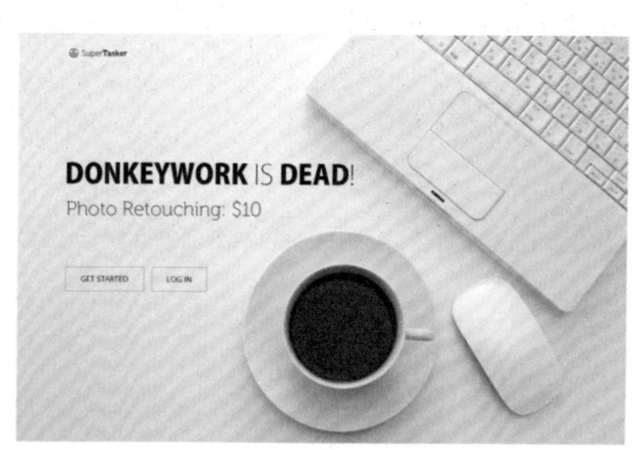

第4章 网页各类元素的色彩搭配

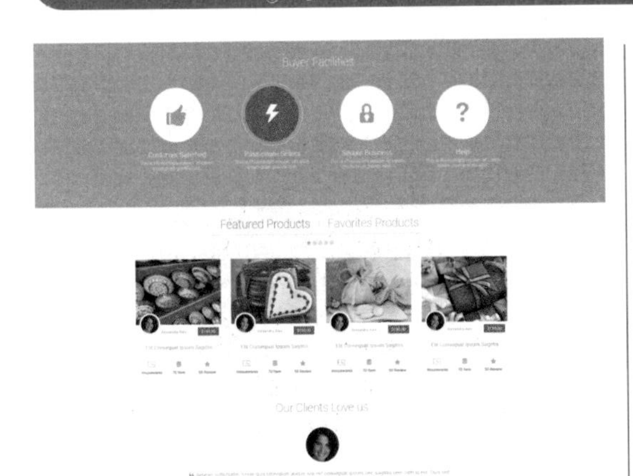

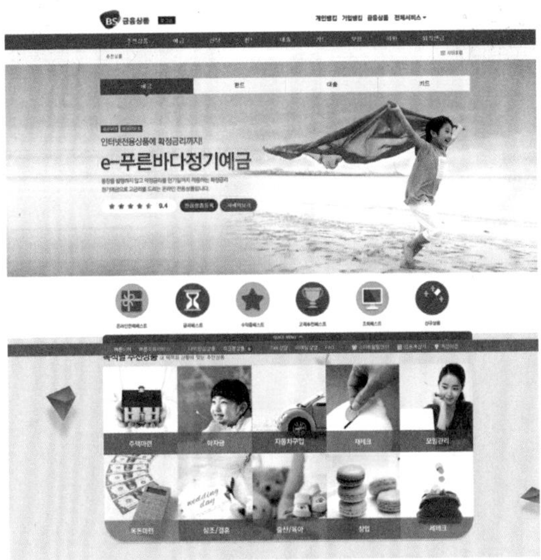

第5章 不同布局的网页色彩搭配

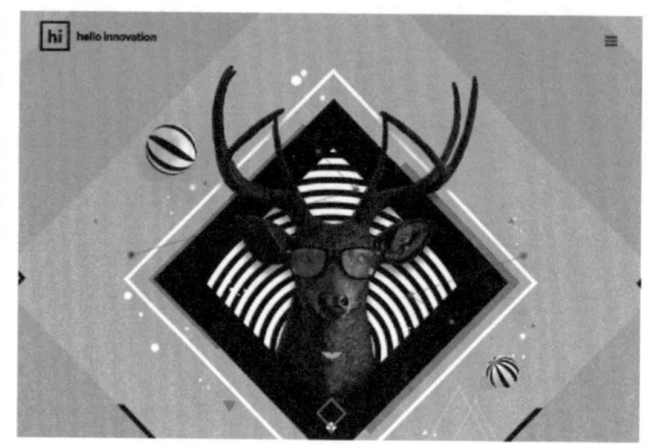

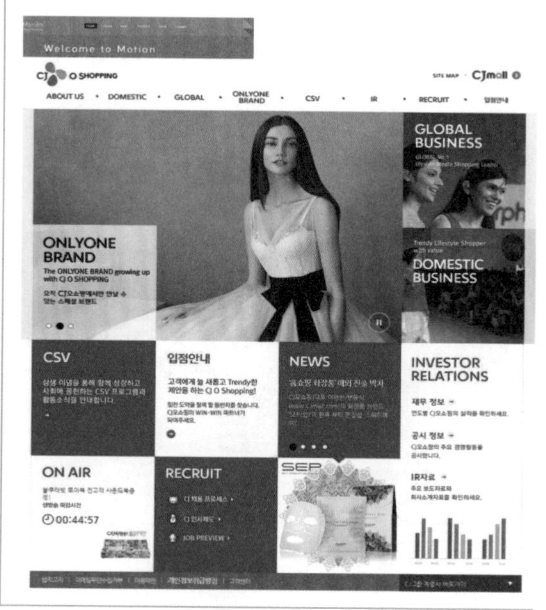

第6章 不同风格的网页色彩设计

第7章 网页设计的色彩印象

第8章 网页色彩设计的应用领域

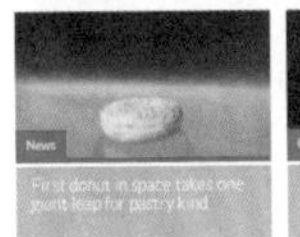

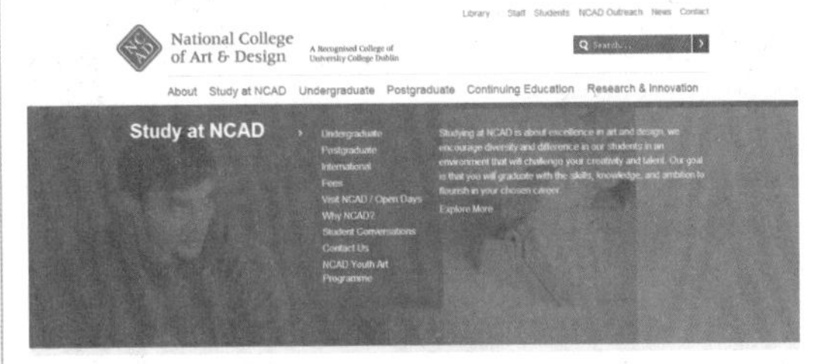

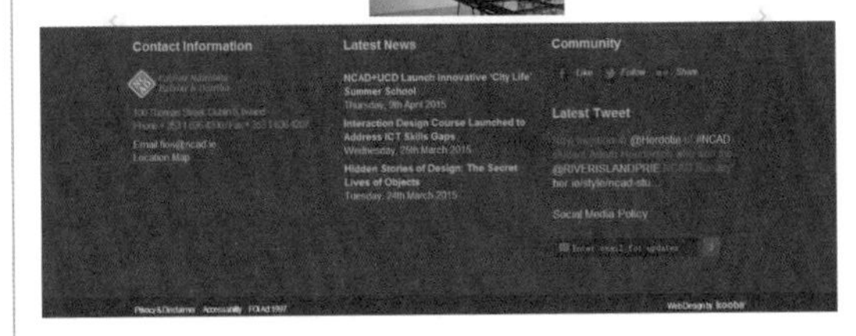

Team.LNG
sbkstudio.pl
16:11
Niszczymy wszystko co sie rusza!
Czy ktokolwiek wie co mogę tu wpisać?
Mma panowie, mma!

DYNAMIC HIKING
DYNAMIC HIKING DAY
About DYNAMIC HIKING
Go

第 1 章

网页色彩的基本理论

随着时代的不断发展，网络逐步蔓延。大到政府企业，小到个人门户，网站的使用已经普及到各个角落。网页是网站最主要的构成元素，随着人们对视觉审美的要求提升到了越来越高的层面，网页的设计也不再只是单纯的图片与文字的组合，而是要通过不同类型的网站特性定义不同的结构布局、色彩搭配，以制作出不同风格的网站，从而满足受众的需求。

THE BEST
SELECTION,
FROM THE BEST
BOUTIQUES

CMYK：54-0-25-0	CMYK：90-58-50-5	CMYK：19-96-73-0	CMYK：64-80-81-47
RGB：116-214-213	RGB：2-99-116	RGB：215-31-60	RGB：78-45-38

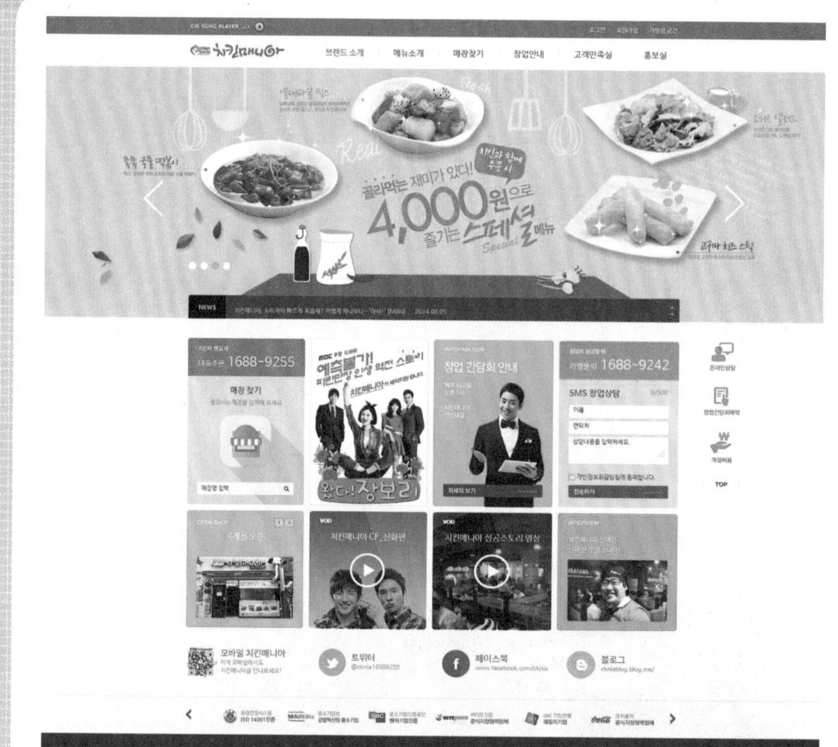

CMYK：11–16–32–0
RGB：234–218–182

CMYK：5–78–62–0
RGB：240–90–81

CMYK：55–8–100–0
RGB：136– 191–2

CMYK：3–36–88–0
RGB：253–184–21

About Us

Frú Frú is an italian restaurant, bar and coffee located on a busy corner of the principal place of Fermo (FM).

Frú Frú is cosy place where you can eat fresh meats, vegetables and fruits in a French bistro's style.

Frú Frú's menu is inspired on french gastronomy, using high quality italian local products.

CMYK：49–18–98–0
RGB：155–181–28

CMYK：10–88–76–0
RGB：231–63–56

CMYK：26–63–89–0
RGB：202–119–45

CMYK：67–72–71–31
RGB：87–66–61

1.1 色彩设计原理

色彩设计具有随机性，但是也有相应的原理和规矩。常见的色彩搭配有单色搭配、互补色搭配、对比色搭配等。

1 单色搭配

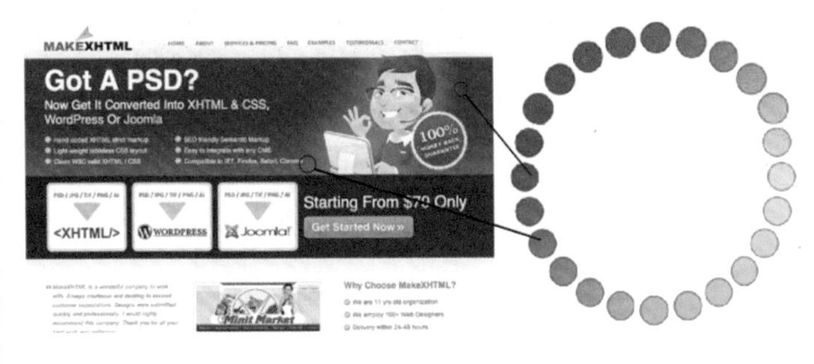

“单色搭配”是指将24色环中的两种相邻或相近色彩进行搭配，又被称为“邻近色搭配”，这种搭配方案给人以柔和的视觉感受。

单色搭配被称为“最稳妥的配色方案”。因为这种配色方案往往会出自同一个色相中，通过更改色相的明度或纯度加以区别，使页面产生微妙的变化。但如果页面中整体使用单色系进行搭配，就会给人以空洞、乏味的视觉感受，因此通常会加入较少的色彩进行点缀，以起到调和、活跃气氛的作用。

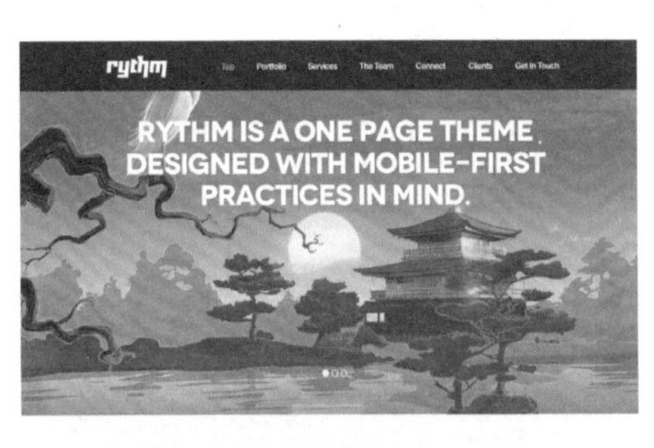

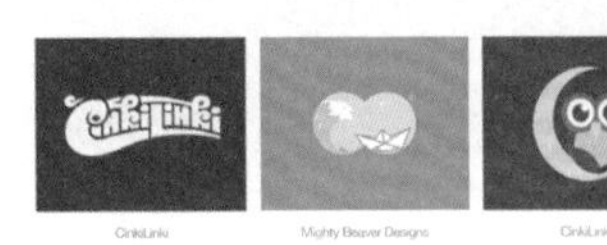

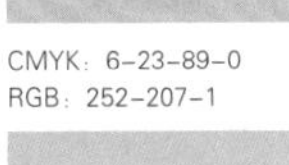

CMYK：6-23-89-0 RGB：252-207-1

CMYK：0-52-91-0 RGB：254-153-1

CMYK：0-74-93-0 RGB：253-100-0

CMYK：41-0-95-0 RGB：175-218-4

CMYK：56-25-100-0 RGB：136-165-1

CMYK：0-96-94-0 RGB：255-0-2

CMYK：6-15-68-0 RGB：253-223-99

CMYK：44-7-85-0 RGB：166-203-66

CMYK：63-18-47-0 RGB：102-173-152

CMYK：79-38-53-0 RGB：54-133-127

CMYK：91-73-56-21 RGB：31-68-87

CMYK：81-72-67-37 RGB：51-59-62

2 互补色搭配

“互补色搭配”是指将24色环中间隔角度处于180° 左右的色彩进行搭配，如红色与绿色、黄色与紫色。互补色相配能产生强烈的刺激作用，对人有很强的吸引力。

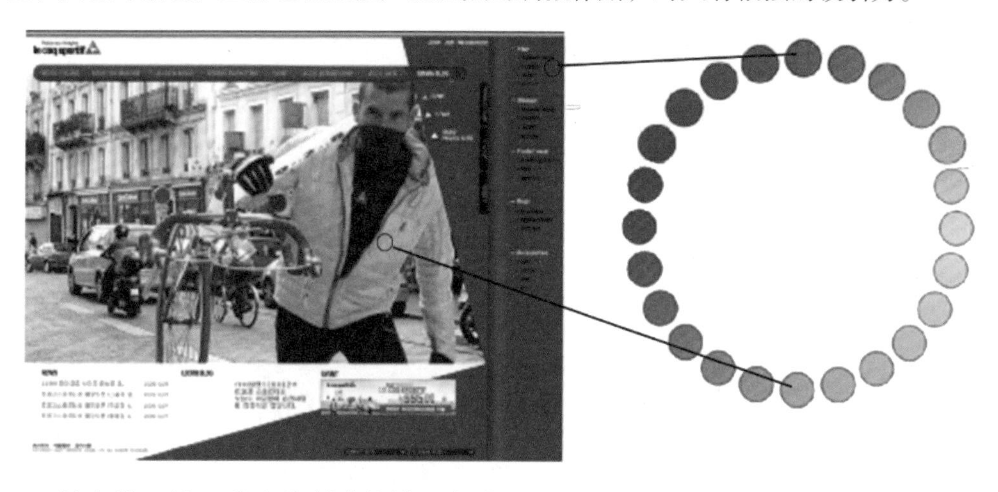

互补色搭配是一种十分刺激的搭配方式，要尽量避免大面积地使用，以免产生不稳定、不舒服的视觉印象；但小面积地使用可以使色彩之间形成鲜明的对比，起到吸引观者视线的作用。

CMYK：7-4-86-0
RGB：255-240-0

CMYK：43-0-13-0
RGB：132-251-255

CMYK：68-1-11-0
RGB：26-198-237

CMYK：61-81-0-0
RGB：161-51-212

CMYK：84-84-32-1
RGB：71-66-124

CMYK：95-97-70-64
RGB：12-10-31

CMYK：34-11-11-0
RGB：182-211-225

CMYK：69-19-7-0
RGB：59-172-226

CMYK：60-16-81-0
RGB：119-175-84

CMYK：0-44-28-0
RGB：253-174-165

CMYK：0-95-90-0
RGB：255-19-19

CMYK：78-34-100-0
RGB：59-138-13

3 对比色搭配

“对比色搭配”是指将24色环中间隔角度处于120° 左右的色彩进行搭配，如红色与黄色、红色与蓝色。对比色搭配的效果鲜明、饱满，容易给人带来兴奋、刺激的感觉。

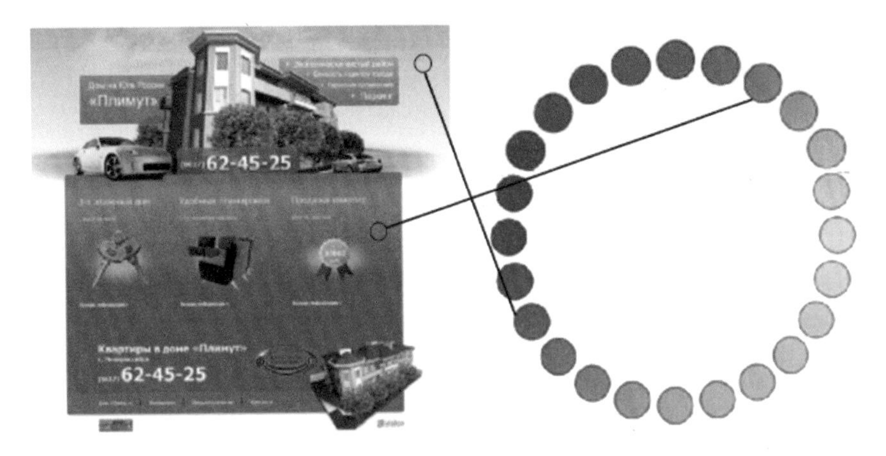

由于对比色搭配给人以比较饱满、鲜明的视觉印象，在实际应用中一般都会选择以一种色彩作为主色，以另一种色彩作为点缀，这样所产生的色彩效果不会使页面有凌乱的感觉。

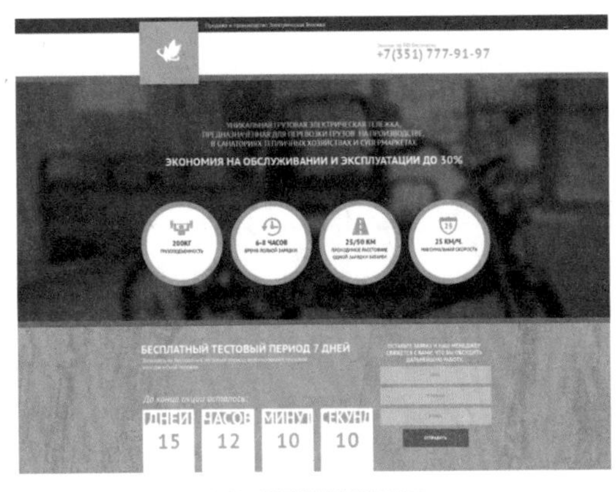

CMYK：2-45-91-0
RGB：252-166-3

CMYK：13-99-88-0
RGB：225-8-39

CMYK：42-100-100-9
RGB：165-13-16

CMYK：37-53-53-0
RGB：179-134-114

CMYK：36-34-0-0
RGB：181-171-232

CMYK：81-76-74-53
RGB：42-42-42

CMYK：38-8-49-0
RGB：175-208-153

CMYK：58-14-79-0
RGB：125-180-89

CMYK：42-32-10-0
RGB：164-170-204

CMYK：17-33-84-0
RGB：226-181-54

CMYK：78-54-0-0
RGB：64-114-209

CMYK：96-87-42-8
RGB：31-58-105

1.2 色彩的三大属性

就像人类有性别、年龄、人种等可判别个体的属性一样，色彩也具有其独特的三大属性，即色相、明度、纯度。任何色彩都有色相、明度、纯度三个方面的属性，这三种属性是界定色彩、感官识别的基础。灵活地应用这三种属性的变化，也是色彩设计的基础。通过色相、明度、纯度的共同作用，才能更加合理地达到某些色彩效果。

1 色相

“色相”是色彩的“相貌”，色相与色彩的明暗无关，是区别色彩的名称或种类。色相是根据该色彩光波的长短划分的。只要色彩的波长相同，色相就相同，波长不同才会产生色相的差别。例如，明度不同但是波长处于780~610nm范围内，那么这些色彩的色相都是红色。

红：780~610nm

橙：610~590nm

黄：590~570nm

绿：570~490nm

青：490~480nm

蓝：480~450nm

紫：450~380nm

说到色相，就不得不了解一下什么是三原色、二次色以及三次色。

三原色是由三种基本原色构成的。“原色”是指不能通过其他色彩混合调配而得出的基本色。

二次色即“间色”，是由两种原色混合调配而得出的。三次色即由原色和二次色混合调配而得出的色彩。

原色：红、蓝、黄

二次色：橙、绿、紫

三次色：红橙、黄橙、黄绿、蓝绿、蓝紫、红紫

红、橙、黄、绿、蓝、紫是日常生活中最常见的基本色，在各色彩中间加插一个中间色，即可得出十二基本色相。

在色相环中，处于穿过中心点的对角线位置的两种色彩是互补色，即角度为180°的色彩。因为这两种色彩的差异最大，所以当这两种色彩相互搭配时，其特征会相互衬托得十分明显。互补色搭配也是常见的配色方案。

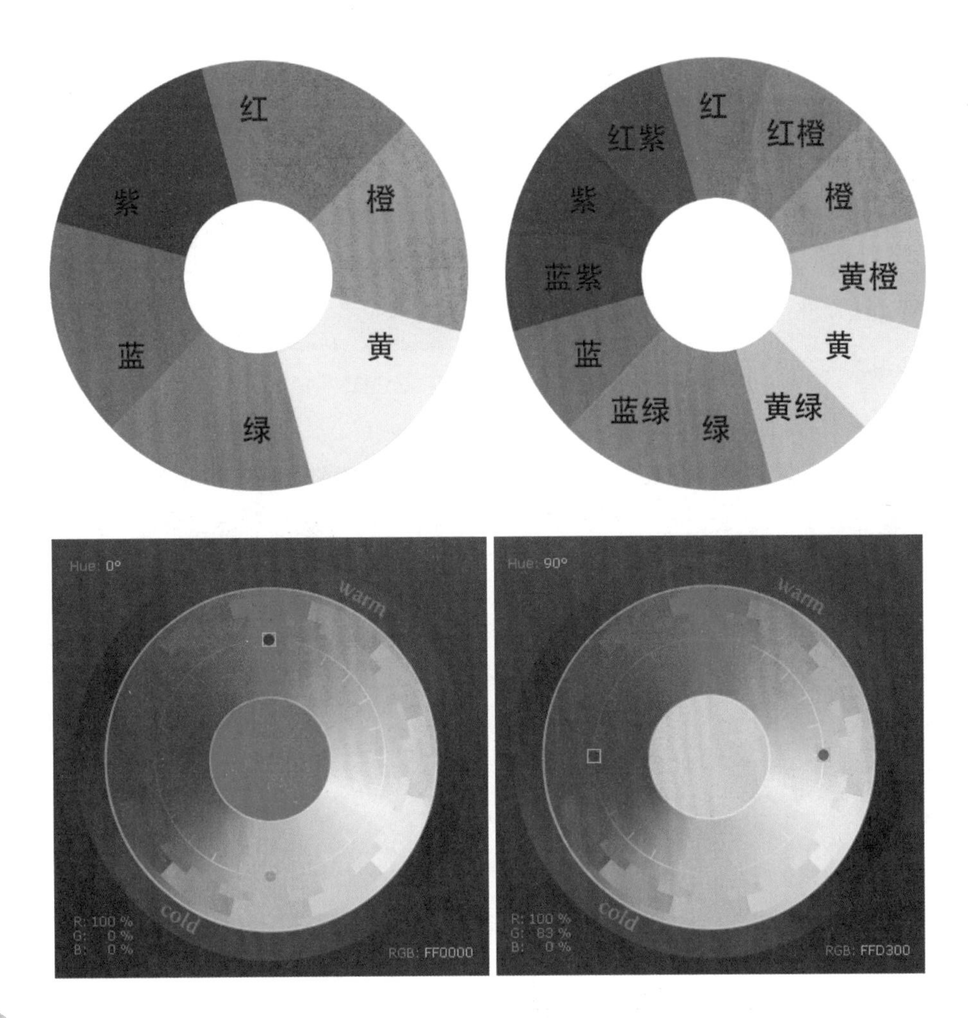

2 明度

“明度”是眼睛对光源和物体表面的明暗程度的感觉，是一种由光线强弱决定的视觉经验。明度也可以被简单地理解为“色彩的亮度”。明度越高，色彩越亮，反之则越暗。

色彩的明暗程度有两种情况，同一色彩的明度变化和不同色彩的明度变化。不同色彩的明度变化中，以黄色的明度最高，紫色的明度最低，红、绿、蓝、橙色的明度相近，即中间明度。

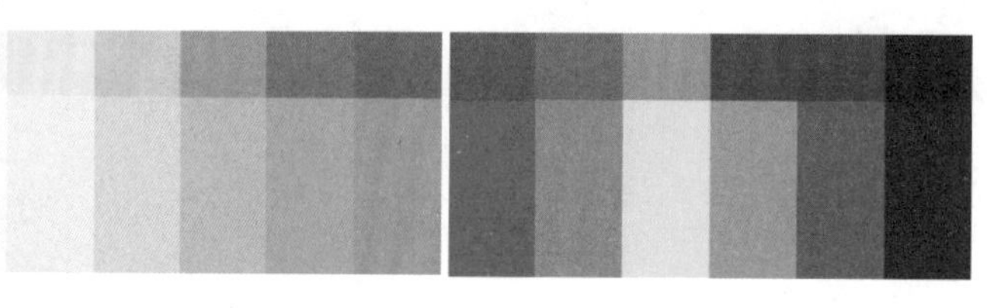

明度的变化

使用不同明度的色彩有助于表达页面的感情。

CMYK：30-2-6-0
RGB：190-228-243

CMYK：57-0-23-0
RGB：106-208-215

CMYK：1-50-84-0
RGB：251-156-41

CMYK：9-39-19-0
RGB：235-178-184

CMYK：17-64-26-0
RGB：221-123-148

CMYK：56-79-78-27
RGB：114-63-54

CMYK：8-2-77-0
RGB：253-243-69

CMYK：37-0-85-0
RGB：185-228-51

CMYK：53-18-98-0
RGB：142-177-38

CMYK：52-30-42-0
RGB：140-162-150

CMYK：3-64-64-0
RGB：246-127-85

CMYK：46-38-37-0
RGB：153-153-151

3 饱和度

“饱和度”是指色彩的鲜浊程度，也即色彩的“纯度”。物体的饱和度取决于该物体表面选择性的反射能力。在同一色相中添加白色、黑色或灰色，都会降低它的纯度。

色彩的纯度也像明度一样有着丰富的层次，使纯度的对比呈现出变化多样的效果。混入的黑、白、灰的成分越多，则色彩的纯度越低。以红色为例，在加入白色、灰色和黑色后，其纯度会随之降低。

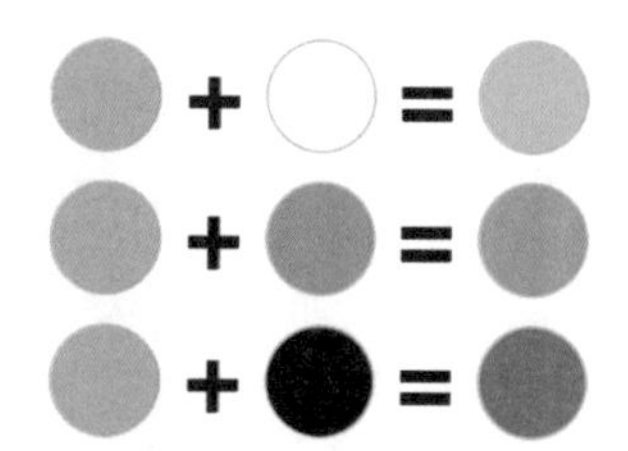

有彩色与无彩色的加法

高纯度

中纯度

低纯度

在设计中可以通过控制色彩纯度的方式对页面进行调整。色彩的纯度越高，页面的色彩效果越鲜艳、明亮，给人的视觉冲击力越强；反之，色彩的纯度越低，页面色彩的灰暗程度越深，所产生的效果越柔和、舒服。

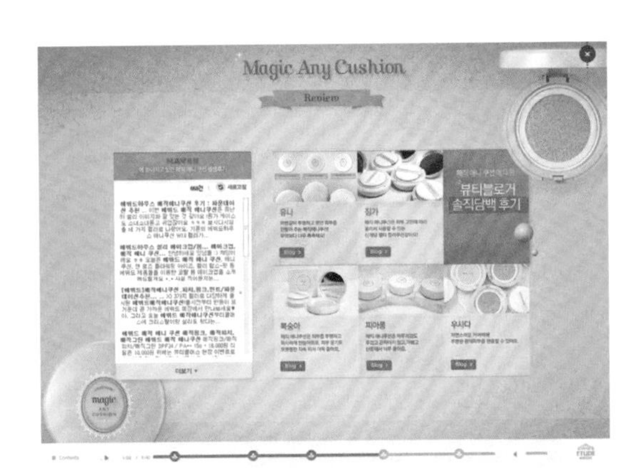

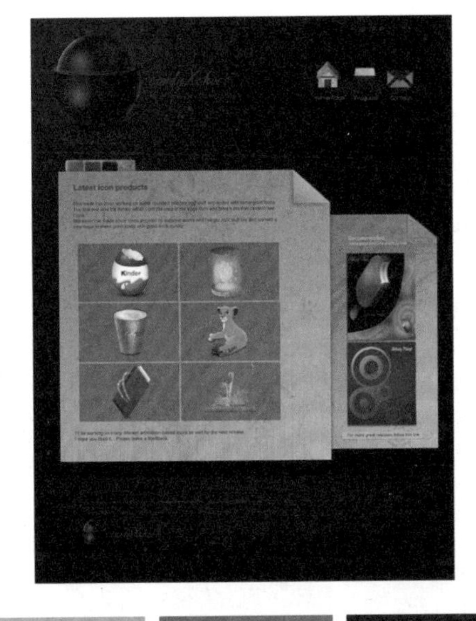

CMYK：1-19-8-0
RGB：251-221-223

CMYK：4-54-15-0
RGB：245-150-174

CMYK：9-73-24-0
RGB：236-104-141

CMYK：8-37-31-0
RGB：232-179-163

CMYK：26-3-19-0
RGB：202-229-218

CMYK：74-7-100-0
RGB：44-175-0

CMYK：10-31-60-0
RGB：238-191-114

CMYK：42-57-81-1
RGB：169-122-68

CMYK：63-100-81-57
RGB：70-4-25

CMYK：18-95-100-0
RGB：217-36-10

CMYK：63-90-0-0
RGB：144-10-179

CMYK：0-57-91-0
RGB：254-142-7

1.3 色彩的感觉

色彩本身是没有灵魂的。每种物体都有其各自的形状和色彩，而人的视觉对色彩的反应是最敏感的。丰富的色彩表现不仅能引起人们心理上的反应，还能引起人们生理上的反应，而单一的色彩很难表现复杂的情感，因此，色彩的感觉在很多情况下是通过对比来表达的。不同的色彩搭配会使物体的重量感、体量感、距离感和温度感在主观感觉中发生一定的变化，这种感觉上的微妙变化就是色彩的感觉。

1 色彩的重量感

色彩自身是不具有重量的，只是不同色彩组合起来，看上去就会有轻重不同的感觉。

这种与实际重量不相符的视觉效果，被称为“色彩的轻重感”。感觉轻的色彩被称为“轻感色”，如白、浅绿、浅蓝、浅粉等；感觉重的色彩被称为“重感色”，如藏蓝、黑、深紫、深红等。

CMYK：87-56-52-5　RGB：27-102-114

CMYK：93-74-68-43　RGB：13-51-57

CMYK：6-96-88-0　RGB：238-27-35

CMYK：44-98-100-13　RGB：153-34-29

CMYK：47-80-0-0　RGB：218-27-234

CMYK：61-100-1-0　RGB：135-8-145

CMYK：39-32-28-0　RGB：169-167-170

CMYK：35-37-96-0　RGB：189-162-27

CMYK：5-21-88-0　RGB：255-212-10

CMYK：10-74-85-0　RGB：232-99-43

CMYK：2-98-89-0　RGB：244-0-29

CMYK：61-100-100-58　RGB：72-0-1

2 色彩的体量感

从体量感的角度看，可以把色彩分为“膨胀色”和“收缩色”。感觉比实际色彩要大的，被称为“膨胀色”；感觉比实际色彩要小的，被称为“收缩色”。例如同样大小的图形，在白背景上的黑色图形看起来比较小，而在黑背景上的白色图形看起来比较大。

3 色彩的距离感

色彩的“距离感”由色彩的明度及色相决定。色彩可以使人感觉到进退、远近、凹凸的不同。波长较长、明度较高的色彩如红、橙、黄色等具有扩大、向前的特性，而波长较短、明度较低的色彩如蓝绿、蓝、蓝紫、紫色等则具有后退、收缩的特性。

CMYK：22-30-43-0	RGB：211-185-150
CMYK：12-18-75-0	RGB：241-212-78
CMYK：5-37-88-0	RGB：249-180-24
CMYK：9-89-100-0	RGB：233-58-0
CMYK：72-29-39-0	RGB：73-152-159
CMYK：87-60-30-0	RGB：32-101-146

CMYK：42-6-34-0	RGB：163-210-186
CMYK：75-28-10-0	RGB：37-157-212
CMYK：12-86-4-0	RGB：231-62-151
CMYK：62-9-100-0	RGB：108-182-32
CMYK：84-35-93-1	RGB：0-133-70
CMYK：69-61-58-9	RGB：96-96-96

 色彩的温度感

色彩的“温度感”是指色彩的冷暖属性。在色彩学中，大致把色彩分为暖色、冷色和中性色三类。色彩的冷暖感觉是人们在长期的生活实践中由联想而形成的。例如，红、橙、黄色常使人联想起太阳和火焰，因此有温暖的感觉，被称为“暖色”；蓝、青色常使人联想起江河湖海和冰雪，因此有寒冷的感觉，被称为“冷色”；绿、紫色等是由冷色和暖色混合而成，被称为“中性色”。

CMYK：0-38-35-0	RGB：255-185-158
CMYK：0-77-56-0	RGB：255-93-89
CMYK：67-0-100-0	RGB：61-203-25
CMYK：72-11-16-0	RGB：0-181-219
CMYK：48-78-3-0	RGB：159-81-161
CMYK：13-54-94-0	RGB：229-141-17

CMYK：6-22-59-0	RGB：249-211-119
CMYK：61-45-54-0	RGB：120-131-119
CMYK：13-80-96-0	RGB：225-85-24
CMYK：60-9-38-0	RGB：107-190-177
CMYK：67-29-23-0	RGB：90-158-187
CMYK：87-53-32-0	RGB：10-110-150

第2章 网页设计的相关知识

网页是网站的重要组成部分，网页的美观度影响着网站的整体视觉效果。一个网站包含一个或多个网页，通过网页传递信息，从而起到宣传的效果。网页中包含文字、图片、音频及视频等信息，每一个构成部分的距离、面积、位置都牵动着整个页面，这就要求设计师学会将信息分档编排，充分认识网络、了解网络，并且与时俱进，从而使设计的网页更加适合网络的传播。

 HAIR SALON **GARDEN** CAFE & DINER 

HAIR SALON | CAFE & DINER | GALLERY | MAGAZINE | NEWS | ACCESS

舞鶴のGARDEN（ガーデン）は2Fがカフェ＆ダイナー、1Fが美容室。舞鶴の日常に楽しさとリラックスタイムを。

CMYK：34-0-75-0	CMYK：53-14-27-0	CMYK：42-69-22-0	CMYK：13-97-100-0
RGB：194-232-85	RGB：131-189-193	RGB：171-102-147	RGB：226-18-7

CMYK：22-16-16-0　　RGB：208-208-208

CMYK：61-52-49-1　　RGB：121-121-121

CMYK：23-100-100-0　　RGB：209-0-1

CMYK：84-79-78-63　　RGB：30-30-30

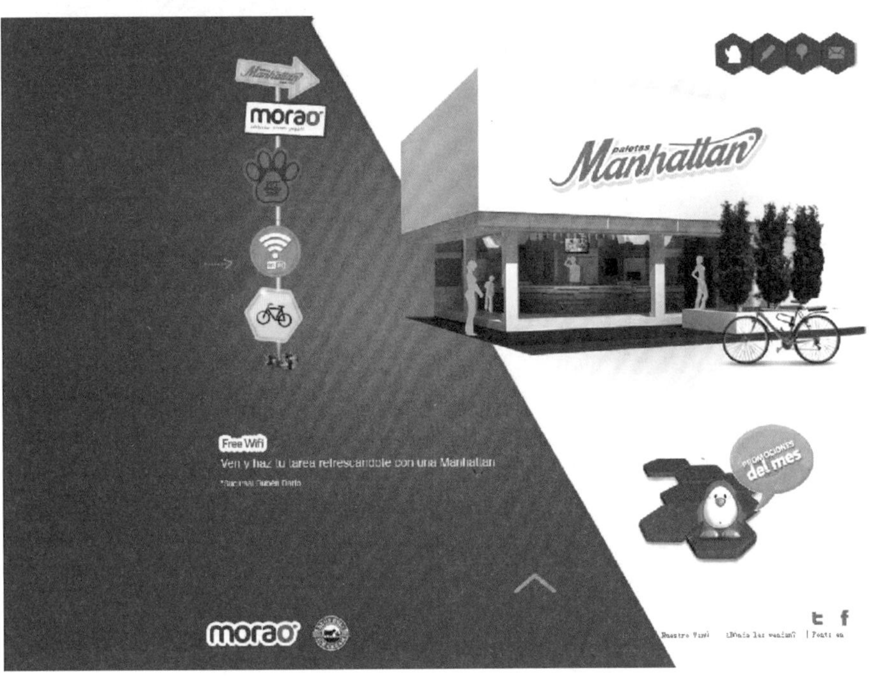

CMYK：28-2-0-0	CMYK：61-3-10-0	CMYK：10-0-80-0	CMYK：63-98-22-0
RGB：252-107-252	RGB：88-201-236	RGB：255-255-38	RGB：129-34-123

2.1 网页设计的要素

在网页设计中，信息能够有效地传达与各种构成要素的合理设计及编排息息相关。制作网页首先要根据宣传主体的特性定义网页的风格、色调等，然后依照整体风格设计网页的文字、图像、Flash动画、色彩、版式等构成要素。

点

“点”是页面中最小的组成单位，也是最基本的组成单位。页面中的一切对象皆是由点构成的，点放大的倍数越大，面的感觉也就越强。宏观来看，一个文字、按钮、图标都可以被称为“一个点”，因为一个文字、按钮、图标相对于一个网页来说属于相对微小、单纯的视觉对象，然而一个网页很少是由单纯的点构成的，通常会与其他元素相配合。

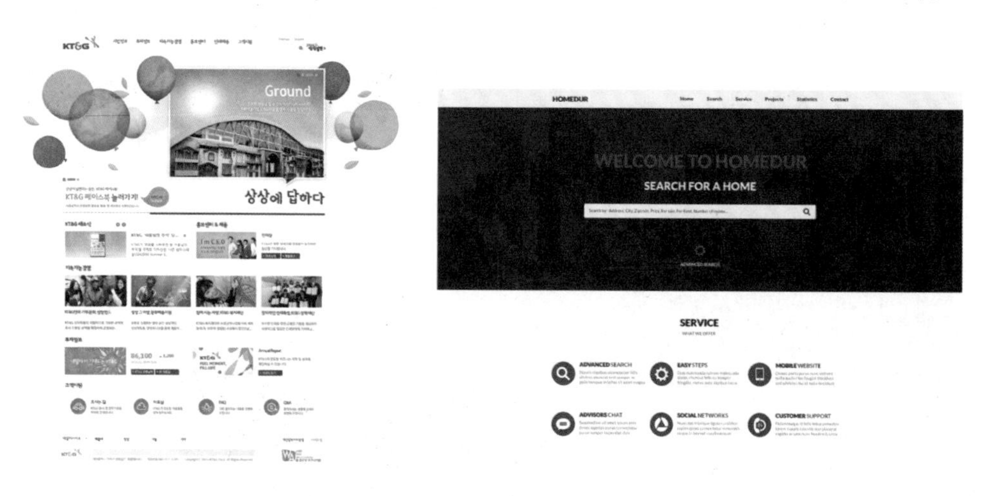

该网页是由众多图标及文字组成，简洁的黑色图标构成圆形，摆放随意，因而增强了页面随性、放松的感觉。低明度、低饱和度的青蓝色给人以忧郁、深沉的视觉感受；由白色至蓝色类似光晕效果的渐变色给人以向外扩张的感觉，具有膨胀效果，从而分散了观者的视线，减少了页面的压抑感；左侧的文字使页面取得了微妙的平衡。

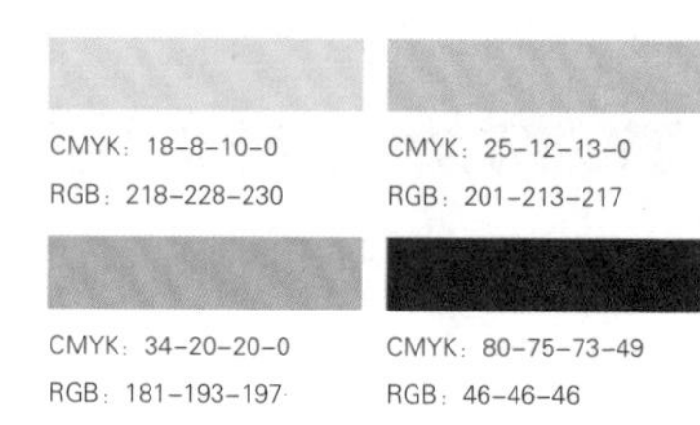

该网页是以文字作为点，由上至下引领观者的视线；利用人们的视觉通常会先观察较大的点，然后逐渐向较小的点移动的规律，通过调整文字的大小及位置，塑造出一种向内收缩的聚集感，从而突出了中心的Logo；蓝色与黑色文字的搭配既彰显个性又使页面的色调更明朗，网页整体配色和谐、统一。

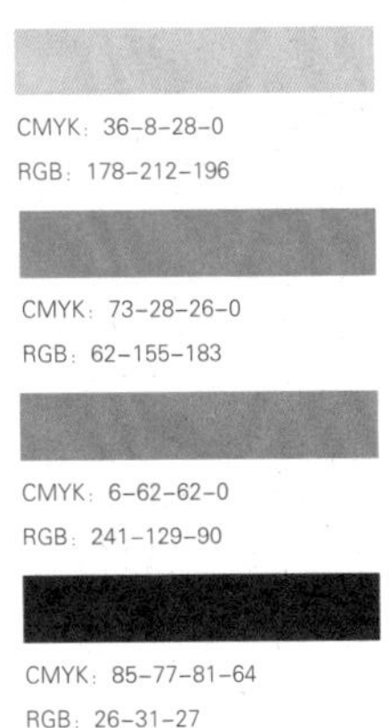

2 线

“线”是由众多的点连续排列组成。线分为直线和曲线，直线给人以阳刚、坚硬的感觉，曲线给人以柔和、流畅的感觉。掌握不同的线的特征并运用到页面中，会获得不同的效果。在页面中可以通过改变线的粗细、长短、方向等，以及运用扩散、聚焦、渐变、重复等手法，获得不同的对比关系。由于线是分割页面及决定页面效果的重要元素之一，因此，线的特征决定着整个网页的表现。

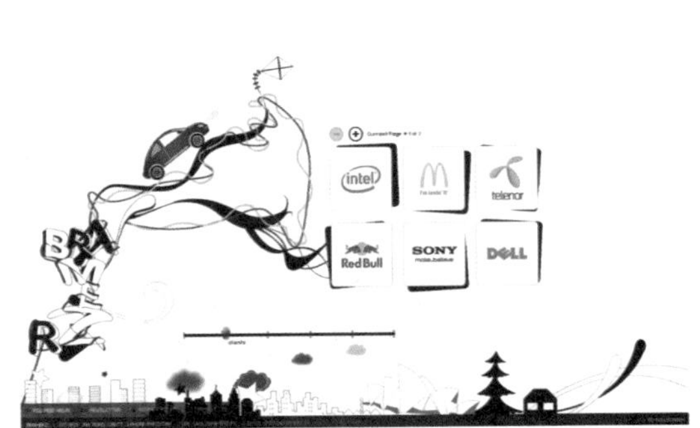

该网页的背景由众多相互交错的线连接而成，由于线具有的渐变关系，给予页面以立体感，同时线的扭曲、弯折打破了水平线的庄严、单调，形成了强烈的形式感和视觉冲击力；背景与图片，图片与文字，三者之间存在着某种默契，使页面更协调，但同时在色彩的选择上又存在着差异，从而形成对比的效果。

CMYK：32-72-77-0
RGB：190-100-66

CMYK：60-76-80-32
RGB：101-63-50

CMYK：72-78-87-59
RGB：53-36-25

CMYK：90-65-64-26
RGB：26-74-78

CMYK：49-100-99-27
RGB：129-12-2

CMYK：99-100-62-27
RGB：25-15-73

通过调整曲线的形状、色彩，在该页面顶端的视觉区域中形成虚实的变化，强调了页面的构成感；通过调整曲线的方向、粗细，起到了延伸页面、提升页面深度和广度的作用；底部小范围地使用了同样形式的曲线，但由于其色彩明度的降低，呈现出与顶部线条不同的层次感。独立的一条线是单调的，而众多独立的线所组成的效果则强大而独特。

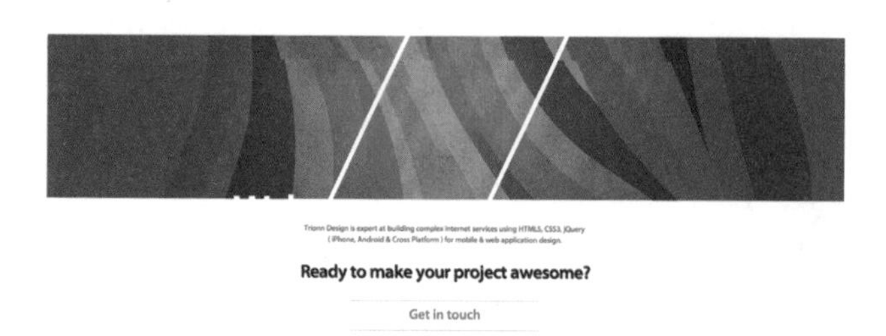

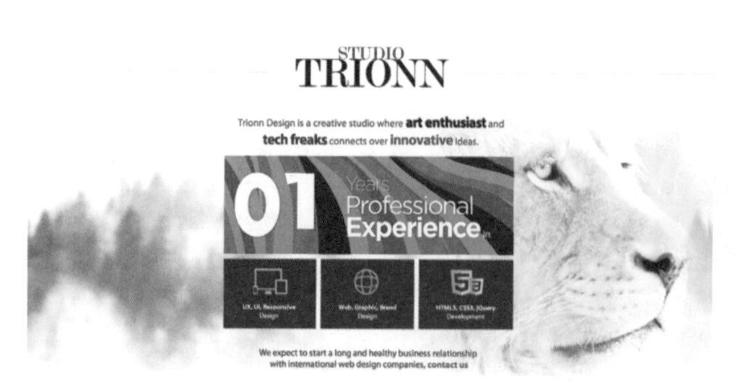

CMYK：3-49-92-0
RGB：248-156-2

CMYK：6-68-87-0
RGB：239-114-38

CMYK：9-95-54-0
RGB：233-24-82

CMYK：81-100-48-6
RGB：92-6-99

CMYK：45-100-100-16
RGB：149-8-26

CMYK：55-94-99-44
RGB：97-24-2

3 面

点的推移与运动产生“面”。与点、线不同，面具有面积和重量，更具有视觉冲击力和表现力。面是有形状的，大致可以分为圆形、三角形、方形和多边形。三角形给人以锋利、尖锐的感觉，圆形给人以圆滑、温婉的感觉，方形则给人以沉稳、坚强的感觉。在网页中一段文字、一张图片都可以被看作为面。不同的面通过叠加、重合等方式，可以使页面效果活灵活现。

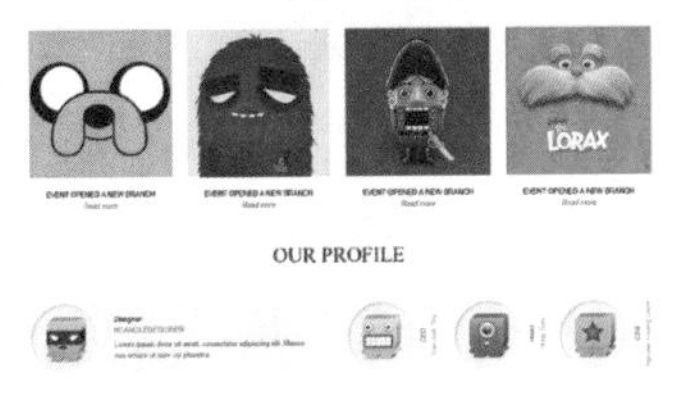

六边形的棱角营造了极不稳定的紧张气氛；上方的卡通人像可被看作为不规则的圆形，给人以活泼、新颖的感觉；卡通人像的背景则是由一个大方形与多个小方形组成，其形状的搭配及色彩的合理选用使页面效果轻盈又不失稳重；左侧紫色长方形条块的不规整摆放，使页面多了一分律动感。

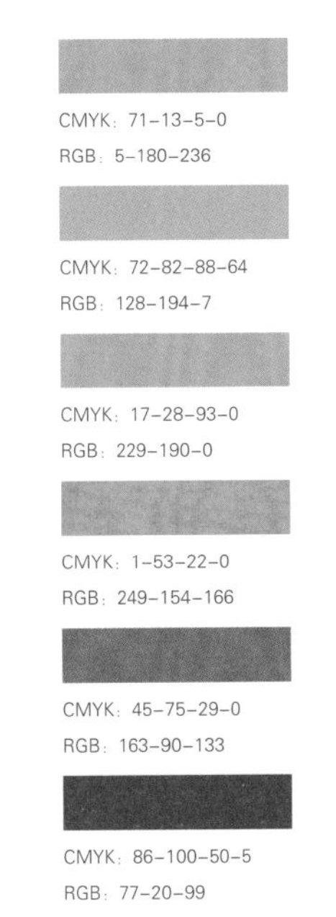

该网页大致可以被分为三个层面：顶部三张大幅图片为一层，模糊处理的背景为一层，而下方多个小正方形为一层；再向下细分，每一个层面都是由多个点、线以及不规则的面组成，其点、线、面之间相辅相成。为了避免单纯方块拼凑所形成的单调感，在局部色彩的选择上采用了对比色，使页面的气氛更活跃。

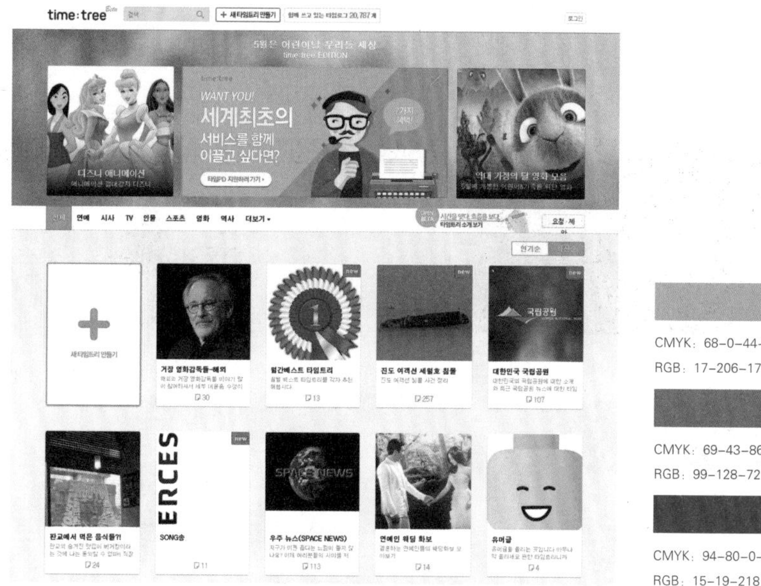

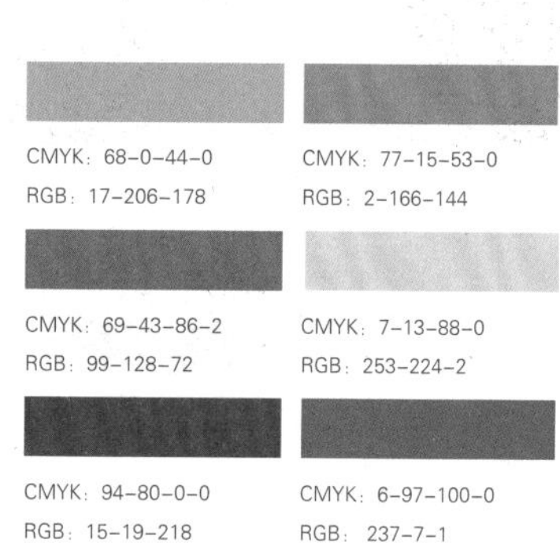

2.2 网页设计的基本要求

网页设计的核心是为浏览者提供内容，内容大于形式，内容涵盖网页中的一切元素。由于审美观念的不同，同一类型网站的制作效果也大相径庭。但无论是何种风格类型的网站，都需要满足网页设计的功能性、美观性及艺术性等要求，牢记“使用者优先”的原则。因此，在进行设计时需要设计师细致入微、设身处地地为浏览者着想，制作出赏心悦目的网页效果。

 网页设计的功能性

功能性和实用性是网页设计的本质。在现在的网页制作中，有过多的设计师过于重视页面的视觉效果，从而在制作中期和后期使功能性被逐步削弱。但具备功能性并不意味着缺乏视觉效果，只是要减少一些不必要的繁琐和花哨，这就需要设计师具备使信息高度凝练的能力，从而将功能性完美地融合于整个页面之中。

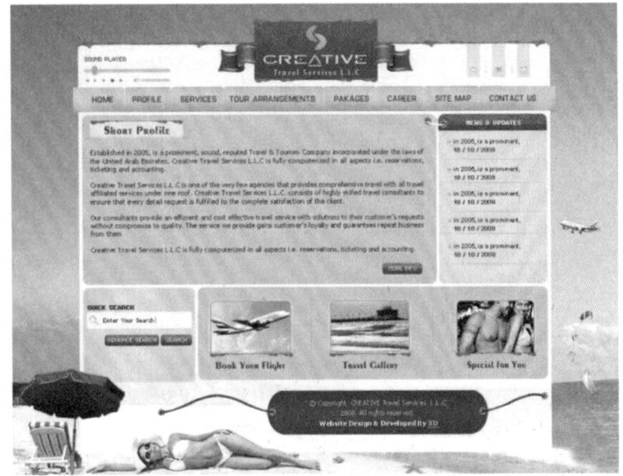

在该网页中，介绍性文字占主体部分，文字摆放规整，图片倾向于页面的左侧，文字与页面的比例使页面产生失重的感觉，因此在色彩的选择上使用了黑色来提升右侧文字的重量感；上方的红色系色块使页面产生温暖、热情的视觉效果；页面的版式整体简洁、大方，既实现了网站内容的推广，又提升了浏览者与网页的交互性。

CMYK：3-29-86-0	CMYK：15-99-100-0	CMYK：49-97-93-24	CMYK：33-12-10-0	CMYK：81-47-0-0	CMYK：93-88-89-80
RGB：255-198-32	RGB：222-0-15	RGB：131-32-37	RGB：182-210-226	RGB：11-125-223	RGB：0-0-0

可以看出，该网页以色彩为主要倾诉对象，通过色彩的明暗关系表达页面的主体。这种网页设计能够使浏览者快速地找寻到需要的内容，并通过阴影及折角的表现使其立体化；上方酒红色手写体文字的装饰性及艺术性极强，使网页在兼具功能性、实用性的同时又不失美感。

CMYK：26-20-19-0
RGB：199-199-199

CMYK：78-72-69-38
RGB：59-59-59

CMYK：29-53-87-0
RGB：198-137-51

CMYK：54-100-100-43
RGB：102-1-1

2 网页设计的美观性

不同的人对美的定义是不同的。正是因为这种不同，才使得艺术具有多样性。但网站无论是从功能性还是美观性考虑，都要从浏览者的角度出发。因此，在对网页进行设计时，要考虑到不同受众人群的审美观念，在设计者与浏览者之间产生共鸣，即达到大众的审美标准。制作出完美网页所不可或缺的，是一个符合主题的版式布局及色彩搭配。只有充分了解色彩的属性及布局模块的协调性，才能设计出令人满意的作品。

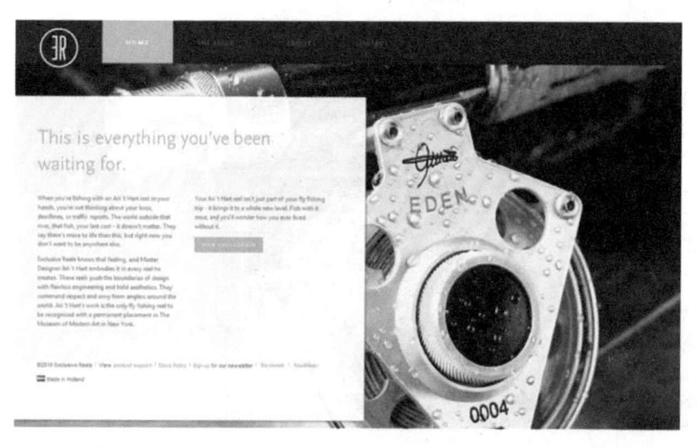

美观不代表花俏，充分利用色彩间的关系，可以使页面效果变得更舒畅。大面积地使用图片，不失为增强页面美观性的明智之举。在该网页设计中，背景选用了绿色的植物与粉色的花朵，模糊的处理使页面充满了春天的意趣，一把红色的雨伞成为页面平衡的支撑点，卡通人像则增添了画面的可爱性、趣味性。

CMYK：0-50-8-0
RGB：251-156-188

CMYK：6-86-50-0
RGB：239-68-93

CMYK：62-20-85-0
RGB：113-168-77

CMYK：60-57-76-9
RGB：119-107-75

红色与绿色是对比色。它们之间的搭配组合非常突出、强烈，可以营造出节日的气氛。在该网页中使用了明度及饱和度较高的红色及绿色，使页面整体效果明朗、鲜亮；网页的下方选用了灰色条块以及文字来表现，减少了页面的跳跃感。

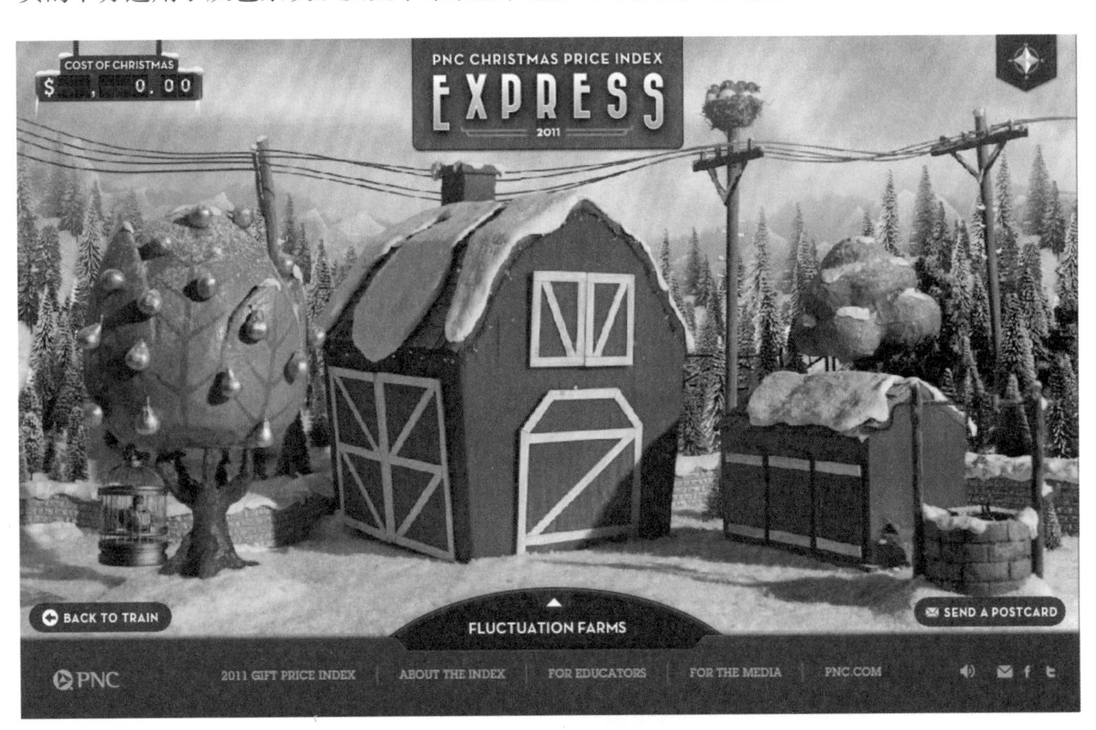

CMYK：33-31-39-0
RGB：187-175-153

CMYK：53-19-10-0
RGB：130-184-218

CMYK：71-59-53-5
RGB：93-102-107

CMYK：27-100-100-0
RGB：201-1-3

CMYK：64-28-100-0
RGB：110-155-0

CMYK：78-73-70-42
RGB：55-55-55

3 网页设计的艺术性

在网页设计中，艺术性是美观性的升华，是技术与美学的紧密结合。技术与艺术相辅相成，相互推动发展。如果说网页的美观性可以根据固定的色彩搭配及版式布局来实现，是有理可循的，那么能否完美地凸显网页的艺术性则是设计师文化造诣的体现。提升设计师的精神文化及美学层面的修养，可以制作出既能够展现技术性又充满艺术性的网页效果。

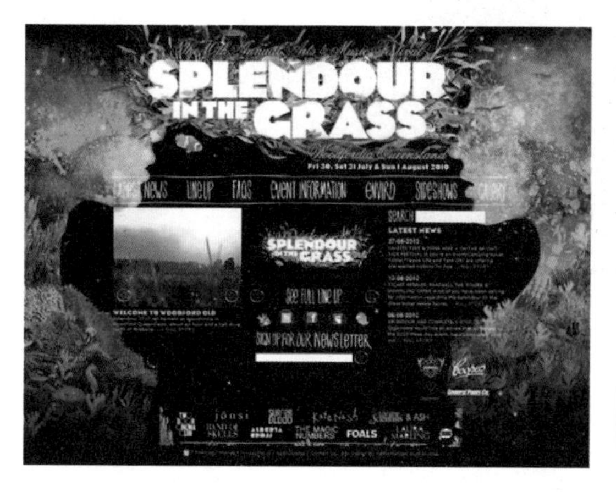

该网页设计较为抽象，而抽象风格是艺术体系中较难以把握的形式之一，要注意从整体到细节的变化。该页面给人以深刻的印象，整体讲求对称性，从而使众多的点缀物达成了平衡，其中的元素将人类与机器、自然相连接，这种奇思妙想使网页效果更加多元化；在色彩选用方面以蓝色系为主，以体现科技元素的重要性。

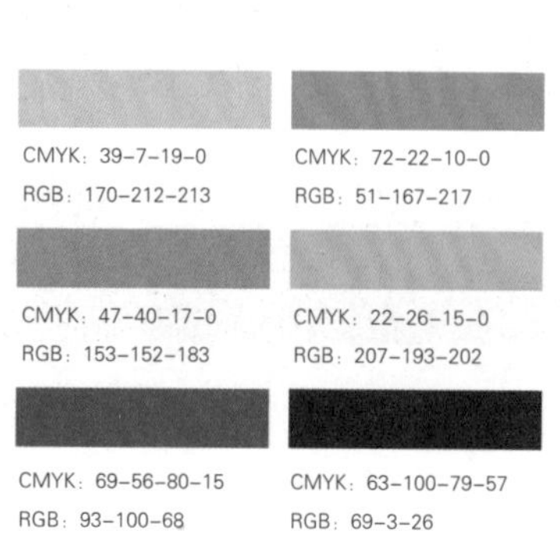

网页设计的艺术性往往可以通过某一色彩或某一细节来表现。在该网页中选用了暗绿色作为背景色，营造出忧郁、神秘的气氛，金色的光束散发着希望的光芒。虽为化妆品品牌网页，但化妆品的宣传所占范围较少，反而是通过人物淋漓尽致地体现出品牌的特色及质量。这种表现手法婉转但强烈，可以给浏览者留下深刻的印象。

CMYK：22-43-78-0
RGB：213-160-71

CMYK：75-60-78-24
RGB：71-85-64

CMYK：77-65-79-37
RGB：60-68-53

CMYK：19-13-31-0
RGB：217-217-186

2.3 网页设计的色彩禁忌

网页设计首先要从浏览者以及网站所要传达的信息为主要源点，根据网站的类型、风格选择色彩。色彩是具有情感的，独立的色彩很难完整地表达一份情感，因此，需要将两种或两种以上的色彩搭配到一起。好的色彩搭配不仅美观，而且可以给人以心灵上的享受。因此，处理好色彩之间的协调关系，就成为网页设计的关键问题。

1 用尽量少的色彩进行搭配

很多网页设计都追求简洁、大方，而通常这种类型的网页也颇受大众的喜爱，可以给人以明朗、清爽的视觉感受。但说到该类型的网站，往往会给人以错误的定义，就是使用尽量少的色彩搭配组合，以这种心态制作出的网页会像一张黑白报纸一样乏味无趣。设计师要充分认识、理解到，简约的版面不代表运用的色彩少，而是在版式的编排上直接、明快，在色彩的选择上干净、舒畅，避免色彩冲突、布局繁杂。

选用蓝色和白色搭配组合，会使人联想到蓝天白云、清风碧海，给人以明快、爽朗的视觉感受。该网页整体给人以大方、干净、纯粹之感，然而在色彩的使用上却并不单一。虽然主色调为蓝色，但使用了不同的明度及饱和度，浅蓝色使人放松，深蓝色使人紧张，几个小色块的搭配将情感表现得淋漓尽致；橙色则占据了页面左上角的区域，减少了页面中的冰冷感，使页面升温。

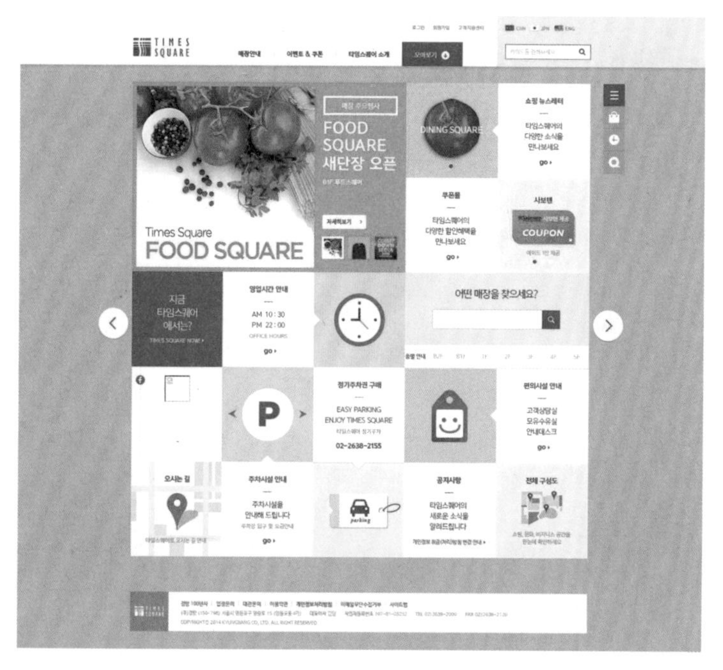

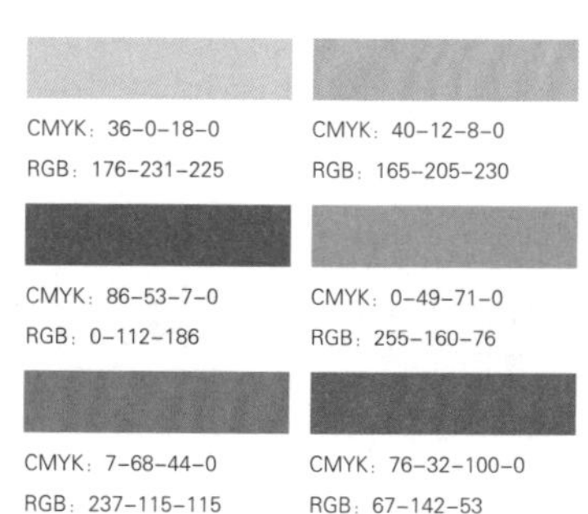

大幅图片的置入是设计师的常用模式之一，可以以快速的方式提升页面的美感。在该网页设计中，图片的色彩基调偏暗，因此选用了蓝色、绿色和黄色这三种明度较高的色彩作为点缀；图片中一家四口的温馨场面不难使人联想到家庭的温暖、和谐，而高明度的色块则给页面增添了几分活跃、欢快之感。

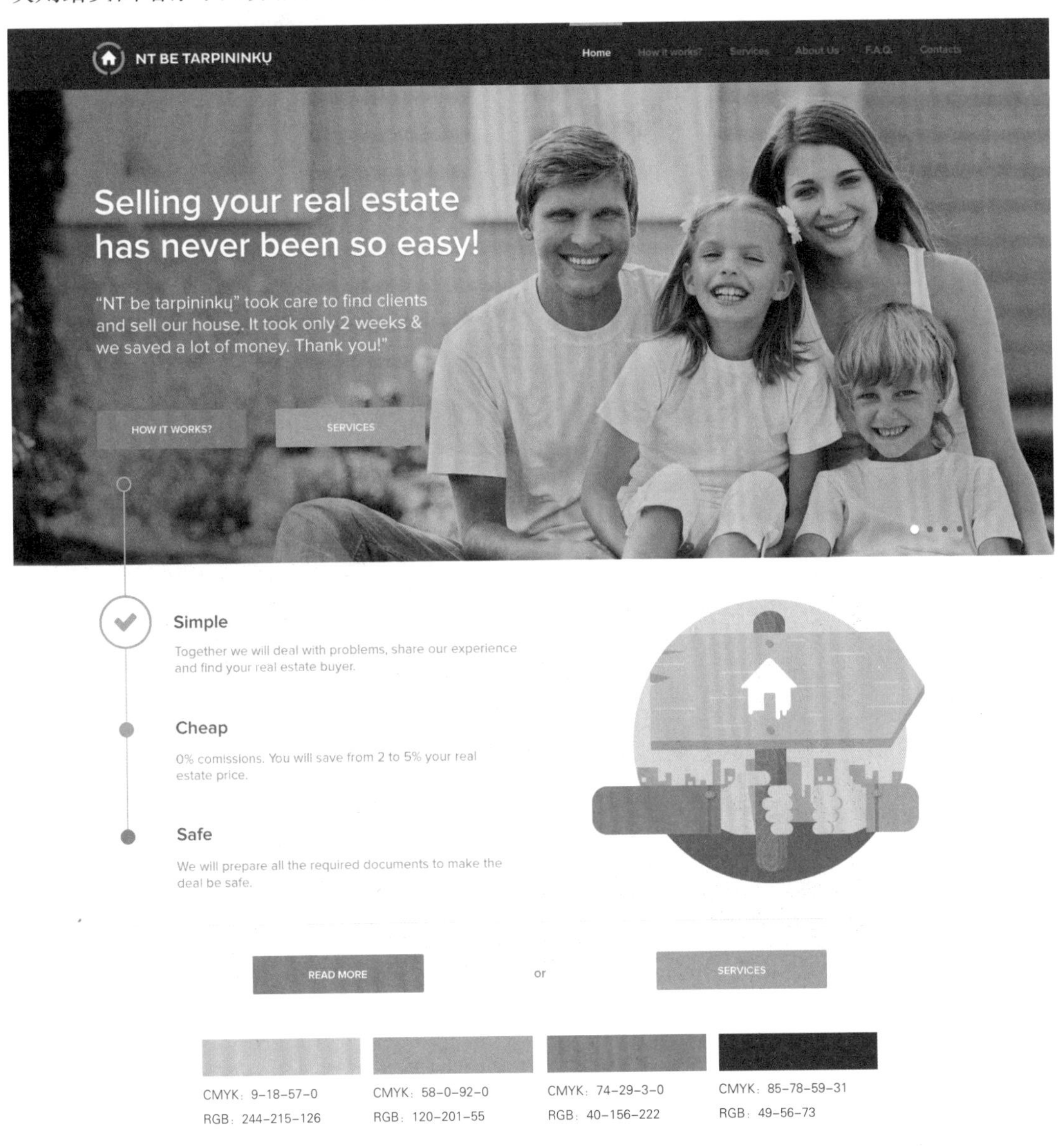

CMYK：9-18-57-0
RGB：244-215-126

CMYK：58-0-92-0
RGB：120-201-55

CMYK：74-29-3-0
RGB：40-156-222

CMYK：85-78-59-31
RGB：49-56-73

2 色彩繁杂，无统一的基本色调

用色过于谨慎以至于页面的色彩少、空洞乏味，这样固然不好，但如果用色过于大胆，使众多的色彩找不到依附点，并且使用无根无据，会导致页面没有统一的基本色调、色彩繁杂，这也是制作网页时的一大禁忌。

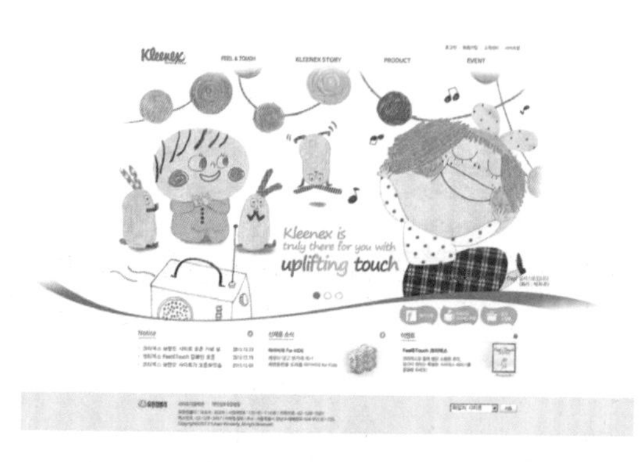

该网页以旅行、冲浪为题材。制作此类网站，既要体现自然景观的博大、娱乐设施的到位，又要展现、宣传企业文化，因此在色彩选择方面必然会凸显出这些元素的特征。波澜壮阔的大海奠定了页面的整体基调，绿色的树叶增添了自然的气息，冲浪中的人像使页面富有动感，金灿灿的太阳在强调了舒适、惬意的同时为页面营造出暖意；深棕色的版块降低了鲜艳色彩的跳跃感，网页整体色彩众多，但使用面积恰当、合理，从而使页面效果和谐、美观。

CMYK：34-21-18-0	CMYK：71-19-12-0	CMYK：100-89-32-1	CMYK：20-39-67-0	CMYK：8-72-97-0	CMYK：77-77-94-63
RGB：181-192-201	RGB：52-171-217	RGB：2-55-126	RGB：217-169-96	RGB：236-103-4	RGB：41-33-17

该网页选用的色彩明度较高，清爽的蓝色、明快的粉色成为页面的基本色调；通过调整色彩不同色相的饱和度，从而体现出不同的层次感；点缀性的色彩如绿色、橙色、棕色等，由于其占据的面积较小且表现内容的多样化，没有影响到页面的整体感觉。

3 忽视浏览者对信息的获取效率

网页的重点是信息，制作网页的主要目的是传达信息。很多设计师由于只注重了信息的传达，反而忽略了浏览者对信息的获取效率。在制作网页时，可以根据网页中所表述内容重要性的不同选用不同的色彩。例如，橙色的视认性和注目性很高，而白色则具有较高的阅读可视性。可以根据不同色彩的不同属性，使文字具有易读性，图片间具有区别性。

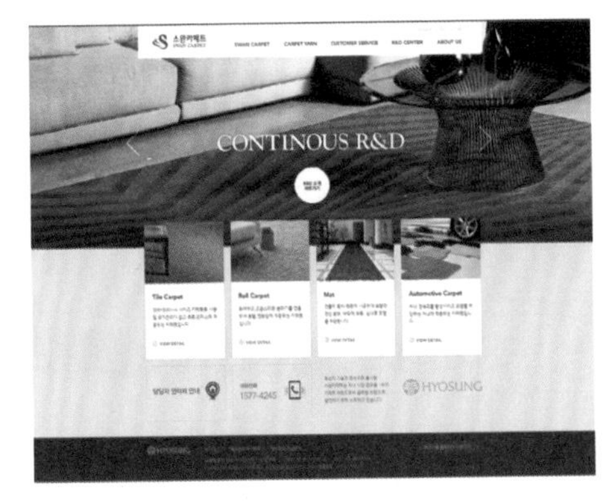

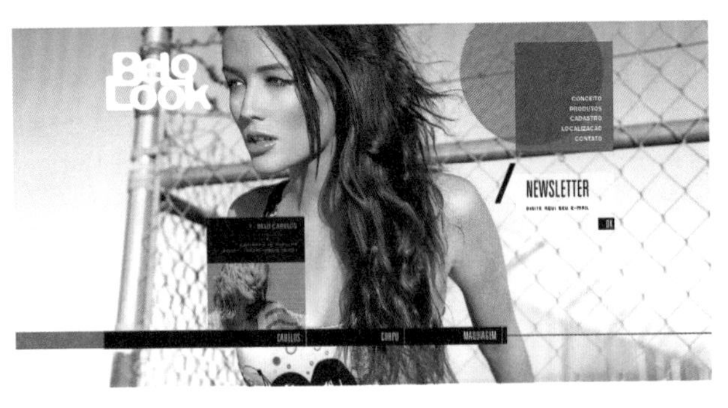

在该网页中，选用的主体色彩为偏暖色系的淡黄色，给人以典雅的感觉；局部使用了

橙黄色，既与整体色彩相呼应，又利用了色彩活泼的特质，从而提升了页面的明度；深色给人以后退、收缩的感觉，而浅色则给人以前进、膨胀的感觉，文字于是在众多深色块的包围中凸显出来，增强了易读性。

CMYK：4-6-33-0
RGB：253-242-188

CMYK：32-35-58-0
RGB：191-168-117

CMYK：9-40-85-0
RGB：240-173-45

CMYK：69-70-77-37
RGB：77-64-53

在网页中如果不可避免地需要出现大段的文字，可以通过协调色彩的属性以减少文字的枯燥感。该网页中每一段文字都好似一件艺术品，同样的文字通过调整色彩、字体及大小，可以表现出不同的艺术效果；在文字的包围中选用了明度较高的橙黄色以及二维手绘感的卡通人像，使网页效果更饱满、充实。

CMYK：3-35-89-0
RGB：253-186-13

CMYK：8-62-90-0
RGB：237-127-30

CMYK：76-18-35-0
RGB：6-165-176

CMYK：92-60-67-22
RGB：0-82-80

4 引起视觉疲劳，产生厌倦感的色彩

色彩是在人们的视觉中相当敏感的东西，不同的色彩给人以不同的心理感受。有些色彩可以大面积地使用，例如白色，大面积的白色使人感觉清爽、明亮；而有些色彩被大面积地使用则会使人产生厌倦、压抑感，例如紫色，大面积地使用深紫色作为背景会使人感觉压抑、不安，使页面产生收缩感，而减少其面积或使其作为点缀色出现在页面中，则可以完美地展现出色彩的特性。

酒红色属于明度较低的色彩。这类色彩的组合随着明度的变暗，较容易营造深邃、幽暗的气氛，给人以一种消极的心理感受。页面中心的橙色与红色属于同一色系，已完全融于页面背景之中；而绿色是与红色相反、对立的色彩，因此，在该网页中利用两种有明暗差异的绿色打破了页面的浑浊感，使浏览者不会产生视觉上的疲劳。

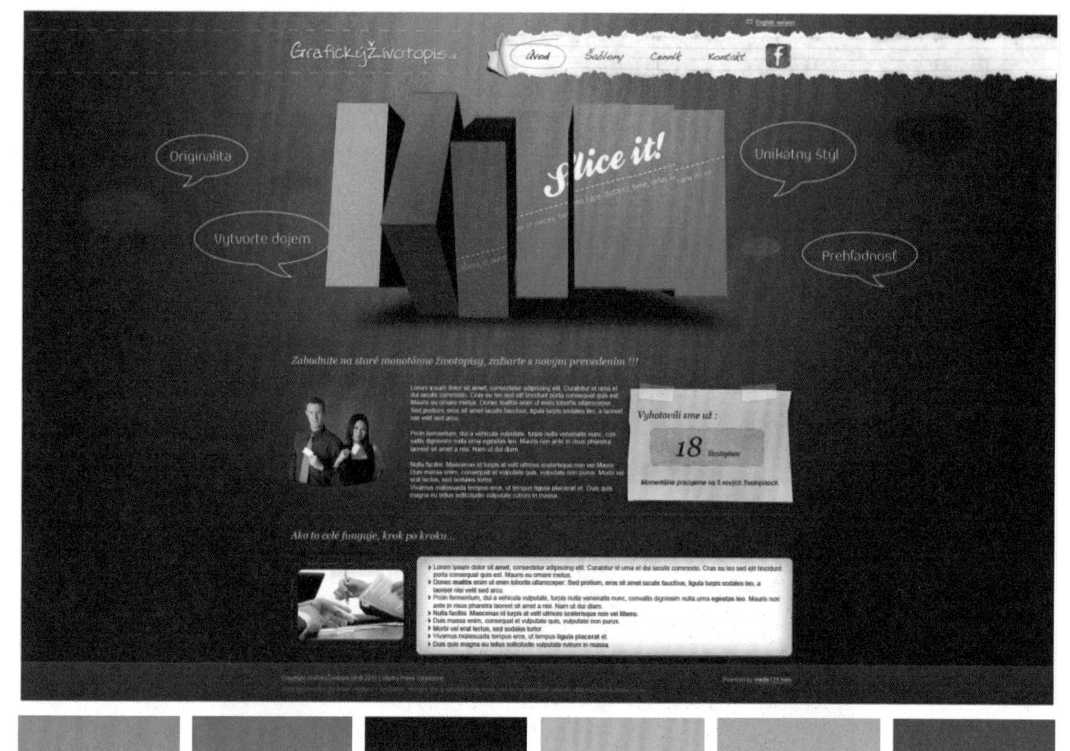

CMYK：7-56-84-0
RGB：239-140-47

CMYK：0-91-96-0
RGB：252-42-1

CMYK：61-100-100-59
RGB：70-2-1

CMYK：16-21-90-0
RGB：233-203-17

CMYK：58-0-98-0
RGB：103-224-3

CMYK：87-48-100-14
RGB：13-104-2

粉色是一种比较轻柔的色彩，深受年轻女孩子的喜爱，也常被用于各类以女性为题材的网站设计中。但大面积地使用浅粉色，会使人的精神一直处于亢奋的状态，从而引起烦躁的情绪。在该网页中适当地降低了粉色的浓度及使用面积，于是减少了烦躁感。

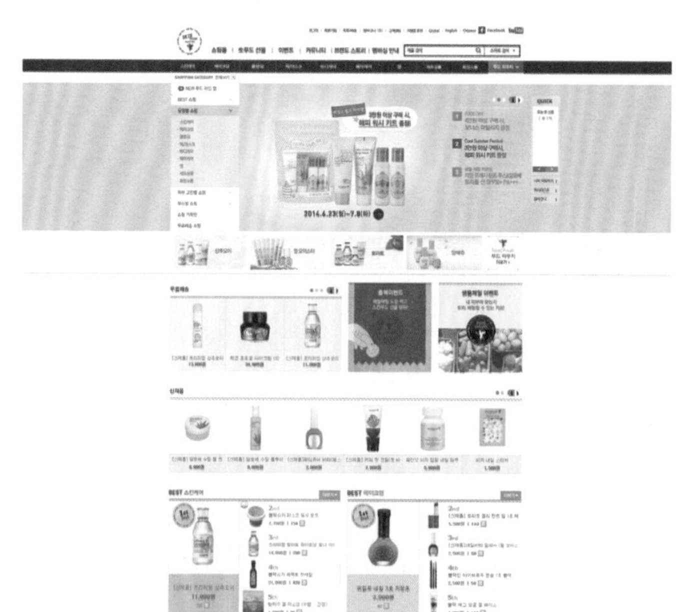

CMYK：5-22-9-0
RGB：244-213-218

CMYK：21-60-36-0
RGB：212-129-136

CMYK：30-0-11-0
RGB：191-235-239

CMYK：7-25-39-0
RGB：243-205-160

CMYK：26-0-38-0
RGB：204-237-182

CMYK：71-58-64-11
RGB：89-99-90

CHAPTER 3

第3章 网页设计的基础色

色彩拥有比语言更为清晰的沟通能力。网页设计给人的第一印象是色彩的搭配与运用。好的色彩搭配与运用可以很容易地突出主题，吸引浏览者的目光，给浏览者留下深刻的印象。在网页设计的基础色中，有彩色为红、橙、黄、绿、青、蓝、紫，无彩色为黑、白、灰。

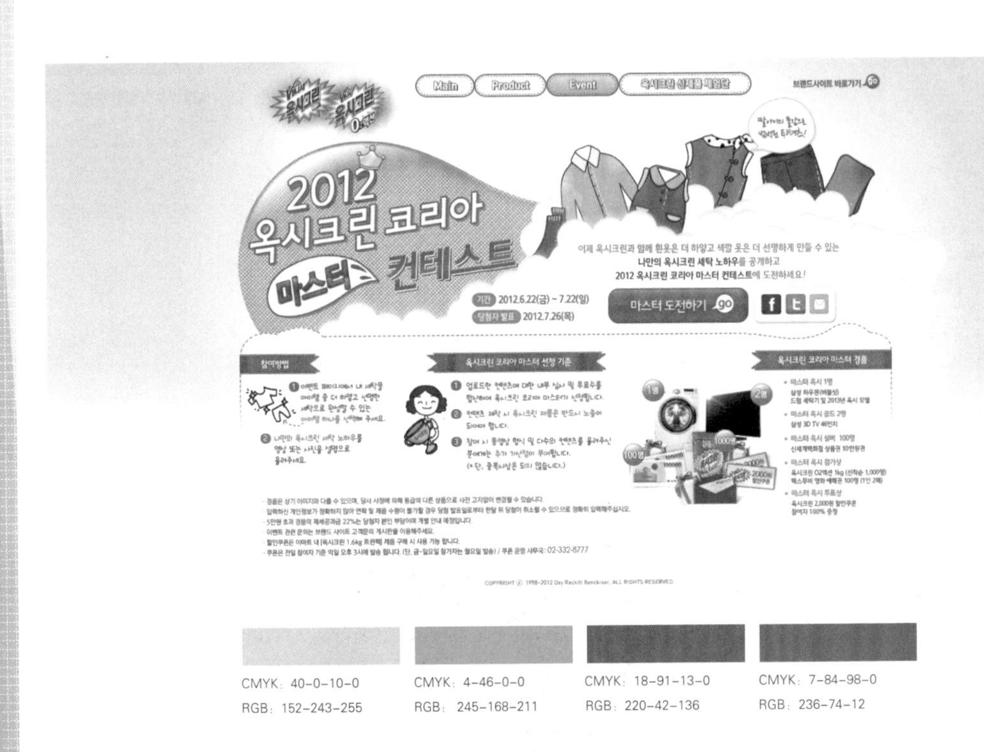

CMYK: 2–29–20–0
RGB: 249–201–192

CMYK: 10–91–60–0
RGB: 231–48–76

CMYK: 27–4–3–0
RGB: 197–229–247

CMYK: 79–32–13–0
RGB: 0–147–201

CMYK: 2–67–18–0
RGB: 248–120–156

CMYK: 17–18–80–0
RGB: 231–209–67

CMYK: 58–18–85–0
RGB: 124–173–74

CMYK: 35–28–28–0
RGB: 178–177–175

3.1 红

1 浅谈红色

红色是我国传统文化崇尚的色彩，容易引起兴奋、激动、紧张等视觉感受。在可见光谱中，红色光波最长。当人的目光接触到红色时，会加速脉搏的跳动。红色有一种凌驾于一切色彩之上的感觉，会令人产生红色事物较近的视觉错觉。喜欢红色的人大多性格开朗、热情。

正面关键词：喜气、富裕、活力、率真、速度、奔放、吉祥。

负面关键词：疲劳、鲁莽、警告、血腥、侵略、危险、禁止。

洋红 CMYK：24-98-29-0 RGB：207-0-112	胭脂红 CMYK：19-100-69-0 RGB：215-0-64	玫瑰红 CMYK：11-94-40-0 RGB：230-28-100	朱红 CMYK：9-85-86-0 RGB：233-71-41	猩红 CMYK：11-99-100-0 RGB：215-20-24	鲜红 CMYK：19-100-100-0 RGB：216-0-15
山茶红 CMYK：17-77-43-0 RGB：220-91-111	浅玫瑰红 CMYK：8-60-24-0 RGB：238-134-154	火鹤红 CMYK：4-41-22-0 RGB：245-178-178	鲑红 CMYK：5-51-41-0 RGB：242-155-135	壳黄红 CMYK：3-31-26-0 RGB：248-198-181	浅粉红 CMYK：1-15-11-0 RGB：252-229-223
博朗底酒红 CMYK：56-98-75-37 RGB：102-25-45	机械红 CMYK：42-100-94-8 RGB：164-0-39	威尼斯红 CMYK：28-100-100-0 RGB：200-8-21	宝石红 CMYK：28-100-54-0 RGB：200-8-82	灰玫红 CMYK：30-65-39-0 RGB：194-115-127	优品紫红 CMYK：14-51-5-0 RGB：225-152-192

2 激烈、刺激

在该网页中，红色的车身给人以华丽的金属感，一束灯光彰显尊贵。红色搭配黑色不免显得有些暗沉，为了打破这种压抑的氛围，选用了白色的文字作为点缀，提亮了页面的整体色调。

配色方案

CMYK：59-50-49-1 RGB：124-124-122	CMYK：77-76-73-49 RGB：52-46-46	CMYK：83-87-90-75 RGB：22-6-1
CMYK：17-59-95-0 RGB：221-129-20	CMYK：21-100-99-0 RGB：198-21-31	CMYK：59-100-100-55 RGB：79-0-1

3 中式华丽

砖红色的墙壁搭配大红漆皮沙发，整个空间弥漫着浓厚的中式气息，黑色的背景为整个页面增添了庄重的意味。

配色方案

CMYK：21-63-60-0 RGB：212-121-95	CMYK：41-92-87-7 RGB：165-52-49	CMYK：64-96-90-62 RGB：61-9-15
CMYK：79-75-85-60 RGB：40-37-28	CMYK：56-73-100-28 RGB：113-69-20	CMYK：55-64-59-5 RGB：135-101-96

4 常见色分析

鲜红：活泼	鲜红色在视觉上给人一种前进和扩张感，让人感到兴奋与欢乐
洋红：现代	对于红色而言，洋红色少了几分刺激，多了几分柔和，更受大众的喜爱。它与纯度较高的类似色搭配，可以展现出华丽、动感的效果
胭脂红：娇媚	胭脂红是女性的代表色，通常象征着女性的温柔、娇媚
玫瑰红：浪漫	玫瑰红象征着浪漫与甜蜜。玫瑰红的色彩饱满、温柔，流露出含蓄的美感，华丽而不失典雅
火鹤红：温柔	火鹤红是很好的主色调，用火鹤红点缀房间，在视觉上给人以香甜、可爱的感觉
浅玫瑰红：可爱	浅玫瑰红常被用来表现可爱、楚楚动人的感觉，在表现女性产品时常会用到
朱红：积极	朱红色是印泥的色彩，搭配亮色可以展现出十足的朝气以及积极向上的情感
博朗底酒红：野性	博朗底酒红介于红色与紫色之间，热情、洒脱，更有几分野性

5 案例欣赏

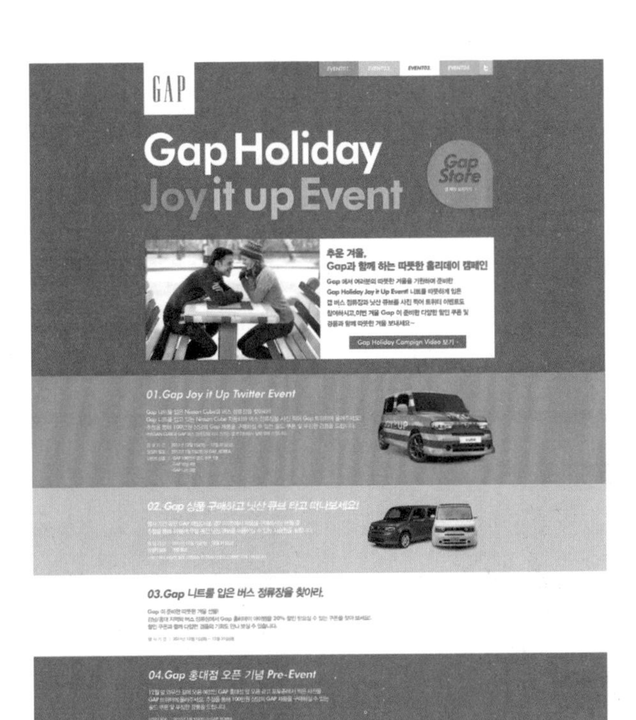

LOTTERIA
위풍당당!
핫크리스피버거
핫크리스피버거 런칭기념!
"크핫" 퀴즈이벤트
버거

Медихронал
-Дарница
Препарат для профилактики
и лечения похмелья
Медихронал
Связывает
алкогольные
токсины
Пройти алкотест
Конкурс "Holy Friday"

대박할인 | 테마상품 | 식자재전문관 | Best 100 | 매장행사
로그인 | 회원가입 | 나의쇼핑정보 | 장바구니
MEGA
MART
검색
Reebok
36,000원
전체 카테고리 ▾
생식품
가공식품
주방/생활
가전/문구/취미
유아동
패션/스포츠
아동용 나이키
DYNAMO FREE
39,000/49,000
친환경 EVA 슬리퍼
가볍고, 뛰어난 충격흡수
1+1/9,800
3000원 할인쿠폰 증정!
금주의 전단상품
국내산 신선한 재료로 맛있게!
양념육 대전
성주참외
초특가 대전
첫출하
수입과일 초특가전
5,980
4,980
9,980
올랐던 채소가격이
다시 돌아왔습니다.
1,580
2,980
1,980
1,180
1,880
980
658
9,800
3,280
금주 전단 특가상품
신선식품 특가전
가공식품 특가전
가공,생활,뷰티 특가전
메가마트 상생DAY
소형가전 초특가찬스

CLIO
BRAND
CLUB CLIO
MAKEUP
AD&STAR
ART
VIRGIN KISS
LIPNICURE
SPECIAL PICTURE

BRIDGEWATER
The University
Admissions & Aid
Academics
Student Life
News & Events
More life.
YOU DECIDE
BSU FACTS
321
2,270
22 students
Expect More. Achieve More.
SUMMER
@BSU

3.2 橙

1 浅谈橙色

橙色是介于红色与黄色中间的色彩。当人们看到橙色时，会感受到温暖、活力。它是暖色调中最温暖的，能够让人联想到硕果累累的秋天，是一种收获、喜悦的色彩。但在网页设计中，大面积地使用橙色容易造成视觉疲劳。

正面关键词：温暖、家庭、欢乐、辉煌、美味、成熟。

负面关键词：警戒、隐晦、陈旧、神秘、刺激。

	CMYK	RGB
橘色	CMYK：8-80-90-0	RGB：234-85-32
柿子橙	CMYK：7-70-75-0	RGB：237-110-61
橙色	CMYK：7-70-97-0	RGB：237-109-0
阳橙	CMYK：7-56-94-0	RGB：241-141-0
热带橙	CMYK：5-51-80-0	RGB：243-152-57
蜜橙	CMYK：5-31-60-0	RGB：249-194-112
杏黄	CMYK：14-41-60-0	RGB：229-169-107
沙棕	CMYK：9-19-19-0	RGB：236-214-202
米色	CMYK：14-22-36-0	RGB：227-204-169
灰土	CMYK：22-31-46-0	RGB：211-183-143
驼色	CMYK：37-52-71-0	RGB：181-134-84
椰褐	CMYK：55-82-100-36	RGB：106-51-21
褐色	CMYK：54-79-100-31	RGB：113-59-18
咖啡	CMYK：59-69-98-28	RGB：105-75-35
橘红	CMYK：0-85-92-0	RGB：255-68-10
肤色	CMYK：4-31-61-0	RGB：250-194-110
赭石	CMYK：18-54-83-0	RGB：219-140-55
酱橙色	CMYK：23-61-100-0	RGB：209-122-0

2 温馨、充实

橙色与白色是网页设计中常用的对比色。高明度的白色在页面底端较为抢眼；局部使用的橙色压制住底端的突出感；选用同色系但不同饱和度的橙色，使页面在充实的同时又不失协调感。

配色方案

CMYK：6-24-33-0
RGB：243-207-172

CMYK：16-48-65-0
RGB：224-154-94

CMYK：10-66-97-0
RGB：233-117-4

CMYK：17-80-100-0
RGB：220-82-2

CMYK：32-25-24-0
RGB：185-185-185

CMYK：56-70-89-23
RGB：117-78-47

3 倍感温暖

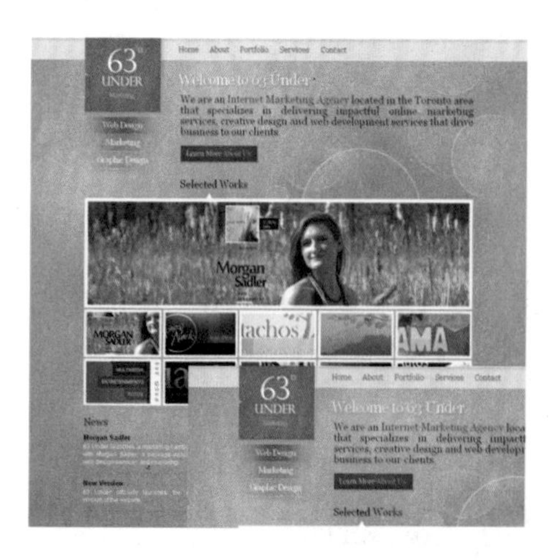

在该页面中使用不同明度的橙色，形成一种延伸的层次感，金色的麦田更营造出一种秋日午后的温暖氛围。

配色方案

CMYK：4-8-48-0
RGB：255-238-154

CMYK：4-27-89-0
RGB：255-200-1

CMYK：17-59-97-0
RGB：222-129-11

CMYK：23-29-64-0
RGB：213-185-106

CMYK：58-32-100-16
RGB：120-95-39

CMYK：46-90-100-14
RGB：151-51-0

4 常见色分析

橘色：甘甜	橘色能刺激人的味蕾，让人联想到甘甜的橘子。在餐厅的色彩搭配中常常利用橘色作为点缀色，以促进食欲
阳橙：生机勃勃	阳橙色有庄严、尊贵、神秘等感觉
蜜橙：含蓄	蜜橙色的纯度相对较低，在给人温暖感觉的同时又多了几分含蓄
杏黄：羞涩	杏黄色的视觉感受较为柔和，色彩倾向于灰色调，给人一种羞涩、内敛的感觉
柿子橙：天真	柿子橙让人联想到秋天丰收的柿子，那些高挂在枝头的柿子格外俏皮、可爱
米色：淳朴	米色可以展现出大自然的氛围，有着淳朴的性格
驼色：雅致	驼色有着谦谦君子的儒雅气质
椰褐：古典	椰褐色是家居配色中最常见的色彩，给人以温厚、自然的视觉感受

5 案例欣赏

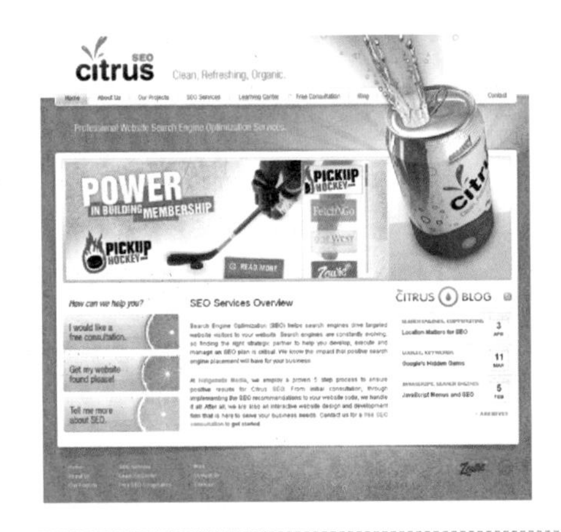

3.3 黄

1 浅谈黄色

黄色是所有色彩中明度最高的色彩，可见度较高，是所有色相中最具光感的色彩。黄色闪烁着金色的光芒，在古代象征着帝王与权力，神圣不可侵犯。在网页设计中，黄色既可以作为点缀，也可以大面积地使用，可以给页面带来阳光般的明亮感。

正面关键词：活泼、希望、权力、开朗、阳光、幽默。

负面关键词：廉价、冷淡、警告、危险、幼稚、轻薄。

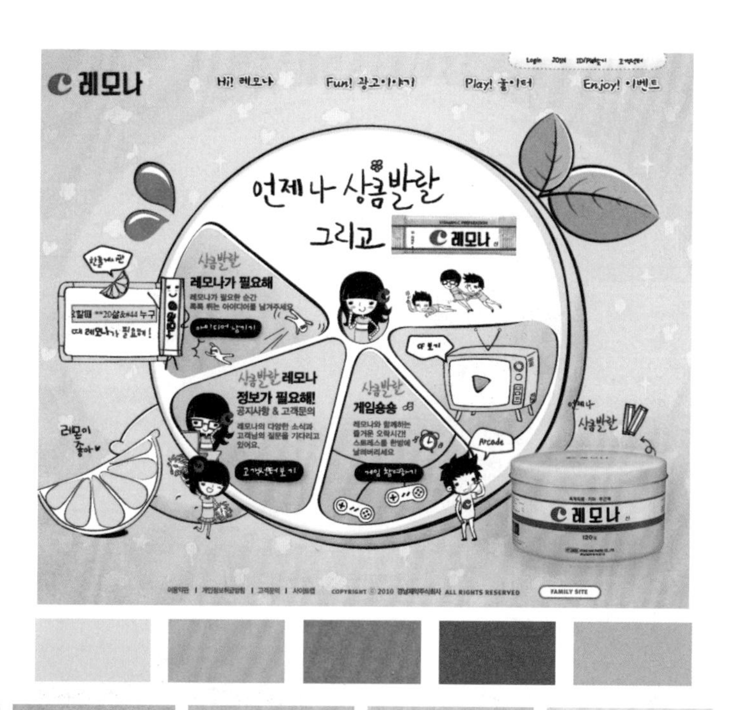

黄色	铬黄	金色	茉莉黄	奶黄	香槟黄
CMYK：10-0-83-0	CMYK：6-23-89-0	CMYK：5-19-88-0	CMYK：4-17-60-0	CMYK：2-11-35-0	CMYK：4-3-40-0
RGB：255-255-0	RGB：253-208-0	RGB：255-215-0	RGB：254-221-120	RGB：255-234-180	RGB：255-248-177
月光黄	万寿菊黄	鲜黄	含羞草黄	芥末黄	黄褐
CMYK：7-2-68-0	CMYK：5-42-92-0	CMYK：7-3-86-0	CMYK：14-18-79-0	CMYK：23-22-70-0	CMYK：31-48-100-0
RGB：255-244-99	RGB：247-171-0	RGB：255-241-0	RGB：237-212-67	RGB：214-197-96	RGB：196-143-0
卡其黄	柠檬黄	香蕉黄	金发黄	灰菊	土著黄
CMYK：40-50-96-0	CMYK：17-0-84-0	CMYK：6-13-87-0	CMYK：22-22-76-0	CMYK：16-12-44-0	CMYK：36-33-89-0
RGB：176-136-39	RGB：240-255-0	RGB：255-225-0	RGB：219-199-81	RGB：227-220-161	RGB：186-168-52

2 活跃气氛

大面积地使用黄色会整体提升页面的明度，而小范围地使用黄色则会起到活跃气氛的作用。在该页面中明黄色的标题栏与墙壁背景相呼应；白色与灰色的小范围使用，使页面整体和谐、明快。

◎配色方案

CMYK	RGB
12-19-39-0	234-212-165
11-23-78-0	242-204-67
8-49-80-0	240-156-57
56-52-59-1	134-123-105
8-94-83-0	235-36-43
80-59-62-14	62-92-90

3 温暖、淡雅

在该页面中使用了较为淡雅的浅黄色，微妙的渐变将观者的视角定位到页面的上方；使用暗红色作为点缀色，给人以一种年代悠久的沉淀感。

◎配色方案

CMYK	RGB
3-4-30-0	255-247-198
6-10-43-0	250-234-164
23-24-65-0	213-193-107
51-58-83-6	143-111-64
43-100-100-11	159-22-27
91-72-98-66	5-33-13

4 常见色分析

黄色：温暖	黄色是典型的暖色调，给人以温暖的感觉
铬黄：活力	铬黄色有些偏橙色，蕴涵着快乐与活力
茉莉黄：柔和	茉莉黄的气质温和，可以使人的心情放松
奶黄：单纯	奶黄色的明度较高，简单、明快，气质较为单纯
香槟黄：轻盈	低纯度、高明度的香槟黄给人以一种轻盈、漂浮之感
柠檬黄：纯粹	柠檬黄率性、独特，有着清晰、明亮的性质。它带有一定的荧光性，给人一种前进感
卡其黄：乡土	卡其色是一种中性色，让人有亲近感
黄褐：温厚	黄褐色给人一种恬静而怀念的印象，搭配较深的色彩时可以描绘出微妙的感觉
鲜黄：轻快	鲜黄色让人有翱翔的解放感，充满了快乐、活力与希望

5 案例欣赏

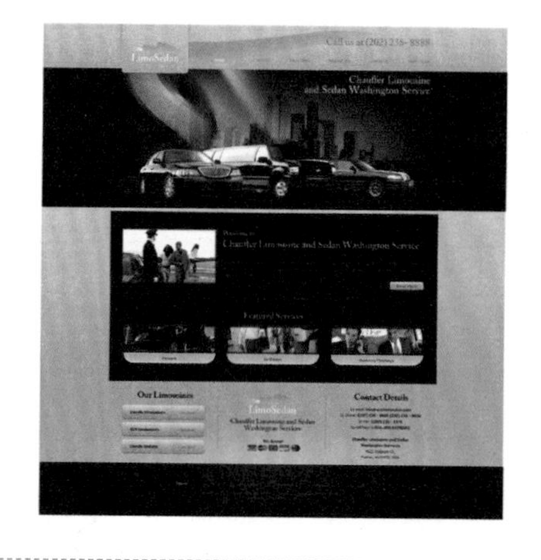

3.4 绿

1 浅谈绿色

绿色介于冷色和暖色之间，绿色中的黄色较多就会偏暖色，而蓝色较多就会偏冷色。绿色被广泛应用于网页设计中，也是由于它的多变性。绿色代表生命与希望，多观察绿色可以使心情更积极向上，绿色对于克服疲劳和消除消极情绪有一定的作用。

正面关键词：春天、环保、新鲜、安全、青春。

负面关键词：土气、庸俗、愚钝、低沉。

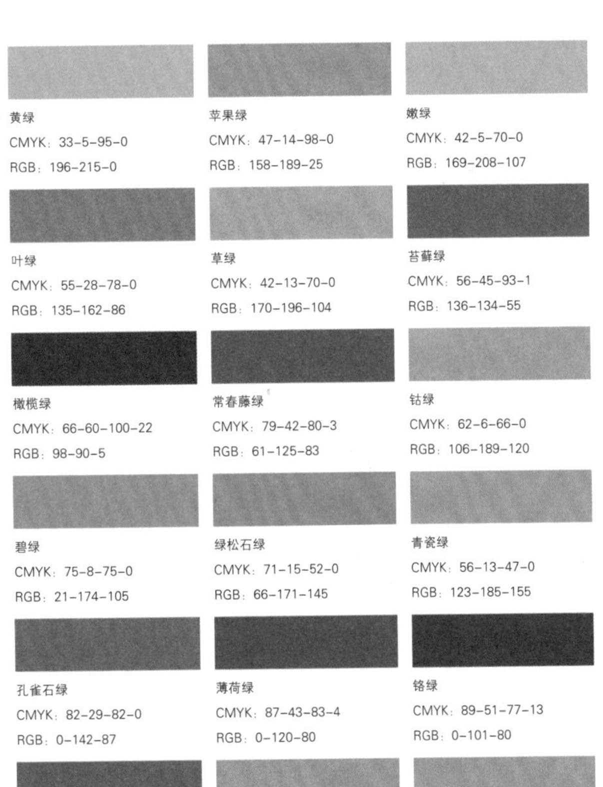

2 健康、纯天然

选用绿色作为食品题材网页的色彩再适合不过，绿色的合理使用可以表现出食品的天然与健康。在该页面中不同明度的绿色与白色、黄色相搭配，在一定程度上提升了页面的品质。

配色方案

CMYK：12-13-88-0	CMYK：42-3-97-0	CMYK：54-4-89-0	CMYK：65-17-92-0	CMYK：33-52-93-0	CMYK：8-90-98-0
RGB：244-220-9	RGB：174-210-0	RGB：137-197-63	RGB：102-170-64	RGB：189-136-40	RGB：234-55-15

3 巧用点缀

该网页设计选用了白色和灰色作为主体色，为了在单调的配色中找寻亮点，使用了橙色及绿色作为点缀色，整幅页面色调和谐且变化丰富。

配色方案

CMYK：22-15-15-0	CMYK：39-29-29-0	CMYK：0-72-92-0	CMYK：40-5-92-0	CMYK：61-83-100-0	CMYK：4-32-34-0
RGB：207-210-211	RGB：170-173-172	RGB：255-107-1	RGB：179-210-36	RGB：116-173-18	RGB：245-194-165

4 常见色分析

黄绿：无拘束	黄绿色是一种活泼的色彩，既有绿色的诚恳，又有黄色的欢乐，可以展现出自由、悠然的感觉
苹果绿：新鲜	苹果绿是一种新鲜、水嫩的色彩，有着独特的青春气息
叶绿：自然	叶绿色倾向于灰色调，给人一种温和、柔弱之感
草绿：茁壮	草绿色是一种令人放松的色彩，让人联想到春日里的小草，有着顽强的生命力
橄榄绿：诚恳	橄榄绿是一种应用较为广泛的色彩，给人一种非常诚恳的印象
常春藤绿：安心	常青藤绿是一种含灰色的绿色，是宁静、平和的色彩，就像暮色中的森林或晨雾中的田野
碧绿：清秀	碧绿色中蕴含着青色，给人一种清秀、可人的感觉
薄荷绿：豁达	薄荷绿色象征着夏天和作物的茂盛、健壮与成熟

5 案例欣赏

3.5 青

1 浅谈青色

青色是一种介于蓝色和绿色之间的色彩，较深的青色常被用于企业类的网页设计中，显得庄重、威严。在我国古代，青色有着极为重要的意义，如青花瓷等传统器物常常采用青色。但在网页设计中，如果青色面积过大，会给人压抑、消极之感。

正面关键词：清新、伶俐、冷静、宁静、希望。

负面关键词：寒冷、孤独、悲伤、严格、寂寞。

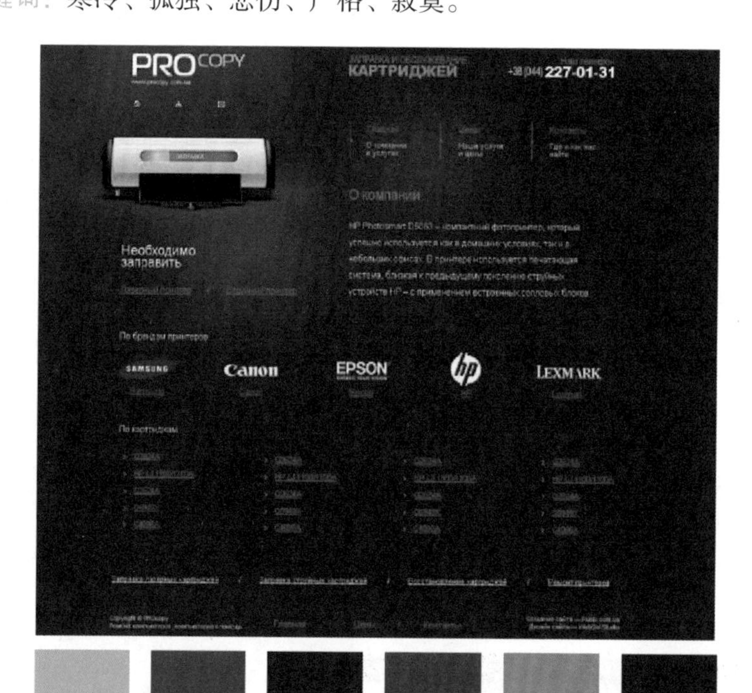

名称	CMYK	RGB
蓝鼠	70-51-32-0	95-120-150
砖青	67-46-18-0	100-131-176
铁青	89-83-44-8	52-64-105
鼠尾草	72-54-15-0	88-117-173
深青灰	96-74-40-3	0-78-120
天青	50-13-3-0	135-196-237
群青	99-84-10-0	0-61-153
石青	84-48-11-0	0-121-186
浅天色	38-7-14-0	0-121-186
青蓝	80-42-22-0	40-131-176
天色	46-14-12-0	149-196-219
瓷青	37-1-17-0	175-224-224
青灰	61-36-30-0	116-149-166
白青	14-1-6-0	228-244-245
浅葱	38-5-15-0	171-217-224
淡青	14-0-5-0	225-255-25
水青	62-7-15-0	88-195-224
藏青	100-100-59-22	0-25-84

2 清爽、干净

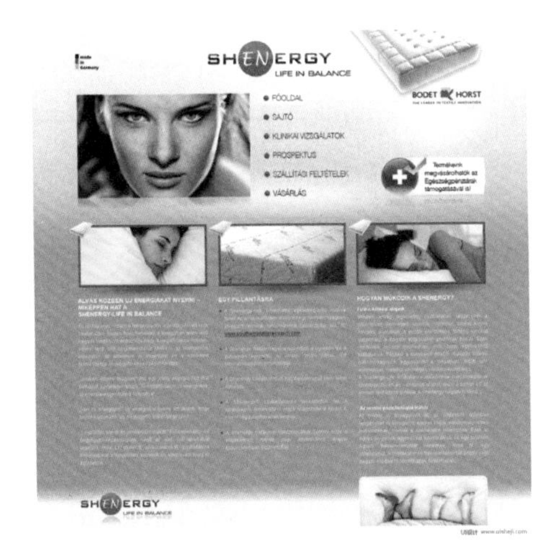

该页面选用了青色与白色渐变的配色方案，白色的文字干净、纯粹，页面整体清新、爽朗，红色边框的点缀使页面在和谐的同时多了一份俏皮。

◎配色方案

CMYK：12-0-1-0 RGB：232-247-254	CMYK：31-5-4-0 RGB：188-224-244	CMYK：53-21-14-0 RGB：129-180-209
CMYK：40-24-29-0 RGB：168-181-178	RGB：6-97-93-0 RGB：237-19-28	RGB：39-100-100-5 RGB：173-12-16

3 艺术氛围

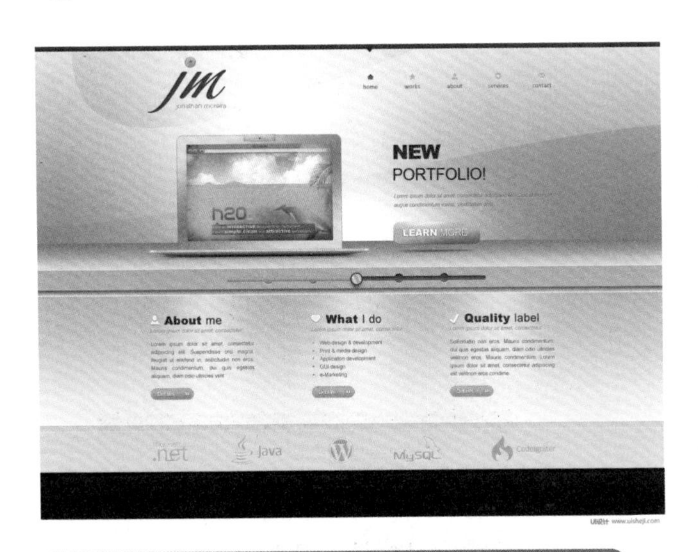

该页面选用了灰色作为主体色，灰色显得高级、凝重；为其添加了明度较高的青蓝色作为点缀，在保留原有意境的同时，营造出些许艺术氛围。

◎配色方案

CMYK：20-15-15-0 RGB：211-211-211	CMYK：43-34-32-0 RGB：161-161-161	CMYK：83-79-77-62 RGB：31-31-31	CMYK：56-4-10-0 RGB：108-203-235	CMYK：60-0-17-0 RGB：18-230-245	CMYK：23-82-0-0 RGB：233-51-182

4 常见色分析

天色：辽阔	天色是地中海风格中常用的色彩，通常让人联想到碧海和蓝天
铁青：古朴	铁青色的色彩倾向更接近于蓝色，有着古朴、单纯的品质
瓷青：脱俗	瓷青色给人淡雅的印象，具有骄傲、秀丽的品质，有时也给人轻薄、神秘的感觉
群青：松弛	群青色鲜亮、明快，是一种活泼的色彩，可以令心情放松，迎合人们追求变化的心理
砖青：温润	砖青色中含有少量的灰色，给人一种柔和、温润的视觉感受
青蓝：依赖	色调的变化使青色有着不同的表现力，青蓝色给人以依赖的印象
浅葱：利落	由于白色的成分比较多，浅葱色给人一种利落、纯粹的感觉
淡青：明亮	淡青色的明度很高，可以提升页面的明度，若将其作为点缀色，可以增加页面的活泼之感

5 案例欣赏

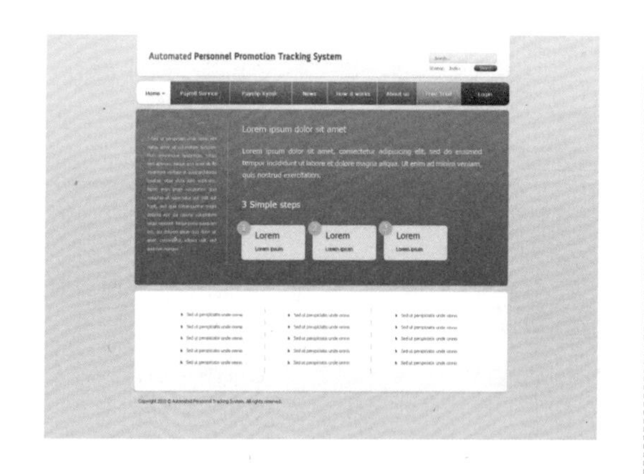

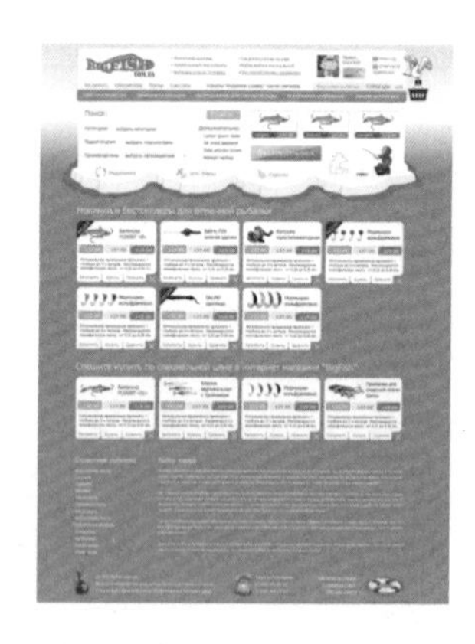

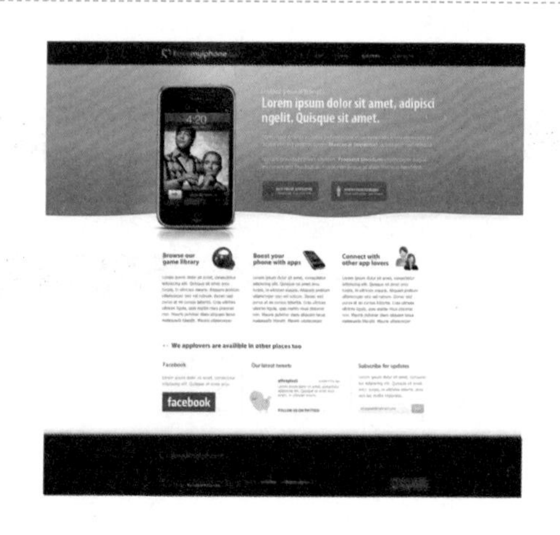

3.6 蓝

1 浅谈蓝色

蓝色属于冷色调。说到蓝色，人们会想起天空、大海、宇宙，有开阔、清凉和孤独之感。在网页设计中，蓝色的应用非常广泛，如商业或科技等题材。蓝色无论与任何色彩相搭配，都会尽显其自身的优势。

正面关键词：纯净、科技、严谨、凉爽、沉稳、理智。

负面关键词：无情、寂寞、肃穆、严酷、古板、冰冷。

天蓝
CMYK：80-50-0-0
RGB：0-127-255

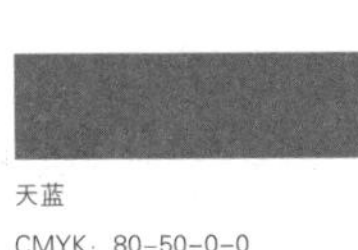

蓝色
CMYK：92-75-0-0
RGB：0-0-255

蔚蓝
CMYK：84-46-25-0
RGB：0-123-167

普鲁士蓝
CMYK：100-88-54-23
RGB：0-49-83

矢车菊蓝
CMYK：64-38-0-0
RGB：100-149-237

深蓝
CMYK：100-86-0-0
RGB：0-0-200

丹宁布色
CMYK：88-62-0-0
RGB：21-96-189

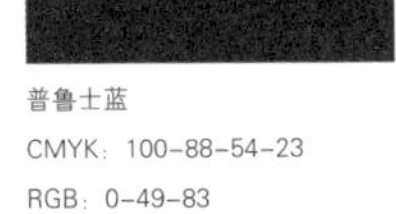

道奇蓝
CMYK：75-40-0-0
RGB：30-144-255

国际道奇蓝
CMYK：100-88-0-0
RGB：0-47-167

午夜蓝
CMYK：100-91-47-9
RGB：0-51-102

皇室蓝
CMYK：79-60-0-0
RGB：65-105-225

浓蓝
CMYK：92-65-44-4
RGB：0-90-120

蓝黑
CMYK：100-99-62-42
RGB：5-23-59

玻璃蓝
CMYK：92-74-8-0
RGB：26-79-163

岩石蓝
CMYK：59-31-20-0
RGB：117-159-189

水晶蓝
CMYK：32-6-7-0
RGB：185-220-237

冰蓝
CMYK：16-1-2-0
RGB：223-242-251

爱丽丝蓝
CMYK：8-2-0-0
RGB：240-248-255

2 炫酷科技感

蓝色的合理使用可以表现出极强的现代感与科技感，在网页设计中也常用蓝色作为元素。在该页面中选用的深蓝色给人以深邃、高端的感觉。

配色方案

CMYK：68-0-30-0	RGB：0-204-207
CMYK：75-32-1-0	RGB：36-151-221
CMYK：96-78-40-4	RGB：14-72-117
CMYK：99-90-61-41	RGB：8-36-61
CMYK：3-27-70-0	RGB：255-202-89
CMYK：0-61-89-0	RGB：254-132-17

3 清爽、干净

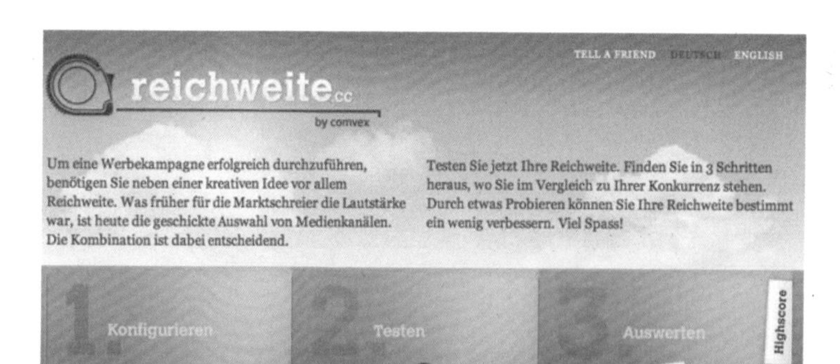

蓝、白色的配色方案是制作清新风格网页的首选，页面中漂浮的云朵打破了静止的感觉，整体色调使人眼前一亮，感觉清新、爽朗、干净。

配色方案

CMYK：13-8-8-0	RGB：228-231-232
CMYK：55-1-6-0	RGB：109-209-245
CMYK：54-21-15-0	RGB：128-179-208
CMYK：68-30-11-0	RGB：82-158-208
CMYK：74-42-19-0	RGB：70-134-180
CMYK：60-51-47-0	RGB：123-123-125

4 常见色分析

天蓝：活泼	天蓝色是一种比较活泼的色彩，是其他蓝色所无法比拟的
深蓝：坚定	深蓝色通常象征男性成熟、坚定的品质
蔚蓝：厚重	蔚蓝色的色相相对厚重，有着理智且传统的性格特点
矢车菊蓝：纯粹	矢车菊蓝与青色很接近，既有青色的清爽，又有蓝色的深邃
国际道奇蓝：时尚	国际道奇蓝是一种鲜亮的蓝色，醒目、张扬
普鲁士蓝：庄重	低明度的普鲁士蓝给人以沉着、冷静、庄重的印象
水晶蓝：清凉	水晶蓝是日常生活中常见的色彩，亲近感强，是女孩和婴儿的代表色彩
皇室蓝：格调	皇室蓝可以表现出理智和权威性，是格调很高的色彩，会让人感觉到倨傲的气势

5 案例欣赏

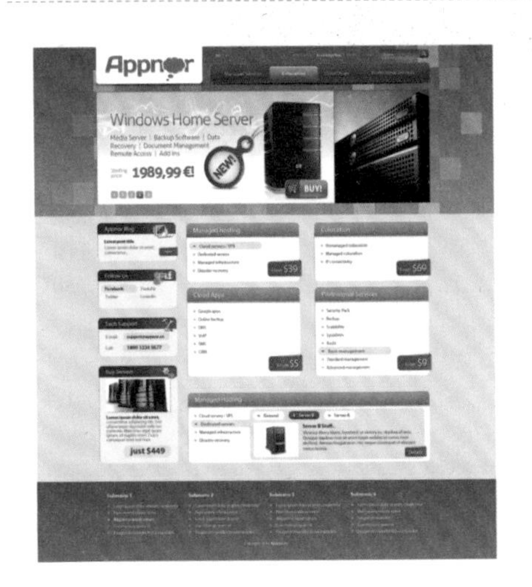

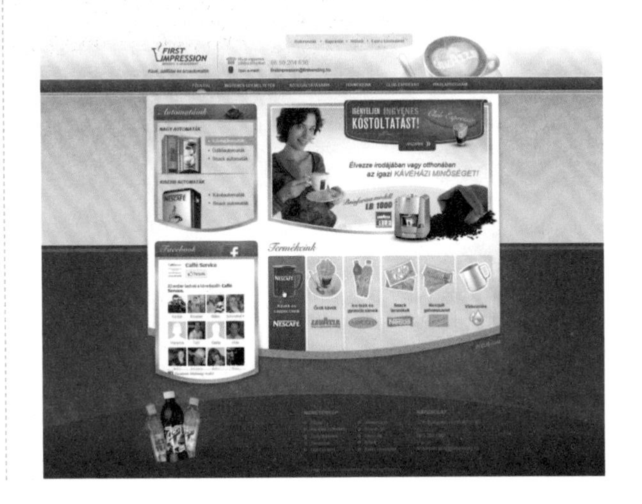

3.7 紫

1 浅谈紫色

紫色是由红色和蓝色调和而成，是所有色彩中明度最低的色彩。紫色会让人想起薰衣草花田，象征着浪漫、梦幻；深紫色被广泛应用于女性题材的网页设计中，象征着成熟、庄重，也代表了极强的诱惑，同时拥有拒人于千里之外的冷漠感。

正面关键词：妩媚、成熟、梦幻、别致、高傲。

负面关键词：模糊、忧郁、沉闷、神秘、孤寂。

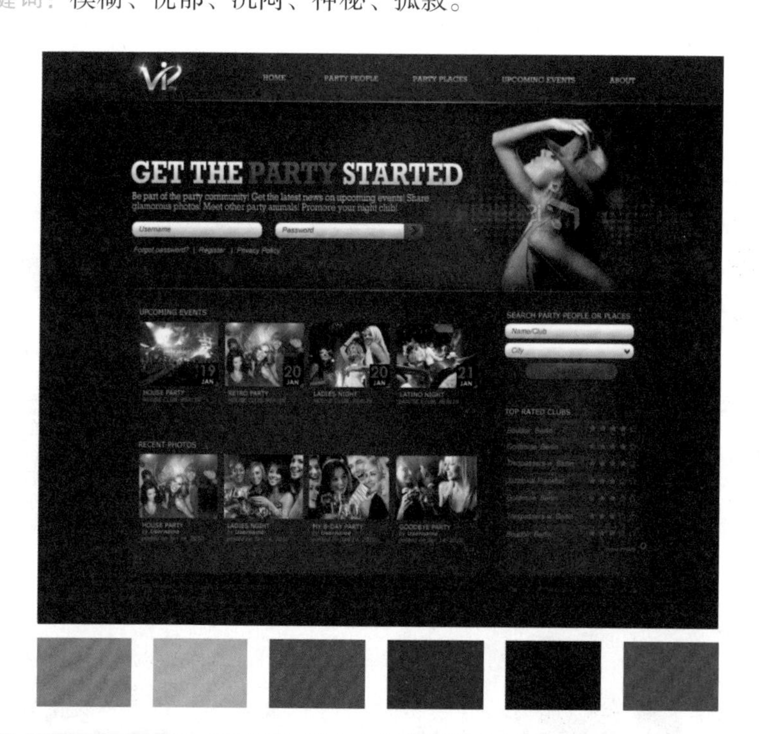

紫藤	木槿紫	铁线莲紫	丁香紫	薰衣草紫	水晶紫
CMYK：66-71-12-0	CMYK：63-77-8-0	CMYK：18-29-13-0	CMYK：32-41-4-0	CMYK：43-51-14-0	CMYK：62-81-25-0
RGB：115-91-159	RGB：124-80-157	RGB：216-191-203	RGB：187-161-203	RGB：166-136-177	RGB：126-73-133
紫色	矿紫	三色堇紫	锦葵紫	蓝紫	淡紫丁香
CMYK：54-87-9-0	CMYK：27-34-16-0	CMYK：58-100-42-2	CMYK：22-71-8-0	CMYK：23-57-17-0	CMYK：8-15-6-0
RGB：146-61-146	RGB：197-175-192	RGB：139-0-98	RGB：211-105-164	RGB：209-136-168	RGB：237-224-230
浅灰紫	江户紫	紫鹃紫	蝴蝶花紫	靛青	蔷薇紫
CMYK：46-49-28-0	CMYK：68-71-14-0	CMYK：36-62-26-0	CMYK：58-100-43-3	CMYK：88-100-31-0	CMYK：20-49-10-0
RGB：157-137-157	RGB：111-89-156	RGB：181-119-149	RGB：138-0-96	RGB：75-0-130	RGB：214-153-186

2 成熟魅力

紫色是成熟女人的色彩，象征着优雅的品质。在该页面中采用深紫色作为背景色，人物深蓝色的服饰在周围紫色光芒的映衬下散发着成熟的魅力。

◎配色方案

CMYK：28-41-23-0	RGB：196-162-174
CMYK：60-77-0-0	RGB：132-79-168
CMYK：77-83-39-3	RGB：89-67-113
CMYK：94-86-22-0	RGB：41-61-135
CMYK：36-82-90-2	RGB：181-76-47
CMYK：95-100-59-29	RGB：39-22-72

3 俏皮、可爱

低纯度的紫色给人以一种温和、可爱之感。在该页面中使用了白色作为主体色，紫色与白色组合形成一定的空间感，使产品很自然地被凸显出来，成为视觉的焦点。

◎配色方案

CMYK：3-45-3-0	RGB：246-170-202
CMYK：20-48-5-0	RGB：214-155-195
CMYK：46-43-0-0	RGB：157-149-209
CMYK：82-92-6-0	RGB：83-48-146
CMYK：15-70-46-0	RGB：224-109-112
CMYK：93-88-89-80	RGB：0-0-0

4 常见色分析

铁线莲紫：柔情	倾向于灰色调的铁线莲紫隐约有着几分淡淡的温柔
丁香紫：浪漫	浪漫的丁香紫有着独特的气质，让人联想到春日盛开的丁香花
薰衣草紫：唯美	薰衣草紫让人联想到大片的薰衣草田，芬芳、美丽，流露着唯美的气质
紫色：高雅	紫色有着高贵、典雅的王室气质，但也有着诡异、邪恶的意味
三色堇紫：妩媚	三色堇紫中带有红色，与红色相搭配，可以营造出和谐、统一又富有变化的效果
蔷薇紫：怀旧	蔷薇紫是一种低纯度的淡紫色，有亲切与怀旧的意象
淡丁香紫：脆弱	淡丁香紫非常柔和、明亮，有着脆弱的一面
浅灰紫：朴实	浅灰紫中的灰色成分较高，通常会作为辅助色出现，有沉稳、朴实的一面

5 案例欣赏

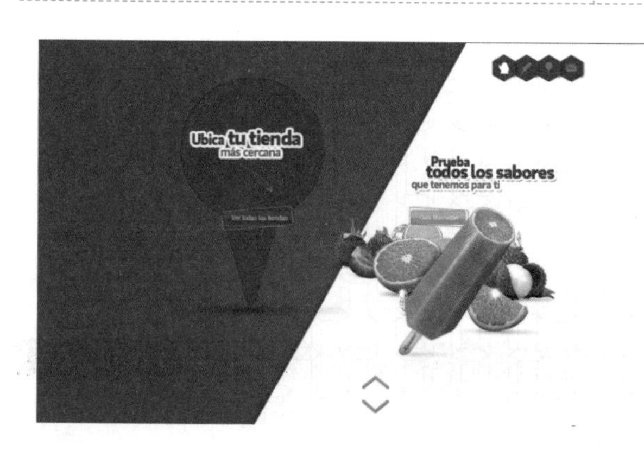

3.8 黑、白、灰

1 黑色

黑色是明度、纯度最低的无彩色，属于万能色，也是最佳的调和色，可以与任何色彩搭配。黑色让人们联想到黑夜，可以感受到黑暗与恐怖的笼罩；同时，黑色也是一种很强大、很有个性的色彩，是晚会、商务活动等较正式场合中的首选色彩。在网页设计中，不同比例的黑色的使用给人以不同的视觉感受。

正面关键词：神圣、寂静、神秘、奢华、正式。

负面关键词：恐怖、危险、压抑、暴力、悲哀。

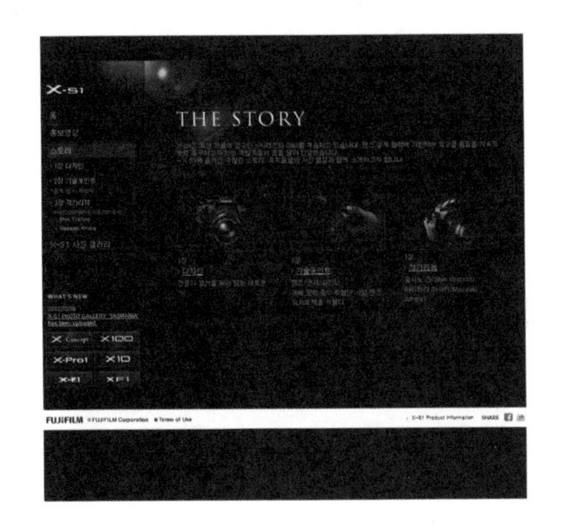

在大面积的黑色背景中只需要些许点缀色便会显得特别突出，黑暗中的一丝光亮给人以希望，同时又带来现代感和神秘感。

配色方案

CMYK：42-14-18-0 RGB：161-198-208	CMYK：83-78-80-63 RGB：30-30-28	CMYK：85-63-69-27 RGB：42-77-73
CMYK：50-40-32-0 RGB：145-148-157	CMYK：82-77-73-54 RGB：39-40-42	CMYK：91-86-87-78 RGB：5-5-5

2 神秘、高傲

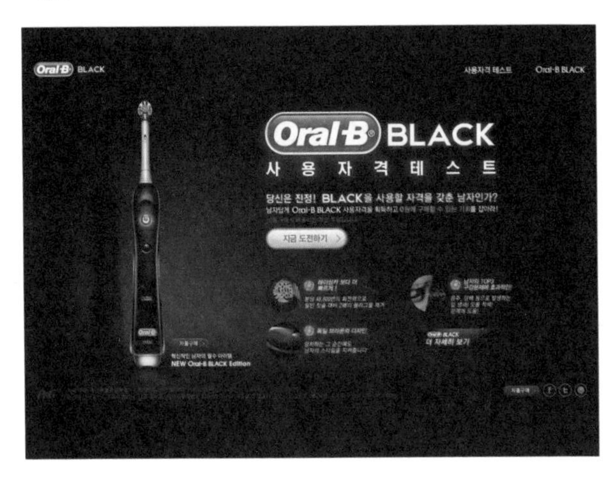

大面积的黑色背景中深蓝色的光晕成为焦点，该配色方案较适合以男性用品为题材的网页设计，效果优雅、神秘、高傲。

配色方案

CMYK：67-23-0-0 RGB：69-169-238	CMYK：88-58-8-0 RGB：0-104-178
CMYK：57-93-59-39 RGB：7-34-63	CMYK：92-87-86-77 RGB：3-4-6

3 白色

白色是无彩色中明度最高的色彩，常被用来间隔其他色彩。白色是“光明”的代名词，一提起白色，就会与“明亮”“干净”“朴素”“雅致”等词语联系在一起。白色与高明度的色彩进行搭配，可以让色彩的明度更高；白色与低明度的色彩进行搭配，可以让色彩的对比更加强烈。在网页设计中，白色是必不可少的色彩。

正面关键词：纯洁、干净、神圣、单纯、平和。

负面关键词：空洞、贫乏、哀伤、平淡、虚无。

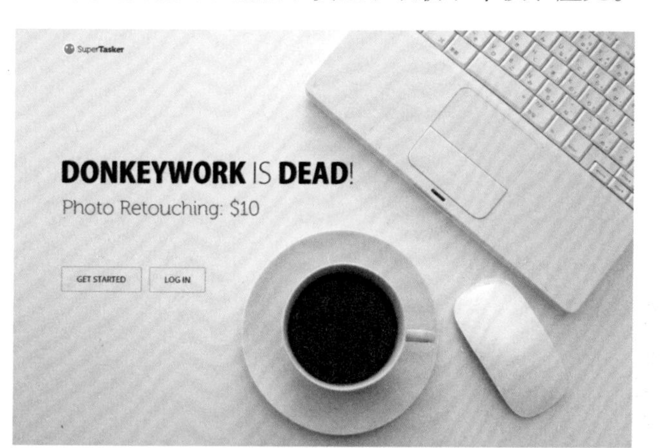

在网页设计中常会使用大量的留白。留白的特性是独一无二的，可以使主体脱颖而出。由于白色的特殊性，其与任何色彩搭配使用都不会显得突兀。

配色方案

CMYK：8-7-6-0	CMYK：24-16-16-0	CMYK：29-20-18-0	CMYK：62-77-73-32
RGB：237-237-238	RGB：202-206-207	RGB：193-198-202	RGB：96-61-57

4 干净、轻盈

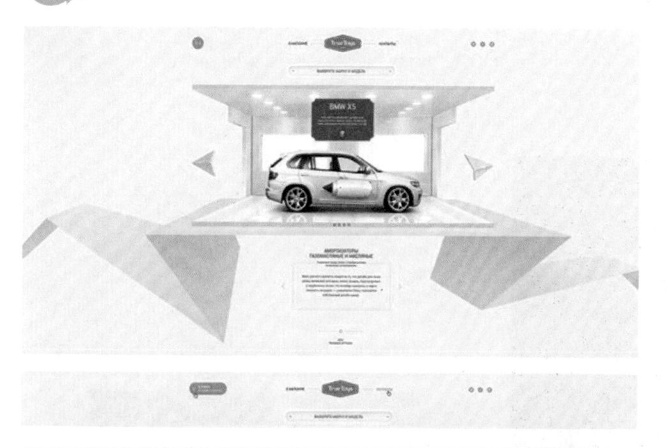

该页面以白色为主色调，以灰色为辅助色调。干净的白色纯洁而轻盈，并且具有延伸感，放大了图片的面积；局部的蓝色在页面中起到了点缀及衬托主体的作用。

配色方案

CMYK：11-8-7-0	CMYK：19-14-12-0	CMYK：48-36-31-0	CMYK：86-56-23-0
RGB：23-233-234	RGB：213-215-218	RGB：149-156-163	RGB：29-107-160

5 灰色

灰色穿行于黑、白两色之间，是一种中性色，常作为百搭色存在。在网页设计中，灰色是衬托主体色的首选色彩，恰当地使用灰色，往往可以呈现出高雅、成熟的特质。

正面关键词：高雅、低调、现代、成熟、舒适。

负面关键词：压抑、烦躁、肮脏、保守、无趣。

10%亮灰
CMYK：12-9-9-0
RGB：230-230-230

20%银灰
CMYK：23-17-17-0
RGB：205-205-205

30%银灰
CMYK：34-27-26-0
RGB：180-180-180

40%灰
CMYK：45-37-35-0
RGB：155-155-155

50%灰
CMYK：56-47-45-0
RGB：130-130-130

60%灰
CMYK：68-60-57-7
RGB：100-100-100

70%昏灰
CMYK：74-68-65-24
RGB：75-75-75

80%炭灰
CMYK：79-74-72-46
RGB：50-50-50

90%暗灰
CMYK：85-80-79-66
RGB：25-25-25

6 低调、奢华

在该网页中选用了高级灰作为主色调，使页面富有贵族气息，而与其相搭配的都是明度较低的色彩，进一步提升了页面的质感，整个网页设计呈现出低调而华丽的美感。

配色方案

CMYK：45-29-30-0
RGB：156-170-171

CMYK：64-43-47-0
RGB：111-133-131

CMYK：67-58-62-8
RGB：102-102-94

CMYK：87-83-83-72
RGB：16-16-16

7 案例欣赏

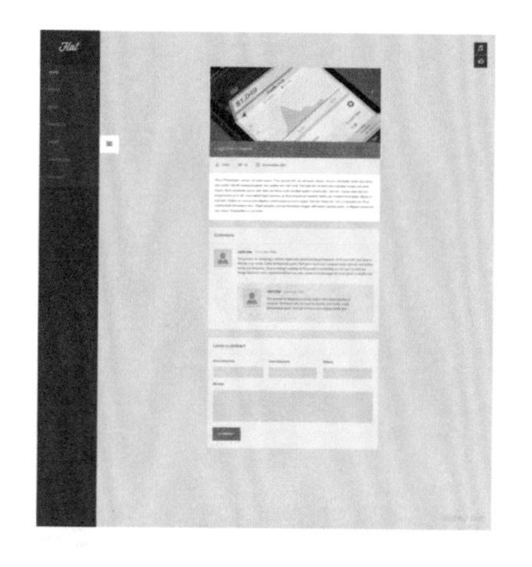

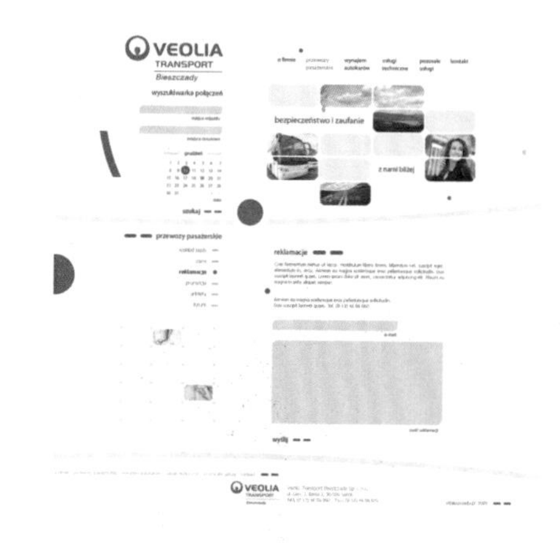
VEOLIA
TRANSPORT
bezpieczeństwo i zaufanie
reklamacje

STRAIGHT 8's
WILD ROCKABILLY
Lorem ipsum
Subscribe
twitter
facebook

zero
CHANCE TO WIN
MP3 PLAYER
Press Release
Featured Products

수입맥주 판매 1위!
Asahi
JAPAN'S NO.1 BEER

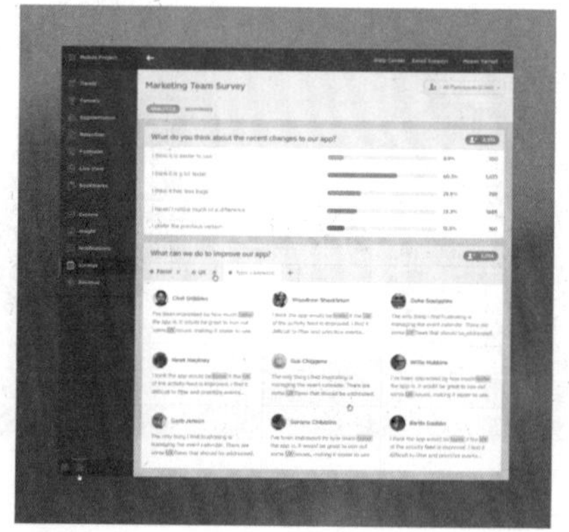
Marketing Team Survey

第 4 章

网页各类元素的色彩搭配

网页版面主要由图标、导航条、Banner、文字及图片构成，不同元素由于其位置、功能及占据面积的不同，其配色方式也有所不同。网页中的各类元素环环紧扣，息息相关，每一个部分的制作都影响着整体的效果，只有控制好构成网页的色相、明度、饱和度和面积关系等，才可以驾驭设计的整体感觉。

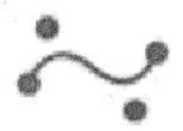

We help you planning your itinerary

Lorem ipsum dolor sit amet, consectetur adipiscing elit ullamcorper allet.
Donec mattis, sem id pretium elementum, quam metus elementum tellus, id lobortis.

CMYK：20-10-7-0	CMYK：30-21-69-0	CMYK：21-72-80-0	CMYK：70-72-74-38
RGB：212-222-231	RGB：198-193-100	RGB：212-102-58	RGB：75-61-54

CMYK：31–1–5–0
RGB：187–229–246

CMYK：51–0–14–0
RGB：126–215–233

CMYK：1–93–1–0
RGB：248– 12–144

CMYK：11–39–55–0
RGB：233–174–119

CMYK：39–32–31–0
RGB：169–167–166

CMYK：67–59–56–6
RGB：102–102–102

CMYK：3–49–88–0
RGB：248–157–28

CMYK：39–100–100–4
RGB：175–7–33

4.1 图标

图标具有特殊的功能性和艺术性，影响着网页的衔接关系和体验效果。图标的设计既要表达出元素的特点又要使其与网页相融合，这就需要遵循独特的设计思维和设计规律。在图标的设计中目前较为流行的是扁平化设计，其效果富有变化，常被置于多种类型的网站中。

MJBUZ
WELCOME TO NEW LOOK
LOREM IPSUM DOLOR SIT AMET, CONSECTETUER ADIPISCING ELIT.
WELCOME TO MJBUZ
SOME GREAT FACTS
Some other reason to choose MJbuz
白色的图标起到了点缀、装饰的作用。
以城市黄昏为背景制作网页的标题，在色彩上较为平和、舒缓。
小面积的红色作为局部点缀，提亮了页面的色调。
将红色圆点排列成半弧形，搭配规整的文字，使上下板块体现出微妙的联系。

页面最底端使用了不加修饰的红色背景，六边形微妙地衬托出图标的存在。

CMYK：4-4-32-0	CMYK：11-41-45-0	CMYK：43-47-36-0	CMYK：20-92-71-0
RGB：252-245-193	RGB：233-172-136	RGB：164-140-146	RGB：214-50-64

1 同一色调

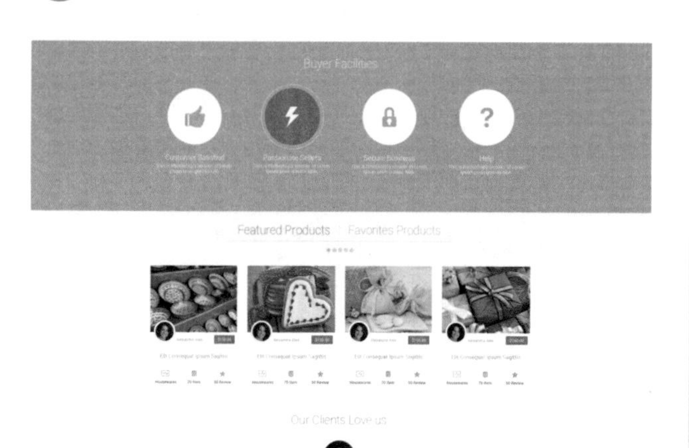

该网页以粉色为主色调，搭配的图片色彩明度较高，但由于其占据面积较小，因此并没有打破画面的清新效果，反而巧妙地提亮了页面的色调；图标选用了扁平化设计，在色彩的选择上与主体色调保持了一致性。

配色方案

CMYK	RGB
13-40-27-0	228-173-169
13-74-57-0	227-99-92
2-86-72-0	244-67-61
58-22-0-0	110-177-234
37-46-66-0	180-145-96
51-13-81-0	145-87-82

2 对比色调

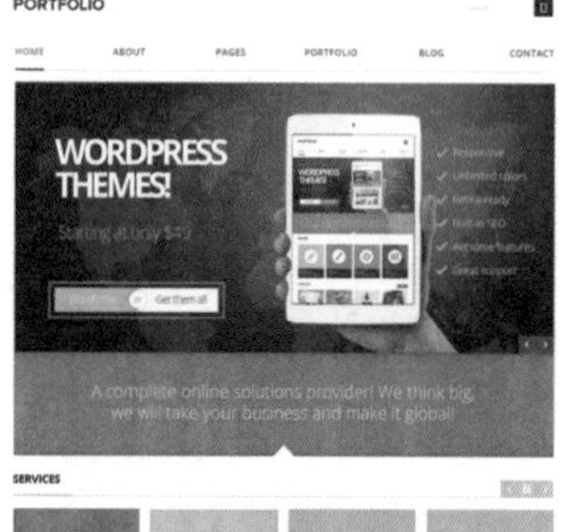

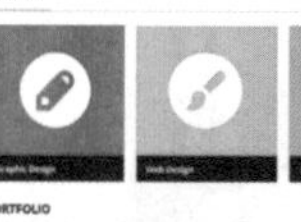

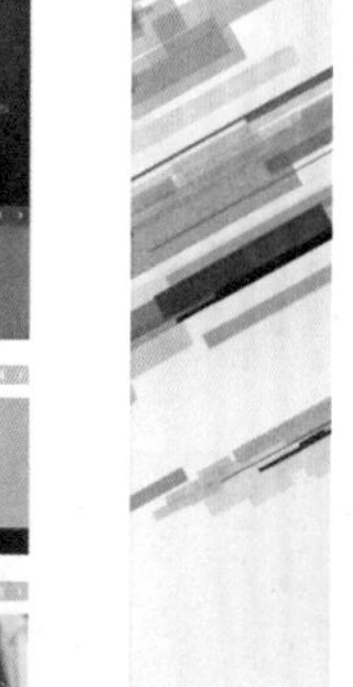

该页面中使用扁平化设计制作图标，并选用了差异较大的色彩进行搭配；图标位于页面的中心，使页面整体明朗、鲜亮，彩色的倾斜线条增强了页面的艺术性。

配色方案

CMYK	RGB
2-26-65-0	255-205-102
2-46-71-0	251-166-78
0-74-49-0	254-103-102
46-6-50-0	153-204-153
50-5-0-0	102-203-255
68-60-57-7	100-100-100

3 中心明朗

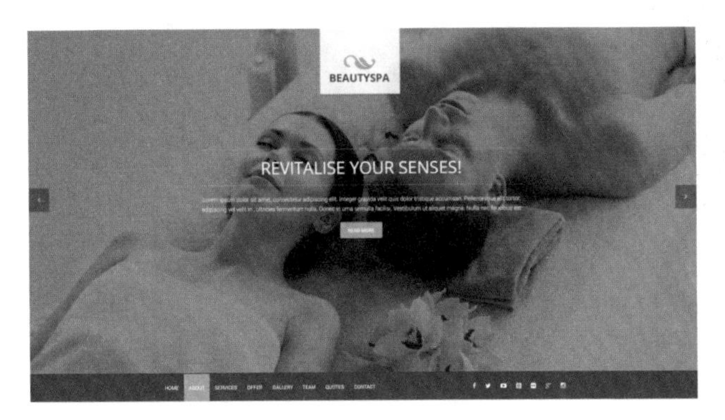

浊色是由非原色组成的复合色，在视觉上给人以苦涩感。在该页面中对图片进行了模糊处理，使色彩更加平均，从而使文字及图标凸显出来；下方以白色为底，与页面整体色彩形成了鲜明的对比。

◎配色方案

CMYK	RGB
CMYK：14-35-75-0	RGB：232-179-76
CMYK：45-53-100-1	RGB：163-126-25
CMYK：47-41-41-0	RGB：152-147-141
CMYK：62-6-100-0	RGB：108-186-0
CMYK：60-78-68-26	RGB：106-64-65
CMYK：65-64-66-16	RGB：102-89-80

4 透视角度

平行线给人以向外无限延伸的视觉感受，并且在一定程度上对页面起到了规整的作用；图标进行了相应的变化，形成了虚拟的透视角度，同时对文字的形状进行了转换，减少了图标的单一效果。

◎配色方案

CMYK	RGB
CMYK：11-61-76-0	RGB：231-130-64
CMYK：25-77-100-0	RGB：205-89-21
CMYK：46-72-77-7	RGB：154-81-67
CMYK：25-40-56-0	RGB：205-163-118
CMYK：59-22-16-0	RGB：112-175-207
CMYK：10-96-100-0	RGB：231-25-13

5 案例欣赏

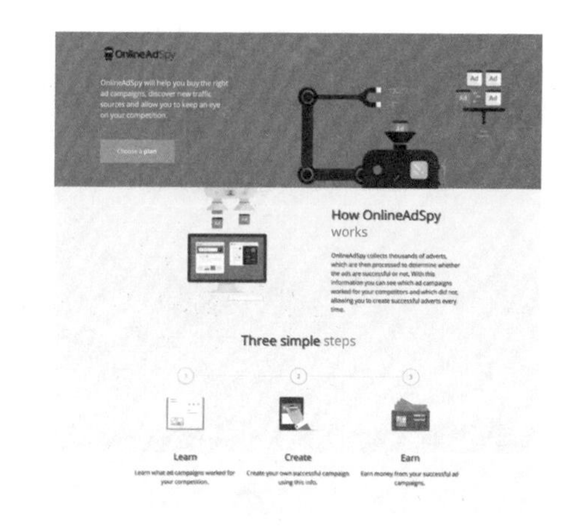

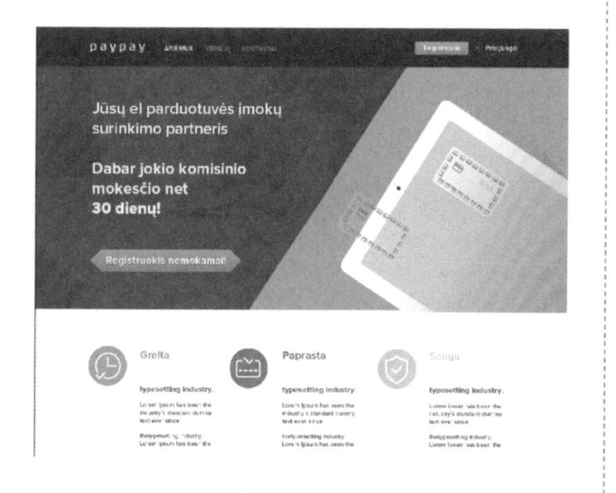

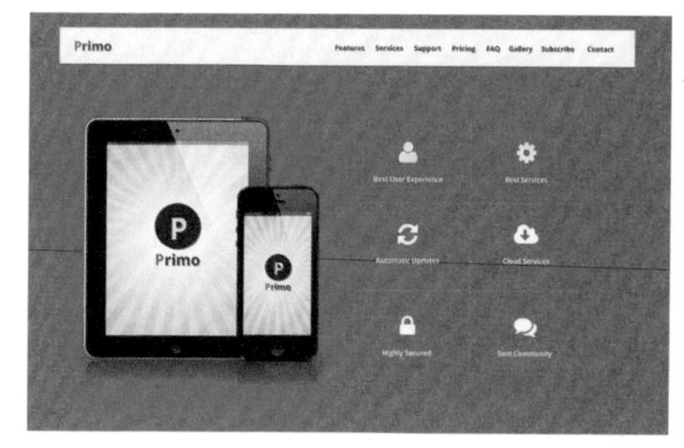

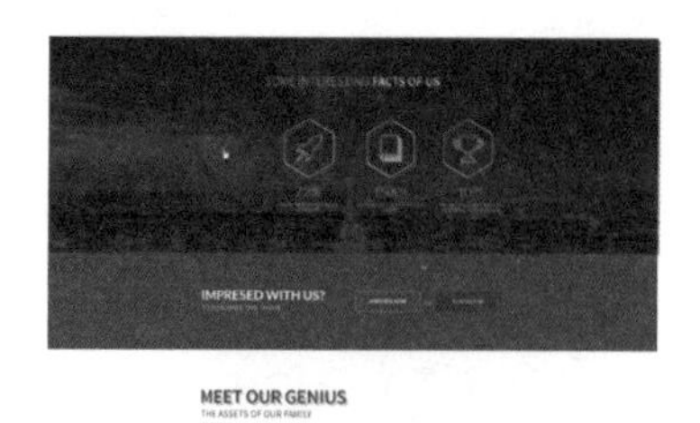

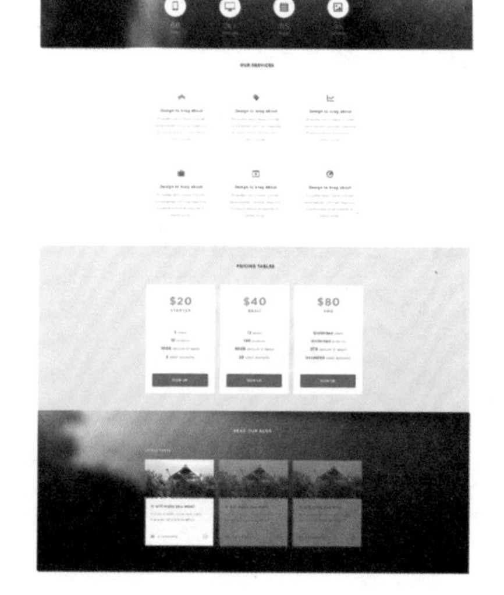

MEET OUR GENIUS

PEOPLE ❤ US

4.2 导航条

导航条是网页中不可或缺的一部分，用来链接网站的各个区域，在各个区域之间进行跳转，其重要性不言而喻。导航条的色彩需要与整体色彩相呼应，字体选择方面较为方正。为了使文字突出、醒目，色彩通常以黑、白、灰三色为主。

FELIUS
HOME FEATURES PORTFOLIO BLOG CONTACT PURCHASE
PORTFOLIO
导航条的制作较为简洁，选用了灰色方正的字体，在上下多个色块的间隙中营造一丝宁静。
高明度的青绿色与低明度的灰色相搭配，有一种混搭的时尚感；上下色块的呼应，是为了衬托出干净、爽利的导航条。
图片多为渐变灰色系背景，主体部分的色彩较为鲜亮，饱和度较高。
底部的设计同顶端类似，都遵循了简约的风格。
NEWSLETTER
SIGN UP
CMYK：73-0-51-0
RGB：0-189-156
CMYK：16-96-81-0
RGB：221-31-49
CMYK：41-34-27-0
RGB：166-164-172
CMYK：75-64-56-12
RGB：80-89-96

1 大方、简洁

该网页底端的色彩较为细碎、繁杂，但上面部分却给出了大片的留白，使中心文字被明朗、畅快地表现出来；导航条的设计大方、简洁，与底部的琐碎色彩形成对比。

配色方案

CMYK	RGB
CMYK：61-0-36-0	RGB：76-216-195
CMYK：98-87-0-0	RGB：25-49-166
CMYK：85-84-82-72	RGB：21-15-17
CMYK：19-29-36-0	RGB：216-188-163
CMYK：18-95-4-0	RGB：220-1-140
CMYK：13-97-62-0	RGB：226-16-72

2 质感强烈

该网页的导航条设计较为立体、三维化。使用钢铁图案作为背景，黑色的文字如同镌刻在铁板之上，为页面酷炫、复古的效果增添了一分质感。

配色方案

CMYK	RGB
CMYK：11-17-34-0	RGB：236-217-178
CMYK：33-42-61-0	RGB：189-154-107
CMYK：38-87-89-3	RGB：175-65-48
CMYK：51-41-40-0	RGB：142-143-142
CMYK：69-58-58-7	RGB：98-102-99
CMYK：87-76-67-42	RGB：37-50-58

第4章

3 简单、亮丽

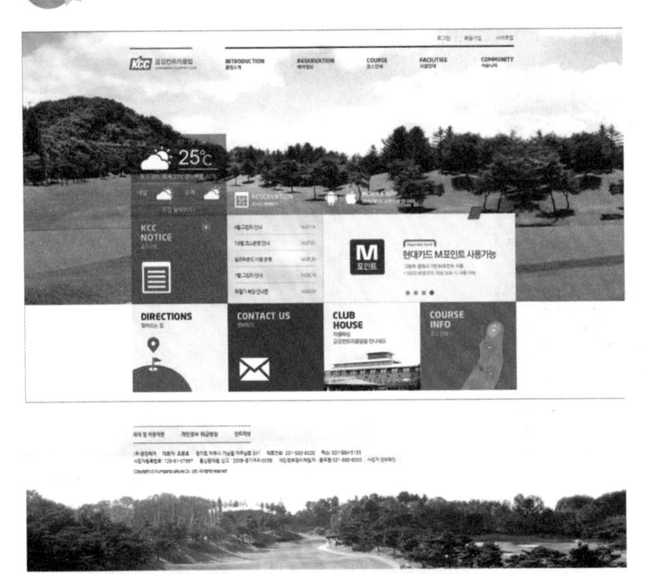

风景图片的大面积使用使页面色调清新、亮丽；将导航条不加修饰地置于图片之上，黑色的文字既醒目又不单调，虽然简单却不失美感。

配色方案

CMYK	RGB
CMYK：25-2-6-0	RGB：202-232-243
CMYK：90-62-17-0	RGB：6-98-163
CMYK：76-70-67-30	RGB：68-68-68
CMYK：65-24-100-0	RGB：107-159-0
CMYK：74-49-99-11	RGB：80-110-51
CMYK：13-94-88-0	RGB：225-41-39

4 充满个性

在该网页中灵活地调整了导航条的位置，以扁平化的图标和文字形成竖向的摆放组合，使导航条充满个性；由于主体图片的色彩较为繁杂，在导航条的色彩选择上采用了灰色，从而起到了平衡页面色调的作用。

配色方案

CMYK	RGB
CMYK：64-23-0-0	RGB：85-172-238
CMYK：81-59-0-0	RGB：59-104-188
CMYK：5-77-0-0	RGB：246-90-167
CMYK：8-0-81-0	RGB：254-245-44
CMYK：79-74-71-45	RGB：51-51-51
CMYK：13-99-100-0	RGB：226-0-3

5 案例欣赏

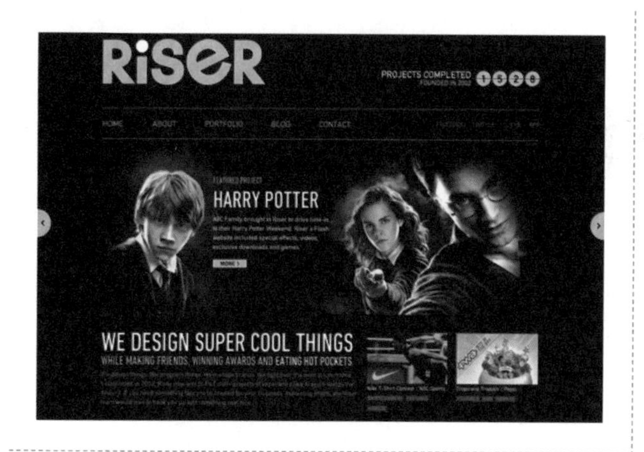
RiSer
PROJECTS COMPLETED
HOME ABOUT PORTFOLIO BLOG CONTACT
HARRY POTTER
WE DESIGN SUPER COOL THINGS
WHILE MAKING FRIENDS, WINNING AWARDS AND EATING HOT POCKETS

Nasze ekrany

Home
Services
Careers
Events
Contact us
Maxwell Render
Vue 8
Events calendar
August
read more
Latest uptades & news
Newsletter
Follow us
Our partners
NVIDIA
REALFLOW

STRIVE Sports
SOCCER BALLS
Team Apparel

EXR
BACKPACK
DOWN & PADDING
BOOTS
FROZEN
STYLE

Kosmetyki
drogeria internetowa
O Nas
Nasza oferta
Promocje
Warunki dostawy
Kontakt
Oriflame
Home Collection
Porady
Promocje
OLAY
BOSS
NIVEA
DKNY

4.3 Banner

Banner是贯穿整个页面的广告条，是浏览者在进入网页时的首要观察点。它表现了整个网页所要表达的主旨和宣传中心，其色彩的选择决定了网页其他元素色彩的选择。因此，Banner的色彩通常与主体的色彩互为邻近色，而使用对比色调会使人产生不舒服的视觉冲突。在一个优秀的网页制作中，Banner的效果尤为重要。

该网页的Banner样式较为简洁，木纹背景上暗绿色的树木标志，清晰、明了地表达了该网页的主体内容。

在Banner的下方紧接树木的图片，使浏览者快速地进入到该网站的主题中。

网页的下方主要以文字为主，文字的字体变换多样，使浏览者在阅读时不会产生负面的情绪。

CMYK：14-12-24-0	CMYK：42-22-80-0	CMYK：87-44-100-6	CMYK：84-83-88-74
RGB：227-223-201	RGB：171-182-76	RGB：1-117-51	RGB：20-14-9

1 色彩突出

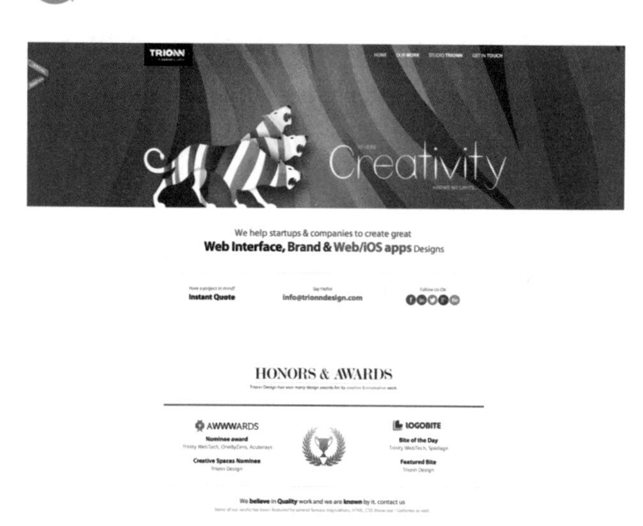

在该网页中，主体背景为白色，少许的黑色文字使页面显得简洁、干净；Banner的色彩选择上采用以红色系为主的彩色条纹，鲜亮、突出，使页面在清新的同时更增添了一分活跃。

◎配色方案

CMYK	RGB
33-62-76-0	246-129-61
12-66-21-0	229-119-152
0-91-58-0	253-41-77
40-100-99-6	170-14-35
40-81-31-0	176-79-125
81-100-48-6	92-6-99

2 和谐、统一

蔚蓝的海水使人心旷神怡，Banner与主体图片相互衔接，中心的一点光晕成为焦点，从而使文字凸显出来，页面整体给人以和谐、统一的感觉。

◎配色方案

CMYK	RGB
37-0-6-0	170-229-248
52-0-9-0	105-226-254
52-6-5-0	125-205-243
79-40-0-0	0-137-229
96-83-36-2	27-66-120
86-46-100-9	22-112-37

3 炫酷效果

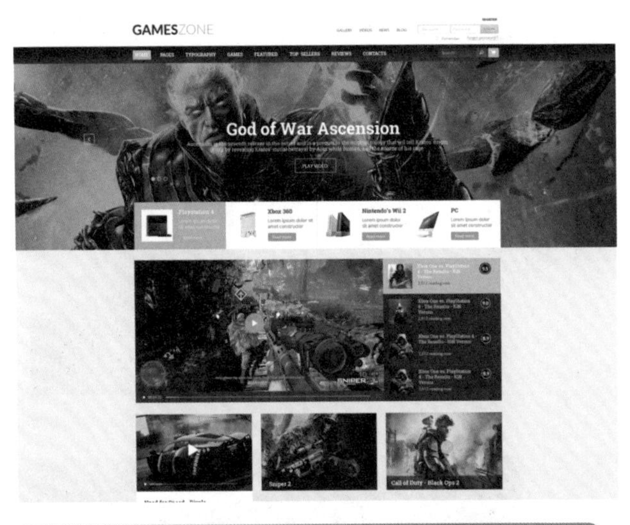

黑色与绿色的搭配组合，常被用于个性展示、影视音乐、娱乐休闲等网页设计中。在大面积的灰黑色上使用小面积的绿色作为点缀，既提亮了页面的色调又不影响整体的效果。

◎配色方案

CMYK	RGB
CMYK：9-7-7-0	RGB：237-237-237
CMYK：61-0-92-0	RGB：101-204-51
CMYK：42-33-33-0	RGB：163-163-161
CMYK：40-37-65-0	RGB：173-158-103
CMYK：69-62-66-16	RGB：92-89-81
CMYK：82-77-75-56	RGB：38-38-38

4 层次感分明

在该网页设计中，Banner主要以灰色及黑色的渐变色调作为背景，给人以沉重感；而白色相对于黑色而言，会给人以轻松的感觉；红色的图片位于中间，从而使页面由左至右层次分明。

◎配色方案

CMYK	RGB
CMYK：8-32-87-0	RGB：246-189-31
CMYK：72-15-18-0	RGB：35-175-210
CMYK：58-12-79-0	RGB：123-183-90
CMYK：31-82-53-0	RGB：192-78-95
CMYK：49-41-45-0	RGB：147-145-135
CMYK：82-78-63-36	RGB：53-53-65

5 案例欣赏

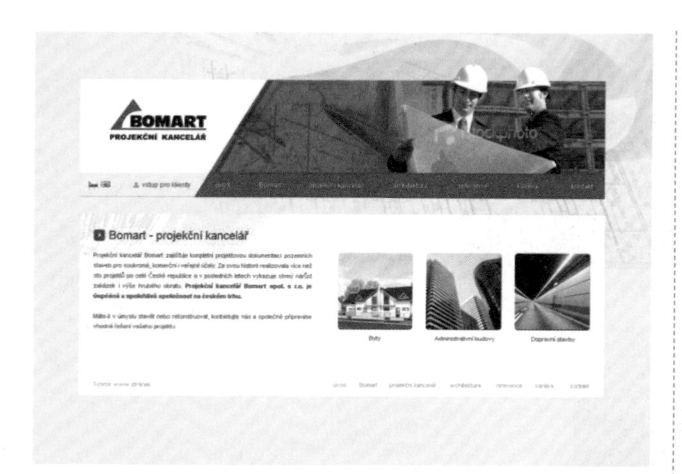
BOMART
PROJEKČNÍ KANCELÁŘ
Bomart - projekční kancelář

Renar

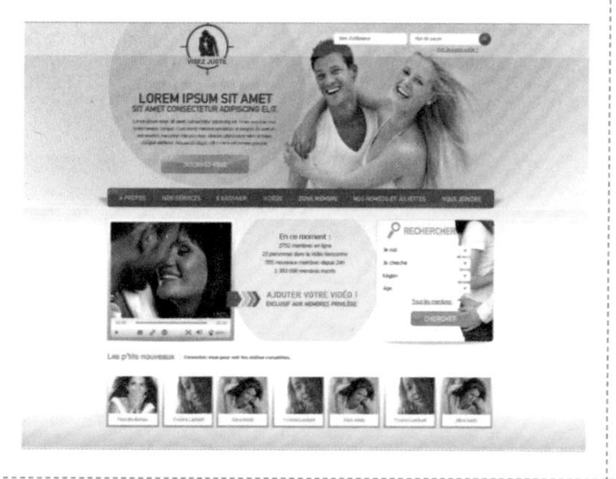
LOREM IPSUM SIT AMET
RECHERCHER

Buon Giorno!

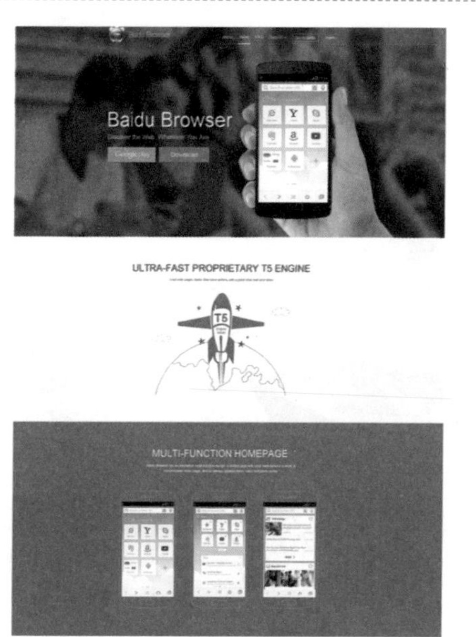
Baidu Browser
ULTRA-FAST PROPRIETARY T5 ENGINE
MULTI-FUNCTION HOMEPAGE

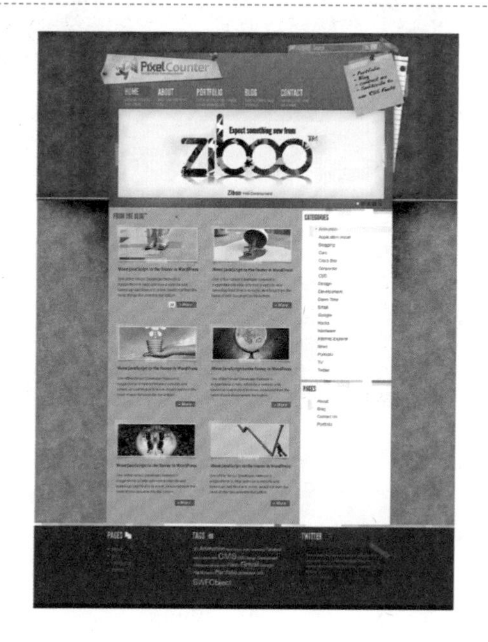
PixelCounter
HOME
ABOUT
PORTFOLIO
BLOG
CONTACT

第4章

4.4 文字

在网页设计中，通常是以图片展示产品，以文字传递信息。其中，图片比文字更易于理解且更易于使人牢记，而大段的文字不免让人产生抵触情绪；但如果没有文字的解释，单纯的图片又容易显得空洞。因此，一件优秀的网页作品需要图文结合。

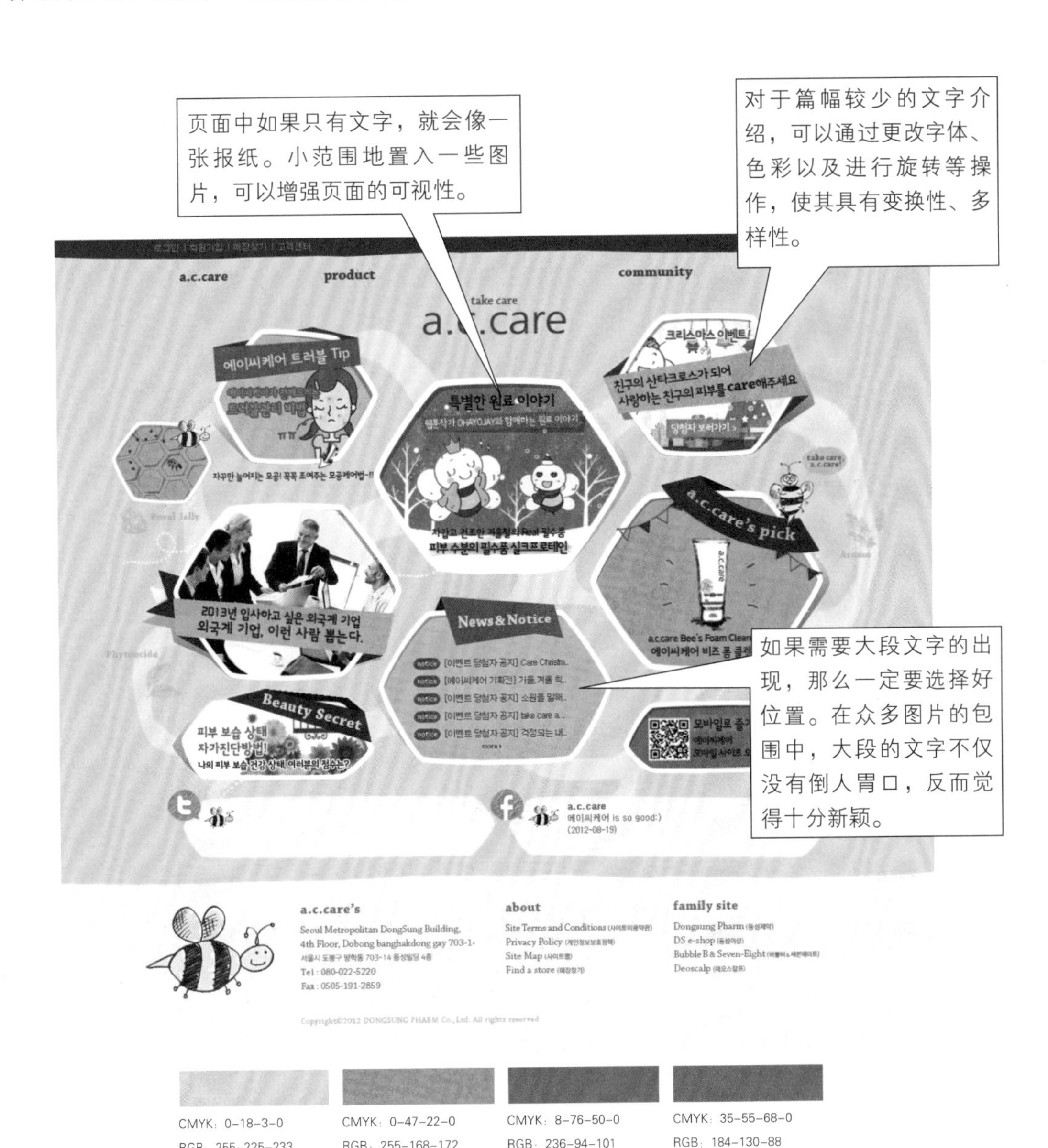

1 以文字为视觉重心

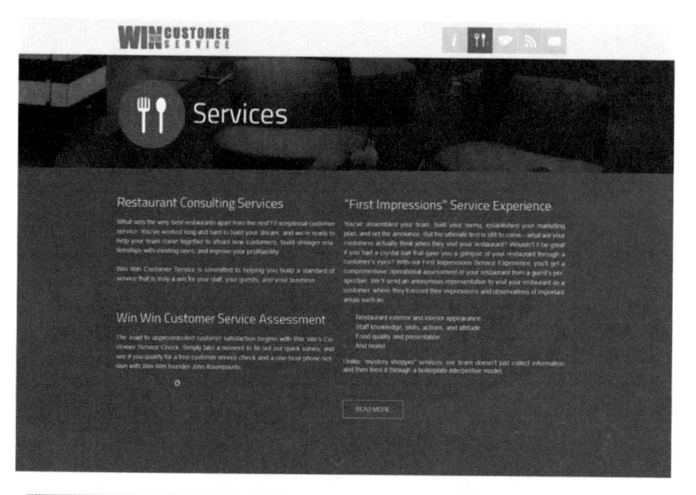

在页面上方对图案进行了模糊处理，而下方在模糊的同时覆盖了红色，在大面积的背景色彩中隐约显露出图片的样式，从而强调性地突出了白色的文字。

◎配色方案

CMYK	RGB
14-11-11-0	224-224-224
62-58-54-3	118-109-108
16-99-100-0	221-7-7
41-100-100-7	168-4-3
56-79-80-28	112-61-51
70-88-89-66	48-17-14

2 文字的视觉传递

虽然文字没有图片的视觉表现力强，但作为搭配和讲解之用却是必不可少的。该网页的文字搭配就非常恰当，图文的放置清晰、易懂，比例协调，给人以极佳的视觉效果。

◎配色方案

CMYK	RGB
12-11-16-0	231-227-216
30-41-42-0	192-159-141
59-77-82-35	98-58-45
76-48-18-0	68-124-176
30-100-82-1	196-0-50
79-74-71-44	52-52-52

3 图文交替

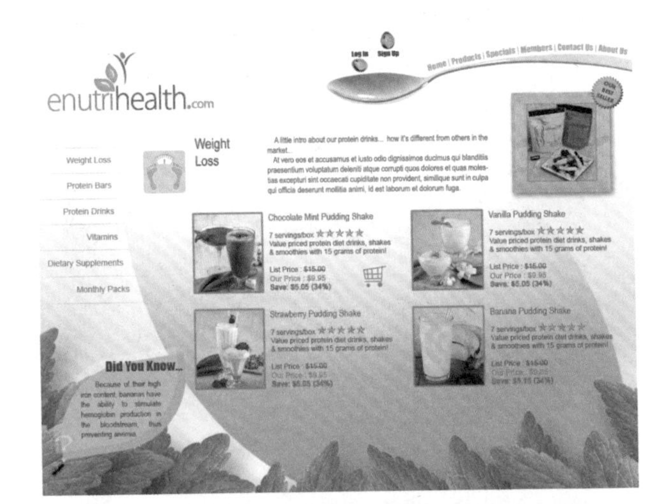

文字的色彩、大小及字体不同，会产生不同的阅读心态。在该网页中文字占据了主要部分，通过色彩饱和度较高的绿色、粉色及蓝色，适度地调整了文字的色彩，从而增强了在众多文字包围中的图片的存在感。

◎配色方案

CMYK	RGB
CMYK：14-28-44-0	RGB：229-194-149
CMYK：11-38-66-0	RGB：235-177-95
CMYK：50-0-85-0	RGB：142-216-66
CMYK：75-29-100-0	RGB：67-146-22
CMYK：7-88-14-0	RGB：238-53-137
CMYK：51-8-5-0	RGB：129-203-240

4 细腻、规整

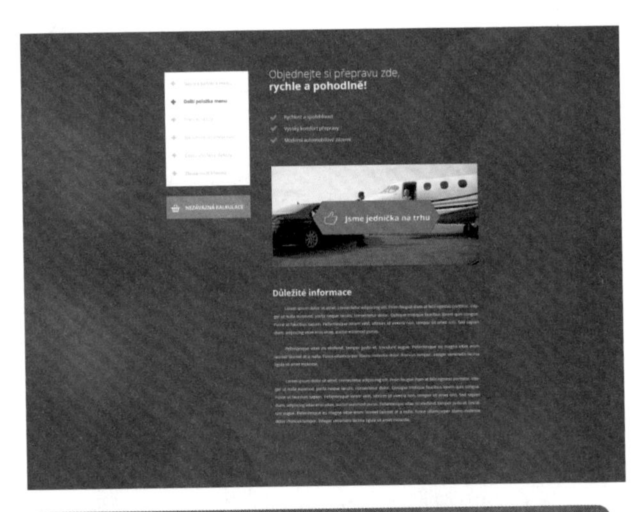

该网页以蓝色为主色调，给人以沉静、忧郁的视觉感受；白色规整的大段讲解型文字更符合页面色调的整体基调，小面积地使用橙色作为点缀色，使页面的严谨感得到了些许放松。

◎配色方案

CMYK	RGB
CMYK：19-14-14-0	RGB：214-214-214
CMYK：66-23-0-0	RGB：73-171-247
CMYK：0-80-93-0	RGB：255-84-0
CMYK：99-84-12-0	RGB：3-61-150

5 案例欣赏

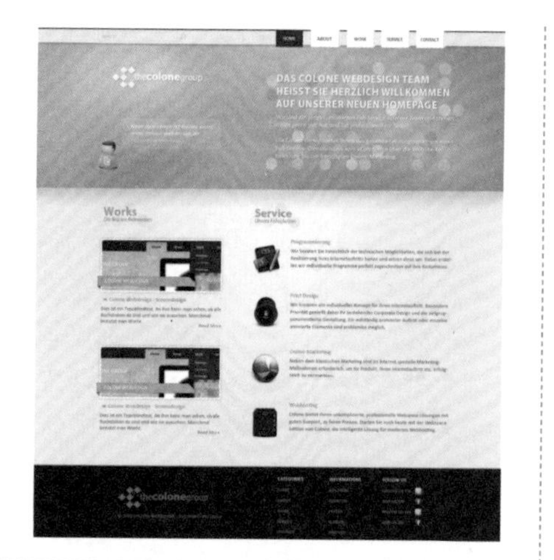
DAS COLONE WEBDESIGN TEAM
HEISST SIE HERZLICH WILLKOMMEN
AUF UNSEREN NEUEN HOMEPAGE
Works
Service

nail spa
Anna Kowalska
Katarzyna Nowak
Nail Spa Studio

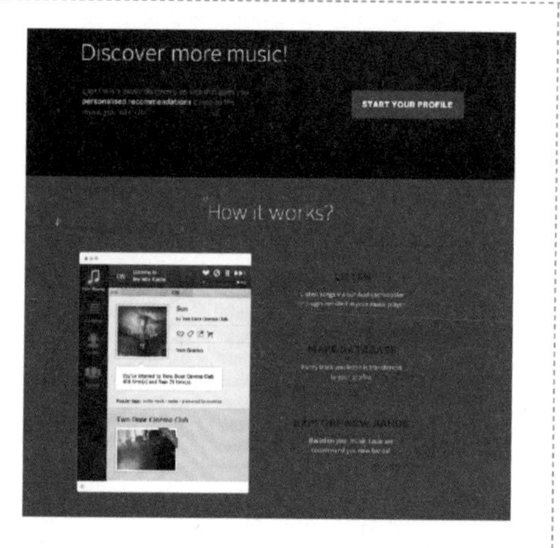
Discover more music!
START YOUR PROFILE
How it works?

autopoler
O NAS
REFERENCJE
KOMPLEKSOWE POLEROWANIE SAMOCHODÓW!
OSTATNIE ZLECENIE
O NAS
OSTATNIA OPINIA

facebook

GALEON Corp.
Galeon Corp.

4.5 图片

当下为视觉时代，一幅好的图片可以在第一时间抓住浏览者的视线，并且可以快速地提升页面的档次，起到美化页面的作用。因此，图片是网页中极为重要的组成部分，不同题材、不同色彩以及不同摆放位置和面积的图片，会产生不同的效果。时装、食品、儿童、户外、女性等题材的网页，都会以大幅图片的形式来表现。

大幅的图片给人以极强的视觉冲击力，背景的模糊效果突出了人像。

为了增强文字的可读性，使用了半透明的白色作为文字背景，将文字叠加于图片之上。

底部选用了颜色鲜艳的对话框，可以引领大段的文字。

CMYK：2-37-89-0	CMYK：66-0-24-0	CMYK：0-78-35-0	CMYK：68-64-59-11
RGB：255-182-17	RGB：52-204-215	RGB：249-91-121	RGB：100-92-93

1 不同位置

图片的不同摆放位置给人以不同的视觉感受。该网页将背景图片置于页面的中心，将说明文字叠加于图片之上；前景图片主要显示于页面的左上角位置，也将浏览者的注意力引向了页面的左侧，从而起到了视觉导向的作用。

配色方案

CMYK	RGB
CMYK：16-24-27-0	RGB：222-200-184
CMYK：51-56-71-3	RGB：146-118-84
CMYK：43-59-85-2	RGB：166-117-61
CMYK：62-63-51-3	RGB：119-102-110
CMYK：72-87-59-31	RGB：81-46-68
CMYK：76-78-78-57	RGB：47-37-35

2 不同面积

图片的面积要根据网页的性质而定，做到既不喧宾夺主又能很好地传递信息。在该网页中，一幅几乎满版的图片占据了主要位置，使用模糊的方式明显地界定了页面的主次关系。

配色方案

CMYK	RGB
CMYK：10-16-11-0	RGB：234-220-220
CMYK：32-23-20-0	RGB：186-189-194
CMYK：4-33-22-0	RGB：245-193-185
CMYK：6-68-5-0	RGB：241-116-171
CMYK：5-80-56-0	RGB：240-86-88
CMYK：33-71-44-0	RGB：187-100-115

3 不同形状

在该网页中，背景选用了纯色系的深灰色，深沉的色彩使人感到压抑；上下的红色色块相互呼应，从而提亮了页面的色调。图片的制作选择了对称效果，使页面两侧平衡，圆形裁切的图片以及白色的边框增加了页面的柔和、圆润感。

配色方案

CMYK	RGB
73-66-63-20	80-80-80
17-82-70-0	219-79-69
58-56-36-0	129-117-138
52-35-66-0	142-153-104
14-40-70-0	229-171-86
81-77-75-54	40-40-40

4 与色块的灵活运用

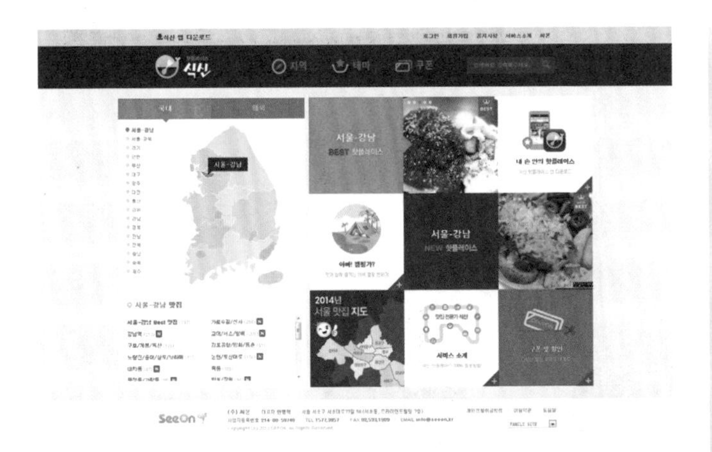

该网页中纯图片所占的比例较小，九宫格的排版方式增强了图片的使用价值；左右两个高明度的灰色色块增强了页面的装饰性，使文字不再枯燥、乏味。

配色方案

CMYK	RGB
5-19-46-0	248-217-152
6-13-86-0	255-226-14
0-67-90-0	250-118-20
75-34-4-0	50-148-215
10-93-85-0	231-43-42
80-74-70-43	51-52-54

5 案例欣赏

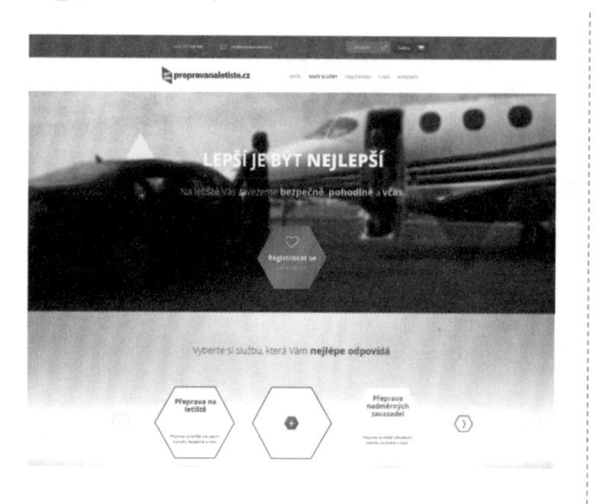

prepravanaletiste.cz
LEPŠÍ JE BÝT NEJLEPŠÍ
Vyberte si službu, která Vám nejlépe odpovídá

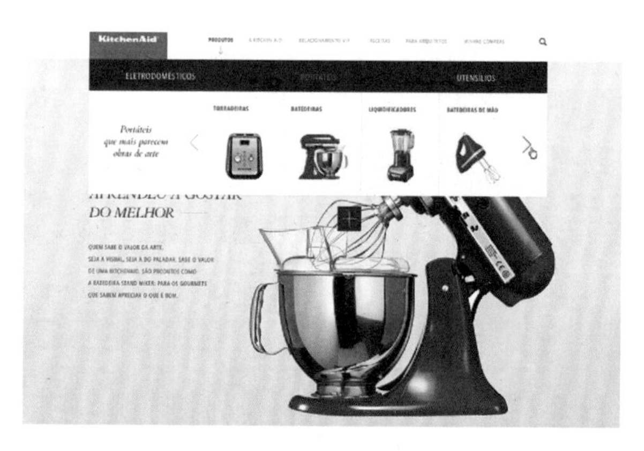

KitchenAid
ELETRODOMÉSTICOS
UTENSÍLIOS
Portáteis
que mais parecem
obras de arte
DO MELHOR

H&M
NEW ARRIVALS
KEY PIECES

SIGN UP AND GET 20% OFF

Deal
Restaurant
Nationwide
Daily Deals
60%
SAVE
50%
Halv pris på 2 pizzaer samt 1½
Confirm Your City

Heinz
HEINZ
TOMATO
KETCHUP
TOMATO
KETCHUP

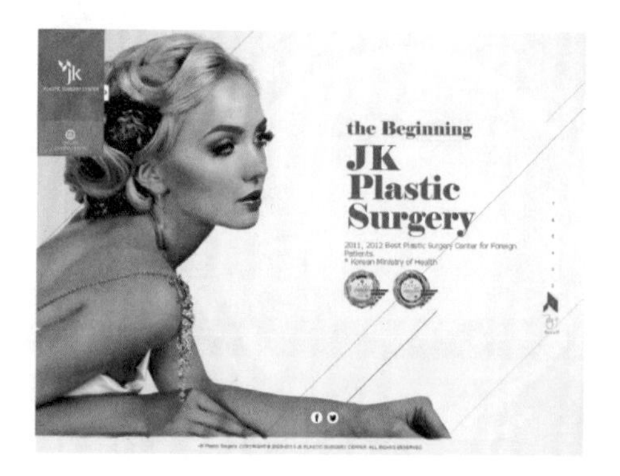

the Beginning
JK
Plastic
Surgery

第4章

4.6 框架

框架结构可以被理解为导航栏或部分结构固定而中间信息可以进行滚动阅览的一种网页的组织形式。它可以将网页中的多个元素关联起来，在运用上美观、实际、规整，并且由于其灵活性强，常被置于网页中的主要位置，以起到提升页面品质的作用。在制作框架时，有很多固定的框架类型可以供设计师选择。

1 丰富的元素

在该网页中随着导航栏中链接的改变，框架中的图片也随之改变。使用这种形式既可以节省页面的空间，又可以完美地展示大幅的图片。导航栏的色彩与图片的色彩不谋而合，使页面效果统一、和谐。

◎配色方案

CMYK	RGB
5-18-75-0	254-217-74
24-44-98-0	211-156-1
11-99-99-0	229-0-20
33-9-11-0	184-214-225
63-22-0-0	89-173-235
78-64-20-0	76-98-155

2 规整的结构

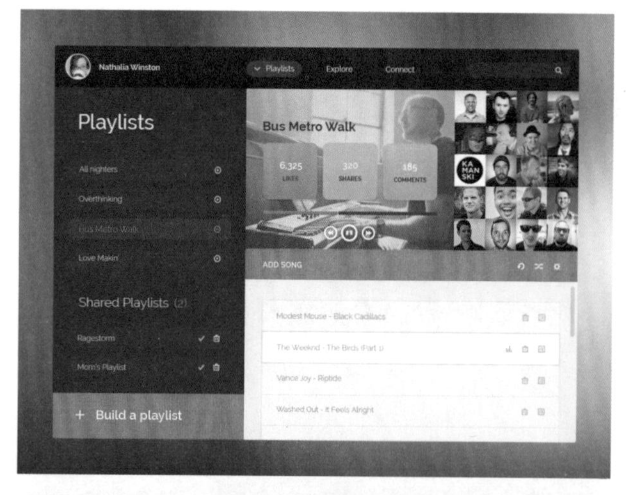

在该网页中导航栏占据的面积较大，并且选用了明度较低的紫色，给人以压抑的感觉。为了调和这种色调，页面右侧选用了明度、饱和度较高的红、黄、蓝、绿色，使页面效果在色彩冲突较大的情况下依然保持平衡、稳定。

◎配色方案

CMYK	RGB
7-29-74-0	247-196-78
51-1-75-0	141-204-99
72-25-12-0	58-162-210
0-79-57-0	252-89-87
75-100-56-30	80-13-67
94-82-43-7	34-65-108

3 极强的展示性

红色与橙色是简单又安全的邻近色。以此类配色作为食品题材的网页主色调，可以激起浏览者的食欲及购买欲；白色的文字为画面的点睛之笔，使其与框架中图片的背景相互呼应。

配色方案

CMYK	RGB
CMYK：2-53-28-0	RGB：247-153-155
CMYK：0-62-92-0	RGB：253-130-1
CMYK：31-43-96-0	RGB：196-153-27
CMYK：8-98-100-0	RGB：235-0-0
CMYK：54-100-100-45	RGB：97-7-3
CMYK：84-56-100-29	RGB：42-83-9

4 硬朗、洒脱的切割式

该网页采用了中轴型版式，左右分割明显、硬朗，左半部分的文字与右半部分的色彩交相辉映；骏马奔驰的图片使页面更加洒脱，金色与黑色的搭配增强了页面的律动感及炫酷效果。

配色方案

CMYK	RGB
CMYK：5-14-59-0	RGB：253-225-123
CMYK：9-36-83-0	RGB：243-182-49
CMYK：51-71-100-15	RGB：137-84-27
CMYK：36-83-100-2	RGB：183-72-13
CMYK：59-90-99-50	RGB：83-30-18
CMYK：90-86-86-77	RGB：7-7-7

5 案例欣赏

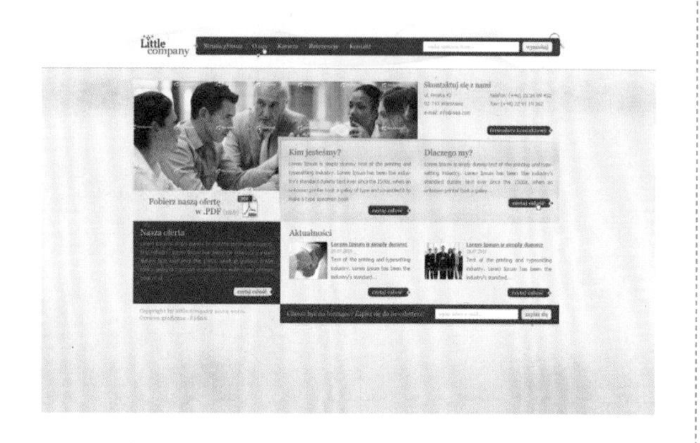
Little company
Kim jesteśmy?
Dlaczego my?
Nasza oferta
Aktualności

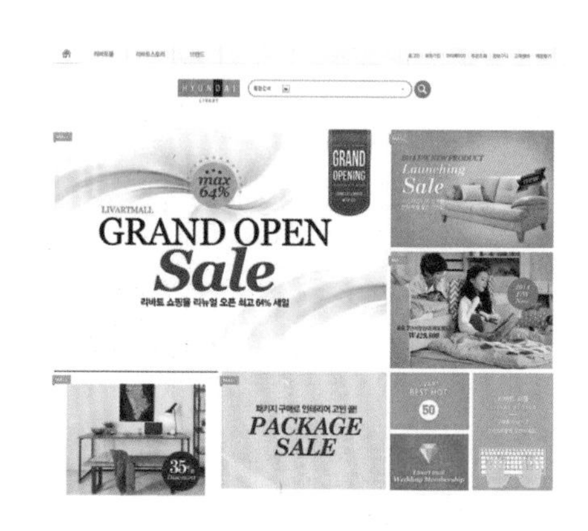
HYUNDAI
GRAND OPENING
max 64%
LIVARTMALL
GRAND OPEN
Sale
Launching Sale
PACKAGE SALE

에버랜드
캐리비안 베이
홈브리지
EVENT
에버랜드 무료 이용/입장 특별 이벤트
아쿠아틱 카바나 신규 오픈
COSMO

SUPERIOR
Extraordinary Designs for the Ordinary budget!
REQUEST
TESTIMONIALS
WELCOME TO SUPERIORKB.COM

BE OUR CHAMPION. SUPPORT QUALITY INTERNET AND BUY US A DRINK.
MARKETING
BENIFITS
STRATEGY
MEMBERSHIP
APPLY NOW

e-푸른바다정기예금

第5章

不同布局的网页色彩搭配

在网页设计中，布局是极其重要的。布局决定了色彩的运用与搭配，同一种色彩由于使用位置及面积大小的不同，也会起到不同的作用。布局设计的最终目的是方便阅读，因此要根据内容的不同来定义。网页的布局大致可以分为骨骼型布局、满版型布局、分割型布局、中轴型布局、倾斜型布局、曲线型布局、焦点型布局、自由型布局、三角形布局等。

CMYK：21-23-24-0
RGB：210-198-188

CMYK：72-29-11-0
RGB：63-156-208

CMYK：76-91-79-67
RGB：40-13-21

CMYK：81-76-74-53
RGB：42-42-42

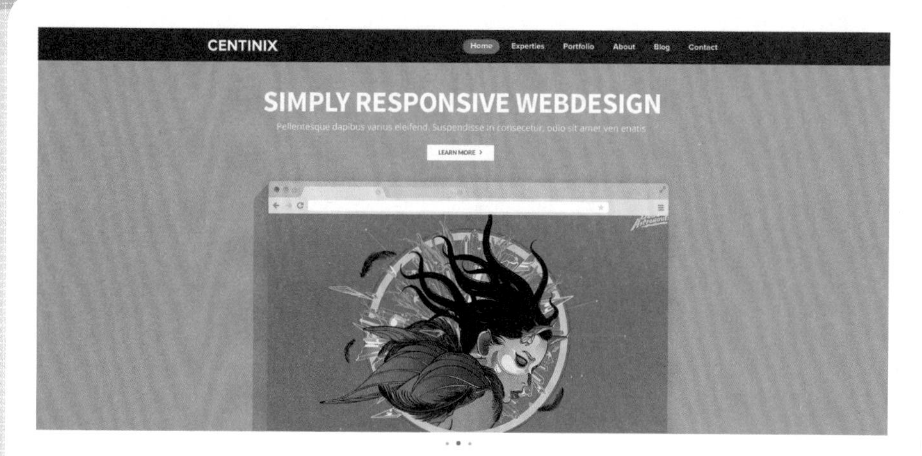

Welcome

We are a full service digital agency. We design and build websites, applications, mobile solutions and other awesome digital media.

Check out our **recent work** or **get in touch** to get started!

Our Experties

We create premium designs, technology, ecommerce, mobile & digital campaigns.

Nullam consecetur, odio sit amet ven enatis pretium, nibh ligula pulvinar magna, lobortis suscipit dolor nisl sed orci. Cras augue nulla, vehicula iaculis, tincidunt in lorem.

SKINCLINIC

ABOUT DR YUEN　COMMON PROBLEMS　TREATMENTS　PATIENT TESTIMONIALS　FEATURES

Defining Standards. Fulfilling Dreams.

Who we are!

What you can expect!

PATIENT TESTIMONIALS

WHAT WE DO

PROMOTIONS

Download our book

"The Definitive Guide to Seductive Skin".

SUBMIT

SATISFACTION GUARANTED　CLIENTLOGO　CLIENTLOGO　CLIENTLOGO　CLIENTLOGO　CLIENTLOGO

CALL US (65) 6556 0829

CMYK：80-48-0-0
RGB：40-124-219

CMYK：81-42-52-0
RGB：43-127-127

CMYK：67-11-88-0
RGB：87- 176-75

CMYK：80-75-73-50
RGB：46-45-45

CMYK：5-16-75-0
RGB：255-222-73

CMYK：35-5-78-0
RGB：190-215-83

CMYK：72-35-100-0
RGB：85-140-46

CMYK：80-38-9-0
RGB：3-138-201

5.1 骨骼型布局

骨骼型布局比较适用于文字较多的网页设计。骨骼性布局通常是将图片和文字较为规范、有条理地分类整理，给人以严谨、理性的感觉。常见的骨骼型布局有竖向通栏、双栏、三栏、四栏和横向通栏、双栏、三栏、四栏等。在制作政府机构、新闻机构以及企业门户等网站时，都会用到骨骼型布局。

1 竖向

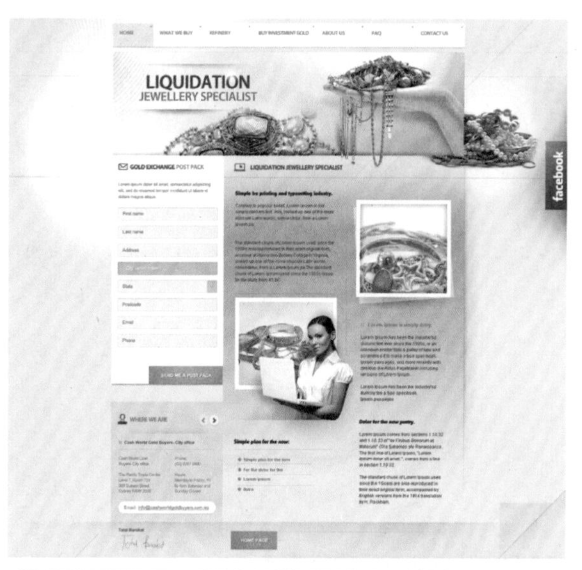

该网页采用了竖向的骨骼型布局，如果色彩单一不免显得单调，因此，选用渐变的灰色系作为背景色，并且在每一栏中的不同位置点缀了橙黄色，使页面效果更富有弹性。

配色方案

CMYK：9-5-5-0	CMYK：31-23-23-0	CMYK：34-0-23-0	CMYK：1-33-47-0	CMYK：0-51-91-0	CMYK：74-52-9-0
RGB：237-240-241	RGB：186-189-189	RGB：182-230-214	RGB：254-194-138	RGB：254-154-7	RGB：81-120-184

2 横向

横向的骨骼型布局将大段的文字铺陈开来，使其既有可读性又有可视性。为了配合版式的设计，选用了高明度的粉色依次规整地摆放，使页面在没有众多图片的点缀下依然可以吸引浏览者的视线。

配色方案

CMYK：22-7-0-0	CMYK：82-46-23-0	CMYK：42-34-32-0	CMYK：19-90-0-0	CMYK：31-88-0-0	CMYK：85-80-79-66
RGB：209-228-252	RGB：26-124-171	RGB：162-162-162	RGB：226-13-159	RGB：198-11-137	RGB：26-26-26

3 案例欣赏

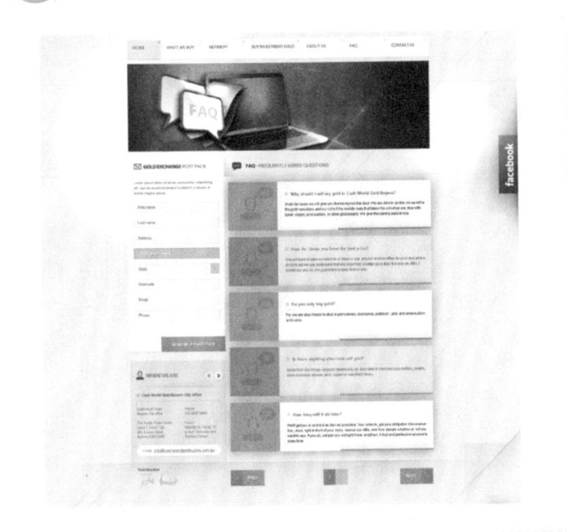

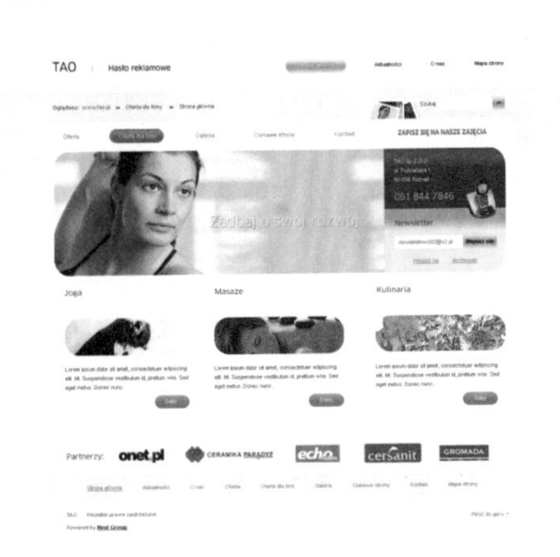

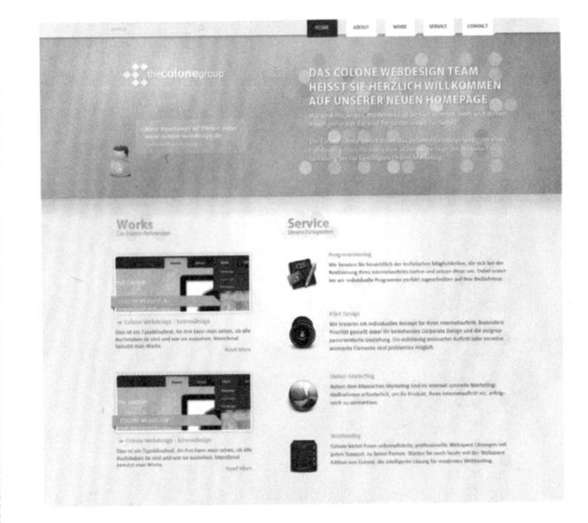

5.2 满版型布局

满版型布局是以图片作为主要诉求点，使用图片及文字充满整个版面，文字或在图片的四周或置于图片之上。这种表达方式直观而强烈，以较小的空间展示较多的内容。满版型布局由于内容较多，不适当的色彩会使页面显得杂乱无章，因此在色彩的选用上极为苛刻。完美的满版型布局会给人以舒展、大方的感觉。

边框部分使用了两侧对称的人物元素，使页面显得平衡。

主体部分选用了大幅的图片，图片中人物众多，在视觉上充斥了整个网页。

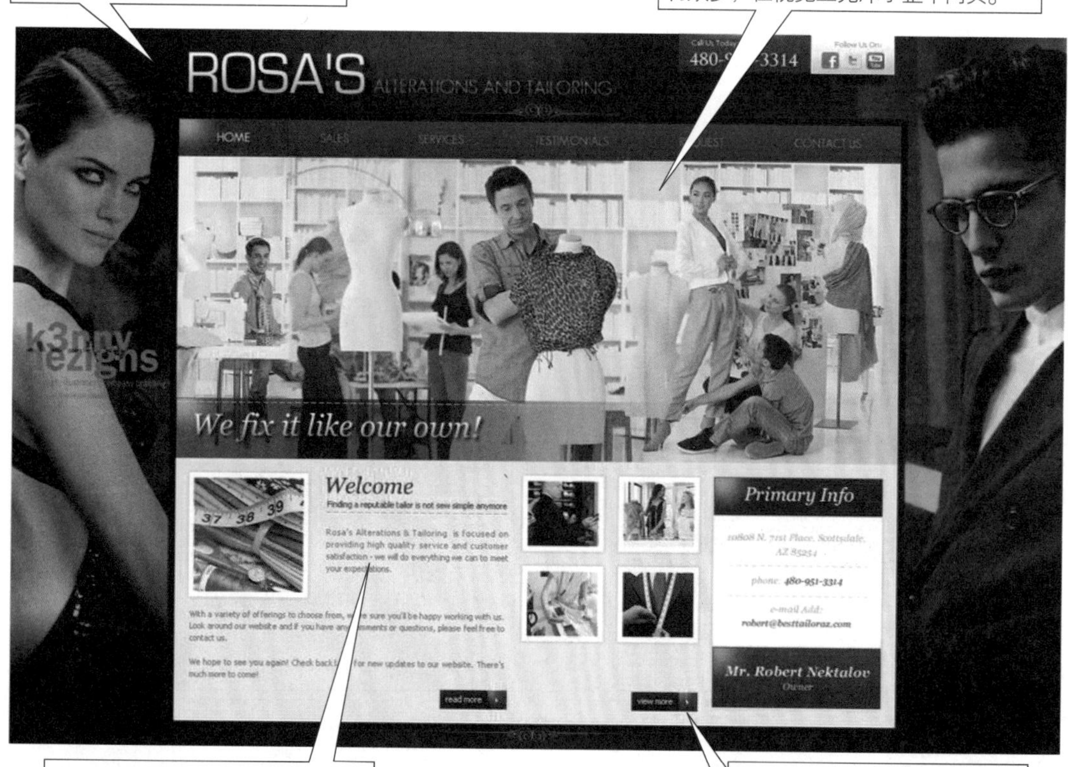

将小段的文字规整、合理地摆放，不给页面留白的机会。

为了呼应标题栏及主体图片的色彩，搭配了些许色块。

CMYK：21-27-34-0	CMYK：48-100-100-22	CMYK：19-88-100-0	CMYK：78-72-70-40
RGB：212-191-167	RGB：137-13-8	RGB：215-63-14	RGB：57-57-57

第5章

1 欧美复古风

该页面中包含的元素较多，是较常见的复古类满版型布局。主体色彩的选用决定了页面的欧美式怀旧风格，众多的图片搭配散落的文字，不给页面留下一丝间隙。

◎配色方案

CMYK：7-24-39-0	RGB：242-206-161
CMYK：8-40-79-0	RGB：242-174-63
CMYK：16-73-99-0	RGB：222-100-11
CMYK：62-14-100-0	RGB：111-175-1
CMYK：69-27-35-0	RGB：84-157-166
CMYK：57-83-73-28	RGB：111-56-56

2 规矩、大方

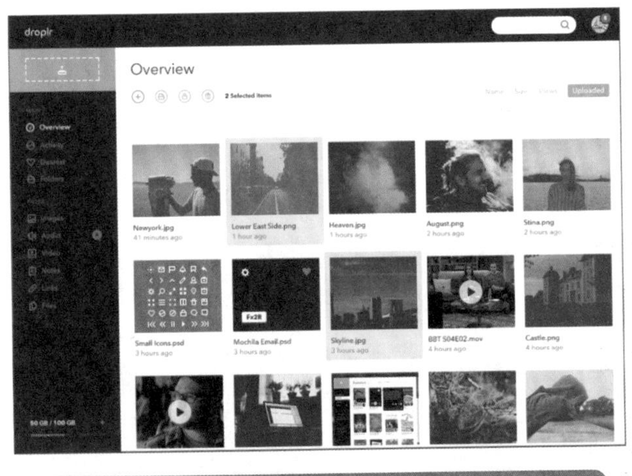

该网页虽然包含的元素较多，但由于内容的规整摆放以及色彩的合理搭配，并不显得凌乱。在图片的选用方面也多为色彩明度较低的，页面整体规矩、大方。

◎配色方案

CMYK：72-8-51-0	RGB：46-179-152
CMYK：35-15-34-0	RGB：182-200-177
CMYK：92-67-52-11	RGB：14-83-104
CMYK：17-77-58-0	RGB：219-91-90
CMYK：41-100-100-7	RGB：169-7-8
CMYK：85-76-72-52	RGB：35-43-45

3 案例欣赏

United Trading & Estate Services
ESTABLISHED ON JULY 2008
FOR THE FRUITS OF LIFE
Featured Products
HOT Products

Claire M.
Meteora
Beachy Head
Rotorua
Rio de Janeiro
Torres del Paine
Fiji
Santorini
Greece
1,558
13,254

FREE PEOPLE
HOLIDAY BOUTIQUES
VISIT THE SHOPS
$50 AND UNDER
$50-$100
$100-$200
SPLURGES
ALL NEW NOVEMBER ITEMS
FLIP THROUGH THE NOVEMBER CATALOG

student
self-employed
short-term
individual
family
Danger Lurks Everywhere.
Make sure you're covered when it strikes.

Welcome to Design is Kinky Studio.
THE MANY VOICES OF REASON
EMPTY

SPICE UP YOUR NACHOS WITHOUT
FINGER!
HEAT Flavor
PAIN IS GOOD
SEND A SAUCY POSTCARD
BASKETS + MERCHANDISE
JAMAICAN STYLE HOT SAUCE

5.3 分割型布局

分割型布局是使用少量的留白或虚化的分割线将文字与图片分隔开。文字与图片在页面中所占比例不同，产生的效果也不同。不合理的搭配会造成视觉心理的不平衡，使页面效果显得生硬。可以通过调整图片与文字所占的比例来调节对比的强度。虽然页面被分割为多个小区域，但在色彩的选择上还需要遵循一致性的原则，从而制作出效果清晰、和谐的网页。

将部分文字置于图片之上，这种方式直观、明了。

文字的间隙较大，并且每段文字的标题文字都被设置为红色，增强了文字的阅读性；搭配以小幅的图片，使文字效果不再单调。

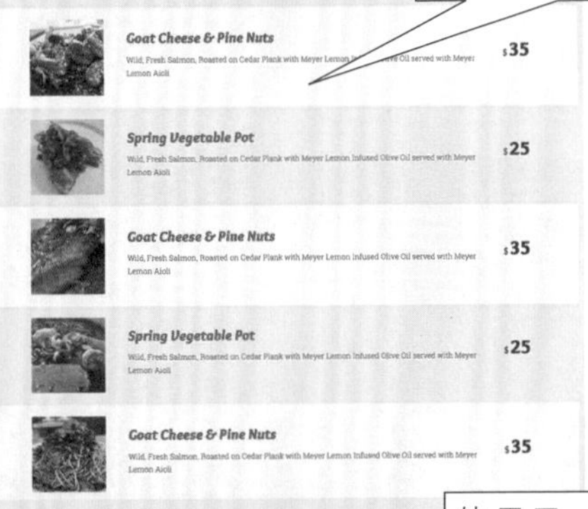

使用了左右分割的方式，图片与文字所占比例均衡，是页面取得平衡的关键。

使用了一些标志性的图标，既呼应了主体色彩，又完成了页面的诉求。

CMYK：65-14-100-0 RGB：100-173-8	CMYK：8-98-100-0 RGB：235-0-0	CMYK：1-65-92-0 RGB：249-123-10	CMYK：51-59-96-7 RGB：142-109-46

1 布局对比

该页面通过将分割线虚化处理，使文字与图片自然、和谐。色彩选用了饱和度较低的红色作为边框及点缀，整体效果干净、清新。

配色方案

CMYK：4-78-61-0	CMYK：50-90-84-23	CMYK：66-52-41-0	CMYK：82-74-66-37
RGB：242-91-82	RGB：129-49-47	RGB：107-119-134	RGB：51-57-63

2 面积对比

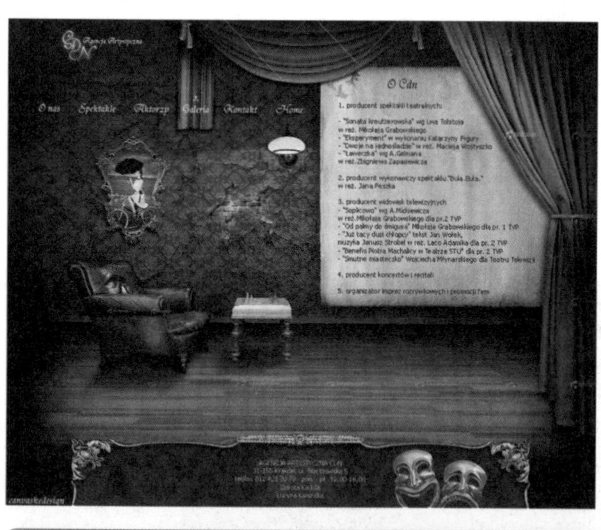

该页面的整体效果较为幽深、复古。使用旧纸张作为文字背景，将文字与图片分隔开，这种表现方式直观而立体，文字的色彩与背景的色彩相互呼应。制作此类网页时，可以使用这种布局及用色方式。

配色方案

CMYK：20-24-42-0	CMYK：30-45-82-0	CMYK：49-76-100-16	CMYK：83-46-100-8	CMYK：86-61-100-41	CMYK：89-78-92-71
RGB：215-196-156	RGB：197-150-64	RGB：141-75-18	RGB：45-113-43	RGB：32-68-32	RGB：8-22-10

3 案例欣赏

Zent med
Home
O Nas
Aktualności
FAQ
Kontakt
Znajdź lekarza
Dla pacjenta
Diagnostyka
Witaj na naszej stronie internetowej
Aktualności
Co nas wyróżnia?
Rejestracja
Galeria

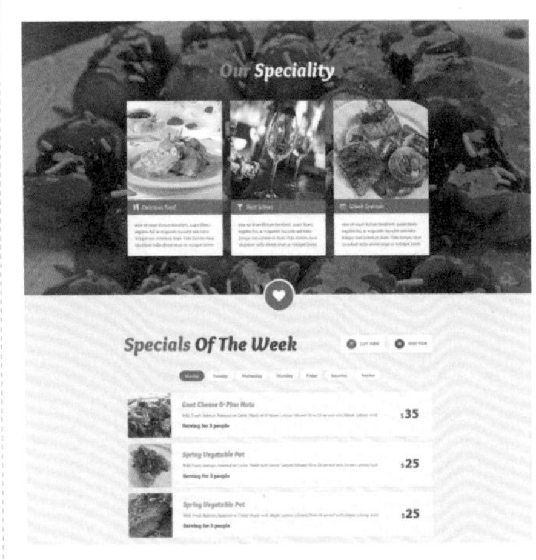
Our Speciality
Specials Of The Week
$35
$25
$25

DREXLER
Drexler creates thoughtful digital and physical experiences that bring brands to life.
DREXLER

Bebecom
Products
Welcome to Bebecom
Deal of the Month

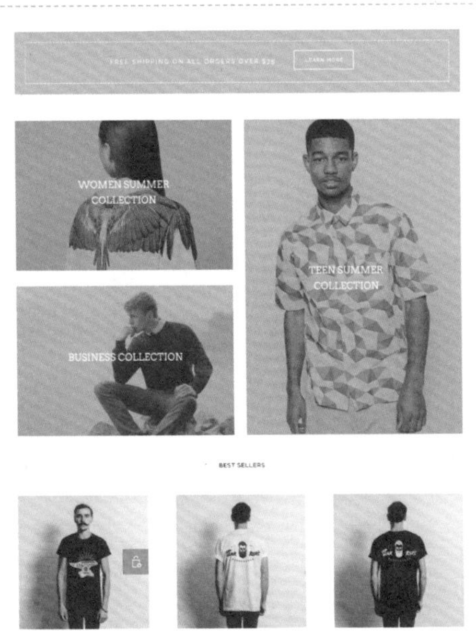
WOMEN SUMMER COLLECTION
TEEN SUMMER COLLECTION
BUSINESS COLLECTION
BEST SELLERS
CRAFTSM SHIRT
CRAFTSM SHIRT
CRAFTSM SHIRT

LUXURY CARS
CHOOSE FROM A WIDE VARIETY OF VEHICLES

5.4 中轴型布局

在制作网页时通常会采用某种方式使页面达到一定的平衡，而中轴型布局就是其中一种比较常用且实际的方式。该布局的轴心线较为明显，可以在视觉上直观地平衡页面。但需要注意的是，如果轴线两侧分配的内容不均衡，会使页面产生失重感。为了协调这种失重感，需要把握好不同色彩的重量感，从而在布局和色彩搭配两方面控制页面的平衡。

左右两个版面间没有过渡和衔接，因此文字需要使用与右侧版面中相同的色彩，将页面整体融合起来。

全文字制作的网页难度较大，需要以色彩取胜。高明度的蓝色既统一了色调，又提亮了页面。

页面中全部为蓝白色系，整体效果偏冷；点缀了扁平化效果的橙黄色杯子，可以为页面升温。

CMYK：45-0-22-0
RGB：146-227-220

CMYK：68-33-36-0
RGB：91-149-160

CMYK：79-54-50-2
RGB：68-109-120

CMYK：15-34-73-0
RGB：229-181-81

1 稳定的轴线

要使中轴对称，首先需要确定页面的中心点，并以此拉伸一条直线作为轴线，以这条轴线为基准使两侧物体对称。该网页设计中将一条彩色的中轴线以最直观的方式表现出来，页面简洁，色彩艳丽。

◎配色方案

CMYK：25-17-14-0	CMYK：76-26-2-0	CMYK：11-96-16-0	CMYK：8-5-86-0	CMYK：8-86-98-0	CMYK：64-10-100-0
RGB：201-206-212	RGB：0-159-227	RGB：231-0-127	RGB：254-237-1	RGB：234-69-14	RGB：104-180-43

2 完美的对称

“对称”在任何领域中都是一个普遍的原则，在网页设计中也不例外。该页面中明黄的背景给人以璀璨的效果，深蓝色的六边形在两侧等距地摆放，使页面形成完美的对称。

◎配色方案

CMYK：5-13-72-0	CMYK：13-36-89-0	CMYK：44-86-100-10	CMYK：68-0-34-0	CMYK：82-58-0-0	CMYK：100-100-92-11
RGB：255-226-84	RGB：234-177-30	RGB：159-61-5	RGB：35-202-195	RGB：47-106-210	RGB：21-34-94

3 案例欣赏

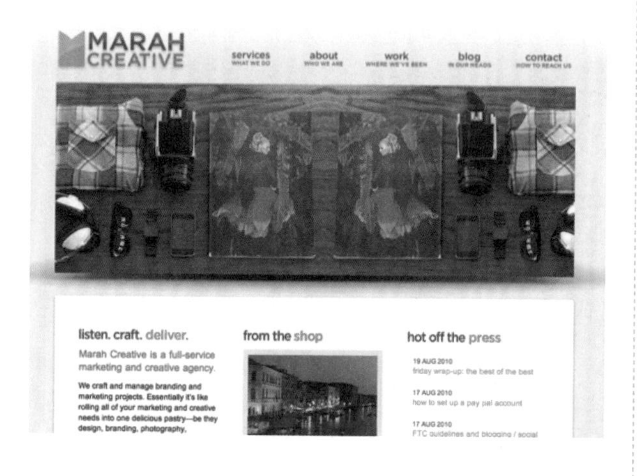
MARAH CREATIVE
services
about
work
blog
contact
listen. craft. deliver.
Marah Creative is a full-service marketing and creative agency.
from the shop
hot off the press

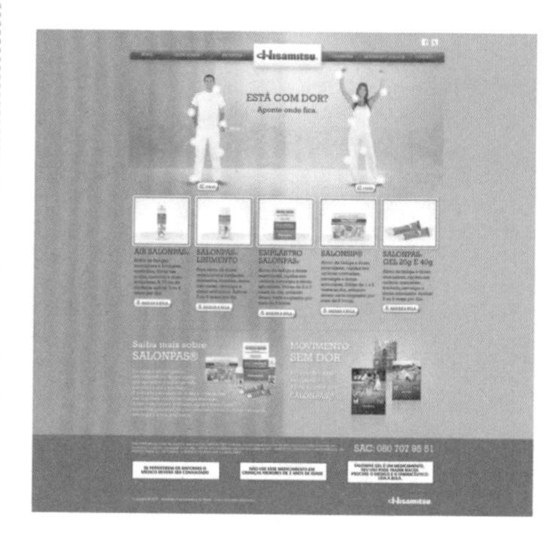
ESTÁ COM DOR?

SERVICES >
SQUAREFACTOR

Basil Gloo
Personal
Business

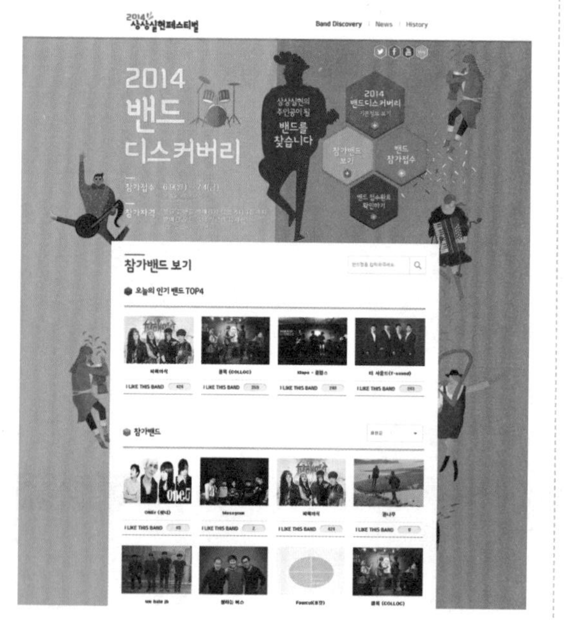
2014
밴드
디스커버리
참가밴드 보기
오늘의 인기 밴드 TOP4
참가밴드

토이월드
애니월드
게임월드
퍼니파크
마이월드
손오공eshop
손오공ISSUE
비밀다이어리
Event

5.5 倾斜型布局

直排的文字和图片给人以规整的感觉，而将文字和图片倾斜编排，则会有别样的效果。倾斜型布局可以形成强烈的动感和不稳定性，在配色上通常选用明度及饱和度较高的色彩，而且色系的差距不宜过大，这种布局较适用于现代感、时代感强的网页设计。

为了使页面的色彩和谐，在图片的上方叠加了同色系的橙色，并调整了色块及文字旋转的角度。
barefoot
YOU CAN
GET ME
IF YOU RUN
2013.08.23~09.29
캠페인 기간 중 헤드 베어풋 구매 후 자신만의 운동 방법으로
3kg 감량에 성공하시면 헤드 베어풋 구매금액 전액을 돌려드립니다.
YOU CAN
GET ME IF YOU RUN
该网页选用橙色作为页面的主体色，在色彩上没有多加装饰，但大幅度调整了色块的角度，从而协调了页面的平衡感。
为了填补旋转色块后的空隙，选用了最单纯的黑色，这种布局使页面整体向一侧倾斜。
CMYK：42-37-31-0
RGB：164-158-162
CMYK：4-62-88-0
RGB：244-130-33
CMYK：55-85-83-33
RGB：109-50-44
CMYK：86-82-82-70
RGB：19-19-19

1 戏剧化的不稳定感

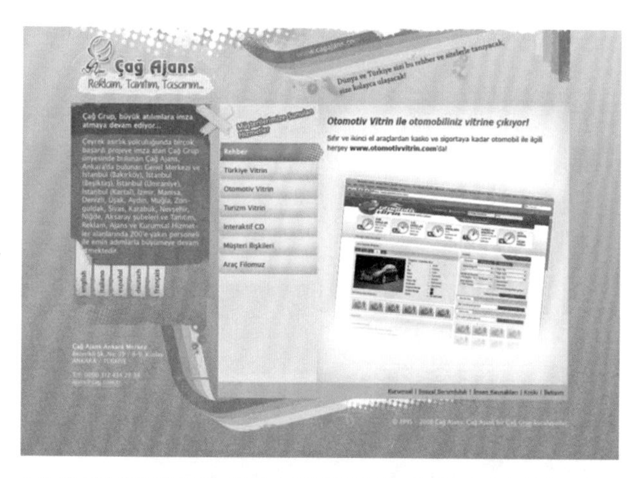

用不同明度的绿色和黄色搭配形成柔和、温暖的页面色调；方形的边框及规整的文字使页面有着微妙的平衡；中心的主体部分通过倾斜图片的方式来突破网格的限制，创造出一种戏剧化的趣味视觉效果。

配色方案

CMYK：11-4-40-0	RGB：239-239-175
CMYK：19-7-53-0	RGB：223-227-143
CMYK：40-23-86-0	RGB：177-181-61
CMYK：15-6-71-0	RGB：237-231-94
CMYK：79-25-50-0	RGB：8-152-143
CMYK：88-49-63-6	RGB：3-110-103

2 引导视线

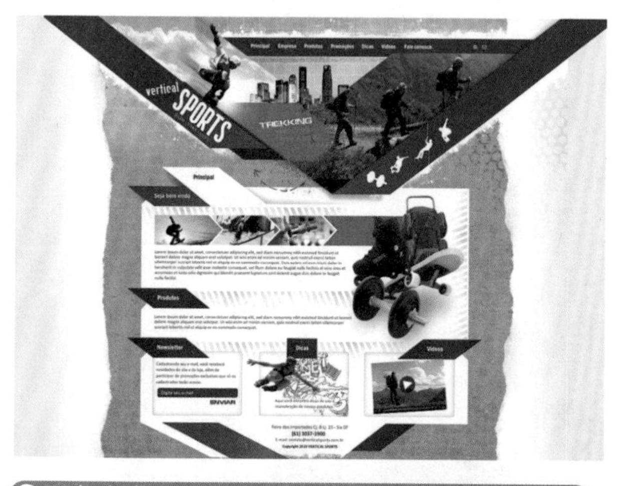

倾斜型布局不仅可以调整页面的效果，还可以起到引导视线的作用。在该页面中可以看到红色较为抢眼，红蓝交替的菱形色块直指页面的中心，给人以视觉上的引导性。

配色方案

CMYK：29-22-23-0	RGB：192-192-190
CMYK：60-18-8-0	RGB：103-181-224
CMYK：100-85-30-3	RGB：0-63-128
CMYK：0-89-95-0	RGB：254-51-0
CMYK：45-100-100-15	RGB：152-1-0
CMYK：89-83-80-70	RGB：15-19-21

第5章

3 案例欣赏

KOREAN AIR
e-book
Sri Lanka

NEO CYON
COMPANY
PR
BUSINESS
RECRUIT
CONTACT US
Mobile Business
NEO CYON
WEB
APPLICATIONS
GAMES

UAU! Digital
WEB
AUDIO/VÍDEO
MÍDIAS SOCIAIS

하루야채
전국민 체질개선 프로젝트
하루야채

ARENAHOMME+
DESCENTE GTX LINE
with DAMBI

DESCENTE
BRAND
PRODUCT
SPONSORSHIP
GALLERY
NEWS
EVENT
DESCENTE X CROSSGAME
and STYLE ONLY BASEBALL
DESCENTE
강남 D-PLACE
Multi Performance Store

5.6 曲线型布局

规整的方形分割未免有些乏味，偶尔也可以尝试使用曲线型布局。曲线型布局以曲线分割结构，通过调整曲线变换不同的形态，页面自然，律动感强，可塑性高，少了一分方正的呆板，多了一分曲线的灵活与柔和，这种布局方式通常被用来制作青春系列题材的网页。

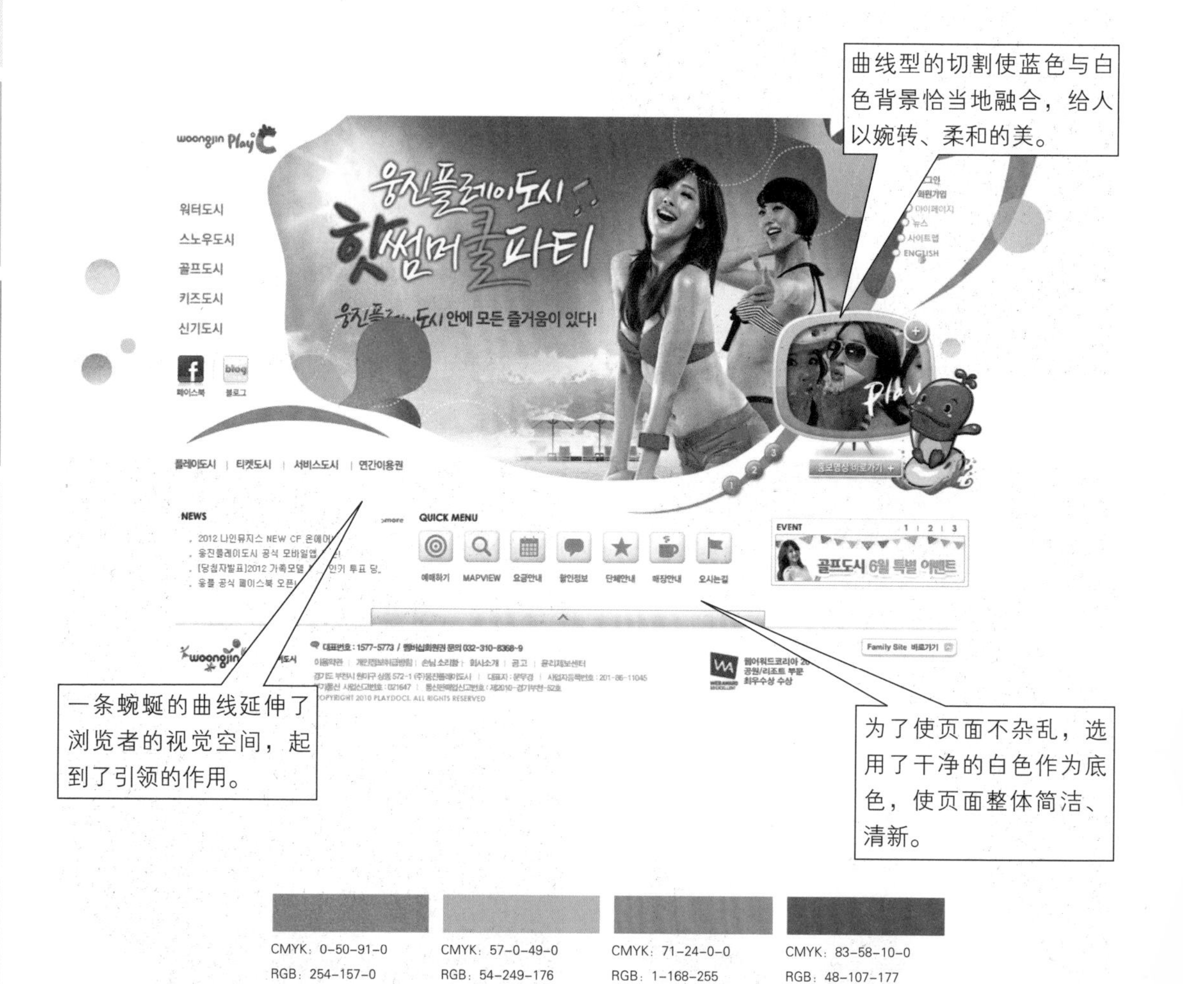

1 曲线的节奏

一条柔和的曲线将主体与背景分隔开，虽然色彩之间没有过渡，但由于曲线所具有的特殊性，使差异较大的色彩搭配保持连贯。

配色方案

CMYK：27-0-8-0	RGB：196-240-246
CMYK：70-27-1-0	RGB：63-161-227
CMYK：59-17-97-0	RGB：122-174-47
CMYK：10-0-83-0	RGB：255-255-0
CMYK：10-71-80-0	RGB：232-107-53
CMYK：13-91-75-0	RGB：226-53-57

2 趣味的分割

深紫色给人以一种压抑、深沉的视觉感受。该页面中选用了明度较高的青蓝色将页面进行了不对称的划分，并使其与文字的色彩相呼应，同时中和了紫色的低沉，而由于文字所占的面积较小，并不影响整体的效果。

配色方案

CMYK：28-6-4-0	RGB：194-224-243
CMYK：54-0-18-0	RGB：51-253-253
CMYK：3-67-52-0	RGB：245-119-103
CMYK：10-50-0-0	RGB：239-157-210
CMYK：70-88-2-0	RGB：110-56-153
CMYK：87-100-47-8	RGB：71-29-97

3 案例欣赏

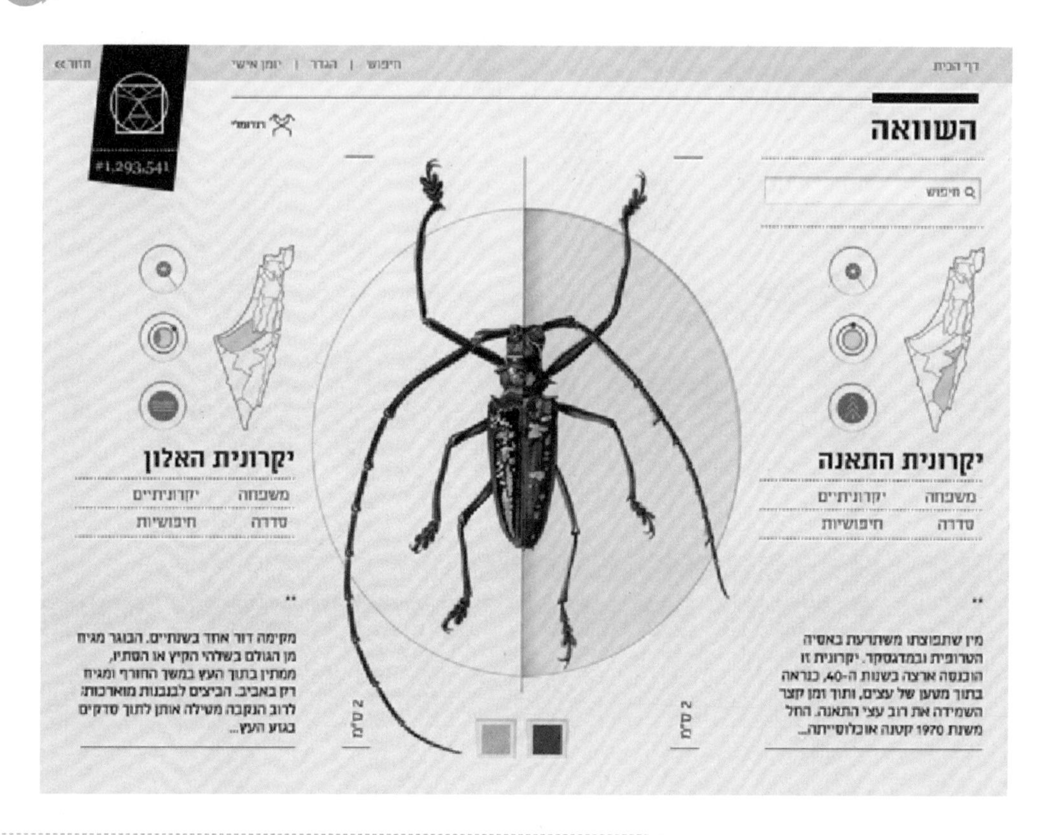
השוואה
#1,293,541
יקרונית האלון
משפחה
יקרוניתיים
סדרה
חיפושיות
יקרונית התאנה
משפחה
יקרוניתיים
סדרה
חיפושיות

ECMD
TOTAL FOODSERVICE
고객의 소리
위탁급식
바른먹거리는
로하스의 시작입니다
Food!
baytree
컨벤션&연회 전화상담
1577-2788
eatsslim
바른다이어트 전화상담
1577-5032
ECMD Brand
FAMILY SITE
Copyright 2008 ECMD. All rights reserved.

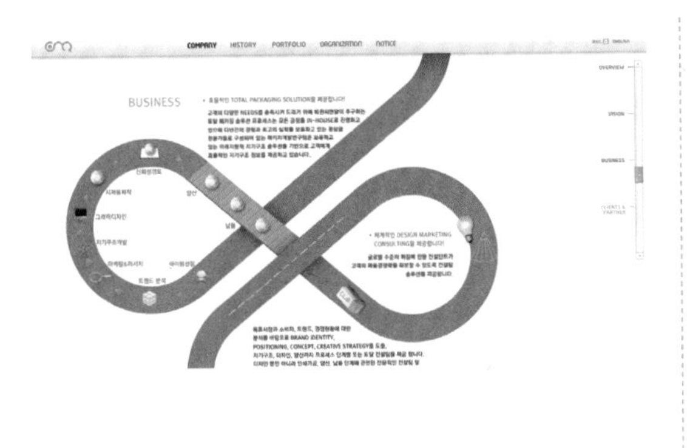

미에로
피부 DESIGN
아름다움을 디자인 하다!
촉!촉!촉! 뷰티엔
NAG 함유
미에로 쇼핑
twitter
facebook

Fullvita
About Fullvita
Health energy
자연으로 만든 건강에너지
full of vitality
Fullvita Shop Info
Lohas Dietary Life
고객기쁨센터 080.022.0085
NOTICE
Pulmuone
풀무원건강생활

우리 박물관은
전시장 구경
교육 프로그램
NEWS & PROGRAM
관람 신청
프로그램 신청
관람안내
엑티브엑스 다운로드

5.7 焦点型布局

焦点型布局大体分为向心焦点型和离心焦点型两种。向心焦点型布局是将浏览者的视线向页面中心聚拢，给人以聚焦感；离心焦点型布局是将浏览者的视线由中心向外辐射，给人以膨胀感。此类布局由于在形式及色彩搭配上都有较为强烈的视觉冲击力，因此常被用于商品展示类的网页上。

不同饱和度的橙色给页面以逐步递减的感觉，使页面富有层次感。
hi
hello innovation
黑色与橙色的对比较为突出，使其成为页面的重心；黑白交替的线条更增强了页面的艺术性。
可爱的驯鹿形象成为页面的中心，其对称性增强了图片的平衡感。

CMYK：9-27-86-0	CMYK：10-37-89-0	CMYK：80-39-7-0	CMYK：93-88-89-80
RGB：245-197-38	RGB：241-179-25	RGB：0-137-203	RGB：0-0-0

1 突出重心

将物体摆放在页面的中心，使其成为焦点。红色本身就是较为醒目的色彩，选用红色作为焦点的色彩再适合不过；橙色的背景不与红色相冲突，使页面在和谐的同时，又可以让浏览者一览无遗地观察到主体物。

◎配色方案

CMYK：26-0-44-0	CMYK：14-27-87-0	CMYK：80-28-44-0	CMYK：43-100-100-11
RGB：207-232-168	RGB：234-194-36	RGB：1-148-151	RGB：160-4-0

2 视觉导向

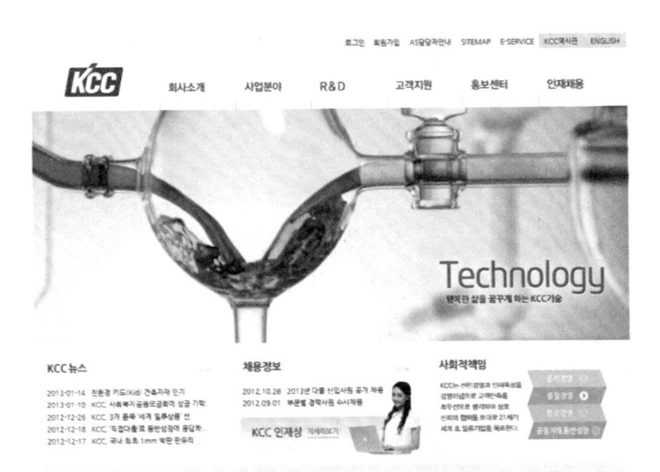

该页面中的液体使用了蓝色、绿色及黄色，其流动方向对浏览者的视线起到了引导的作用，从而使杯子中的液体成为页面的中心。

◎配色方案

CMYK：27-18-16-0	CMYK：48-33-33-0	CMYK：79-48-0-0	CMYK：99-83-11-0	CMYK：8-26-90-0	CMYK：84-38-91-1
RGB：197-201-205	RGB：150-161-163	RGB：4-130-253	RGB：1-64-152	RGB：248-201-1	RGB：18-129-72

3 案例欣赏

롯데와 함께 하는
열기구 희망여행
12,720

ADinPlan
A
DinPlan
customer support
1577-5020
ADinPlan

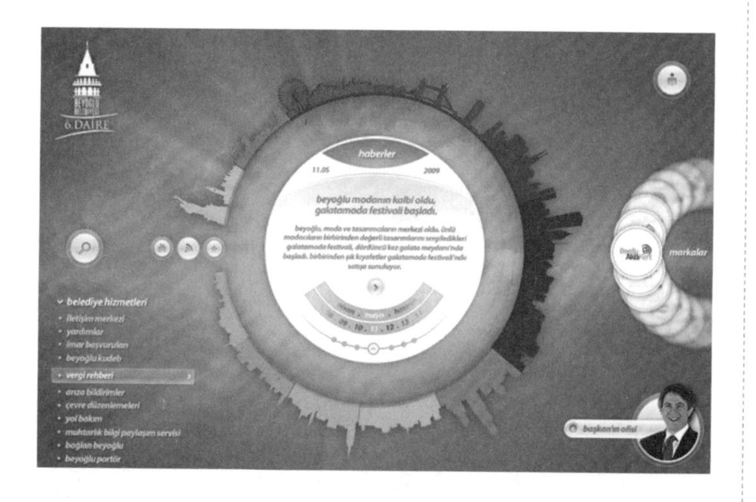
6.DAIRE
haberler
11.05
2009
beyoğlu modanın kalbi oldu,
galatamoda festivali başladı.
markalar
belediye hizmetleri
iletişim merkezi
yardımlar
imar başvuruları
beyoğlu kudeb
vergi rehberi
arıza bildirimler
çevre düzenlemeleri
yol bakım
muhtarlık bilgi paylaşım servisi
bağlan beyoğlu
beyoğlu portör
başkan'ın ofisi

E-SPEKTRO/
SPECJALNIE DLA CIEBIE
e-spe-
ktro/
STUDIO/

PLAY
MAKING YOU
SHINE BRIGHTER
THAN EVER.

LEARNING CENTER
학부모 체험수기

5.8 自由型布局

自由型布局对页面没有过多的束缚，根据所制作网页类型的不同可以进行不同的调整。这种布局方式通常具有活泼、轻快的特点，色彩搭配方面也较为随性化。自由型布局可被应用于多种类型的网页设计，如儿童、女性、娱乐、体育等题材。

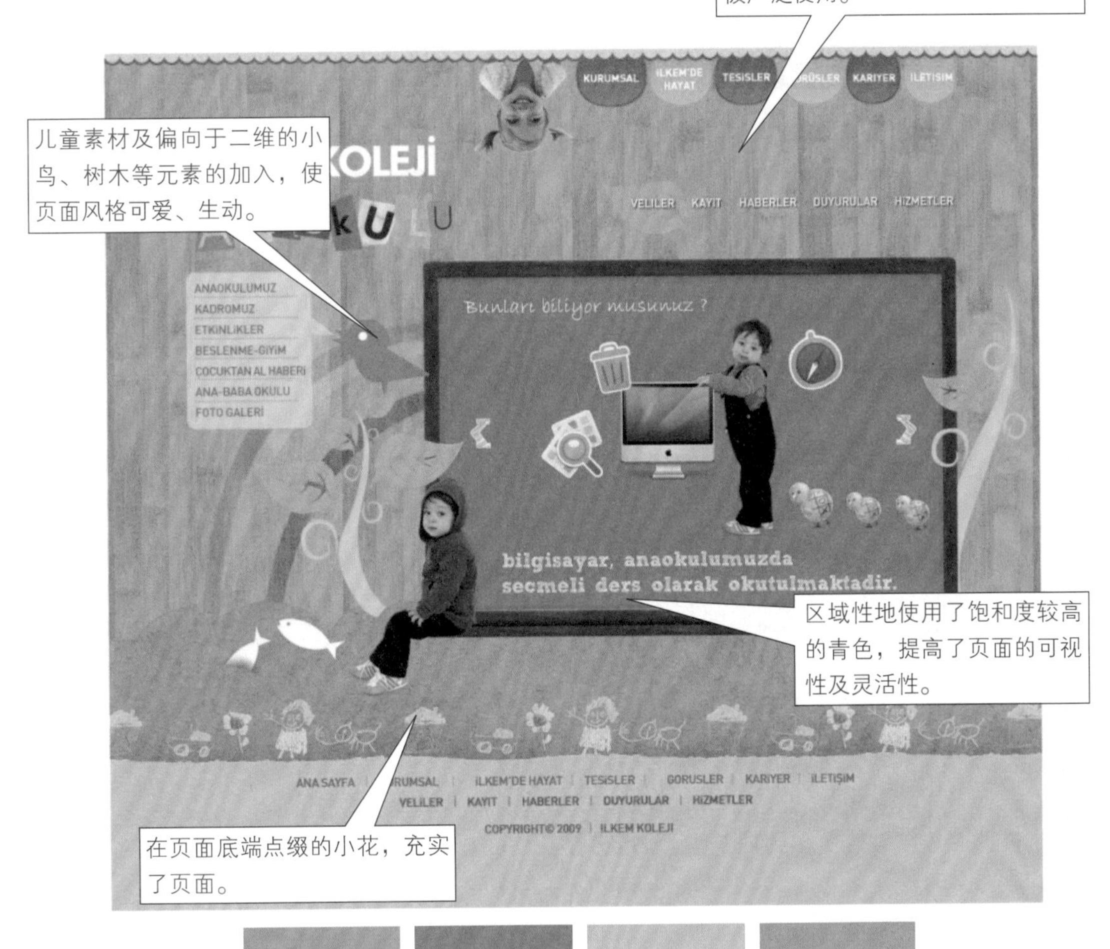

CMYK：61-15-51-0	CMYK：81-27-58-0	CMYK：22-15-54-0	CMYK：22-36-60-0
RGB：110-178-145	RGB：4-147-127	RGB：214-210-137	RGB：213-173-112

1 随意的分布

该页面选用了橙色作为主色调，看似随意的元素摆放却也有理可循。高明度的色彩主要被放置于页面的顶端，为下方文字留下了足够的空间，使页面在给人以随性感的同时又不显杂乱。

◎配色方案

CMYK：0-52-78-0	RGB：254-154-57
CMYK：4-79-84-0	RGB：241-89-42
CMYK：64-8-42-0	RGB：90-187-169
CMYK：84-38-60-1	RGB：0-130-117
CMYK：70-35-6-0	RGB：78-149-209
CMYK：56-23-95-0	RGB：133-168-51

2 充满幻想的分布

低明度的宝蓝色令人联想到夜空，点缀的云彩、月亮与主体商品的风格相似；下方的波浪形方块使页面充满了梦幻的感觉，随性的布局与主题交相辉映。

◎配色方案

CMYK：19-19-23-0	RGB：216-207-195
CMYK：9-23-43-0	RGB：240-207-155
CMYK：11-0-82-0	RGB：253-253-15
CMYK：9-88-31-0	RGB：234-57-117
CMYK：93-90-38-3	RGB：47-56-112
CMYK：94-95-60-45	RGB：27-28-56

3 案例欣赏

CUCKOO
쿠쿠제품
Product
쿠쿠소개
Company
CUCKOO
Company
CUCKOO

SELPHY CP900
COMPACT PHOTO PRINTER
Hi, 해피♥셀피
셀피와 Fun & Joy
핸드메이드 by 셀피
내 손으로 만드는 행복
해피♥셀피
캐논의 셀피로 즐기는 해피 라이프
Canon
Login
제품보기
구매하기
제품리뷰
Sound

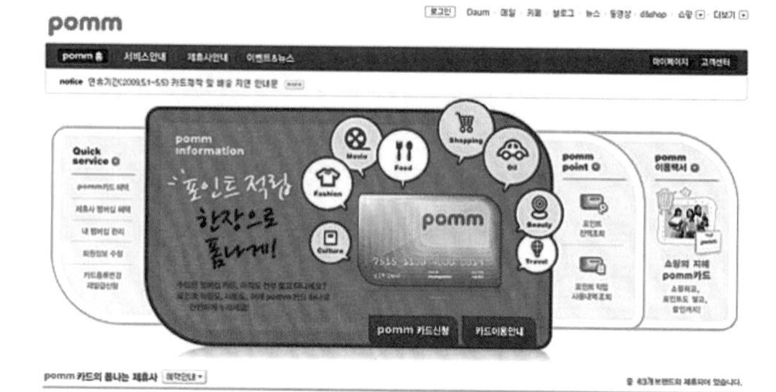
pomm
pomm information
포인트 적립 한장으로 폼나게!
pomm 카드신청
카드이용안내

Feel & Touch
크리넥스
Feel Your Memory
Touch With Your Story

HANKOOK
2008.12
함께 만드는 T-Zin

전세계 도시를 소유하라!
오픈이벤트

5.9 三角形布局

在网页制作中一般多追求稳定性和平衡性，而在所有形状中三角形是最稳定的。三角形布局利用视觉特性使其中的元素呈三角形排列，如利用色块或文字的摆放位置组合为三角形，或者通过形状大小的变化组合为三角形。三角形布局大体分为正三角形、倒三角形以及侧三角形，其中正三角形最具稳定性，属于金字塔型。

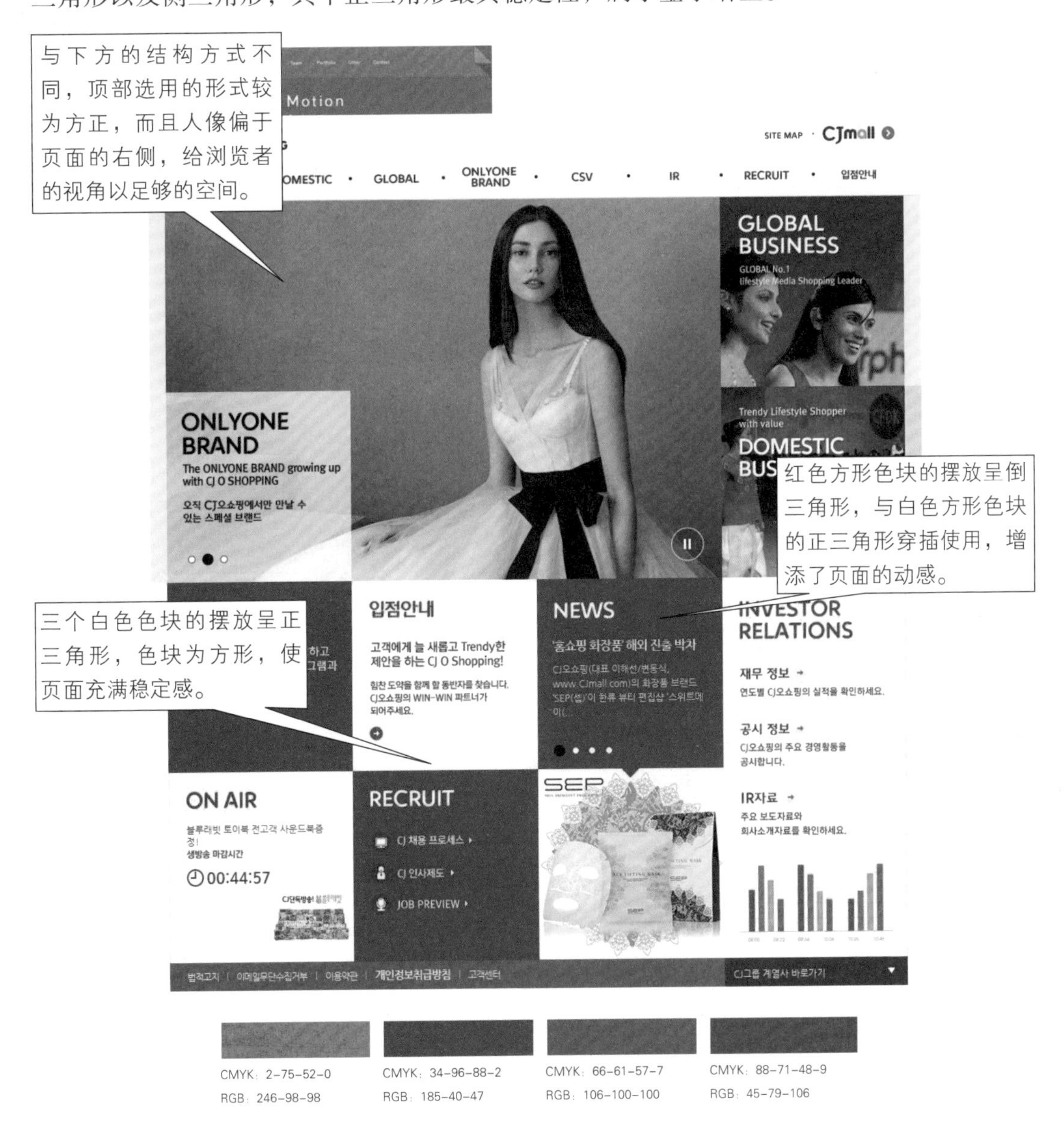

1 稳定的布局

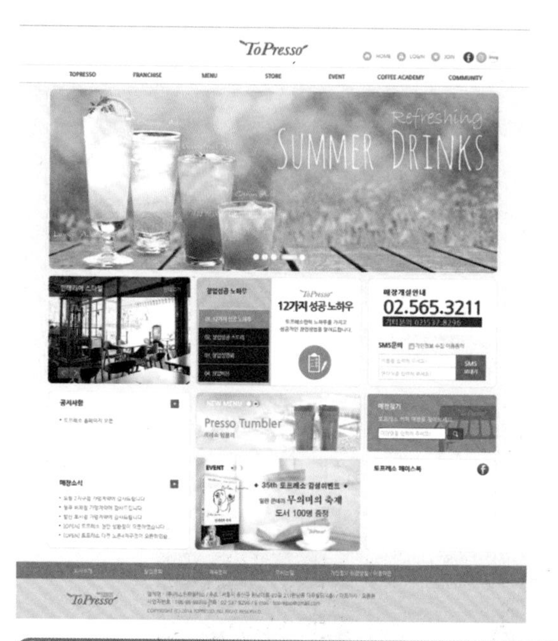

绿色的模糊背景为页面增添了些许春意；四个大小不同的杯子呈三角形摆放，给予页面以和谐的稳定感，色彩以橙黄色为主，明亮的黄色与背景形成鲜明的对比。

◎配色方案

CMYK	RGB
12-0-83-0	251-253-0
2-39-91-0	254-179-0
1-91-94-0	246-46-19
69-7-100-0	74-179-12
57-34-5-0	124-157-210
65-57-52-2	111-109-112

2 立体的布局

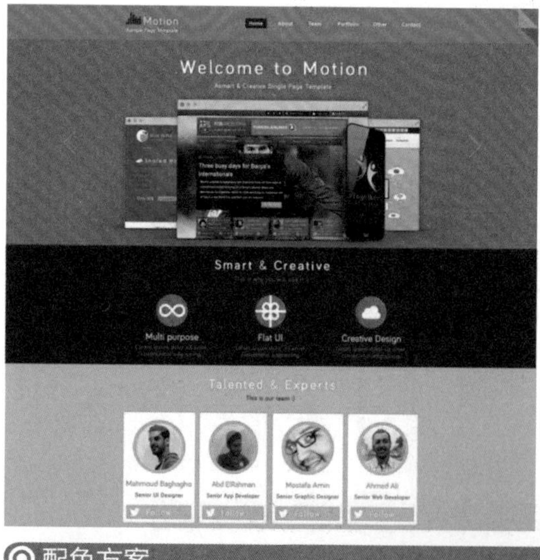

该网页选用了饱和度较低的红色与绿色进行搭配，给人以强烈的视觉冲击力；上方使用了立体三角形的布局结构，在视觉上给人以层次感。

◎配色方案

CMYK	RGB
8-82-62-0	235-79-78
71-12-7-0	27-181-233
94-76-27-0	17-76-137
60-1-69-0	108-195-114
4-11-50-0	255-233-148
83-79-75-58	35-35-37

第5章

3 案例欣赏

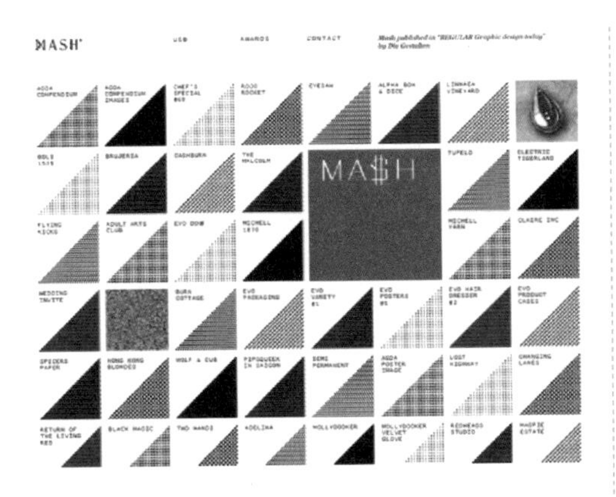
MASH
MA$H

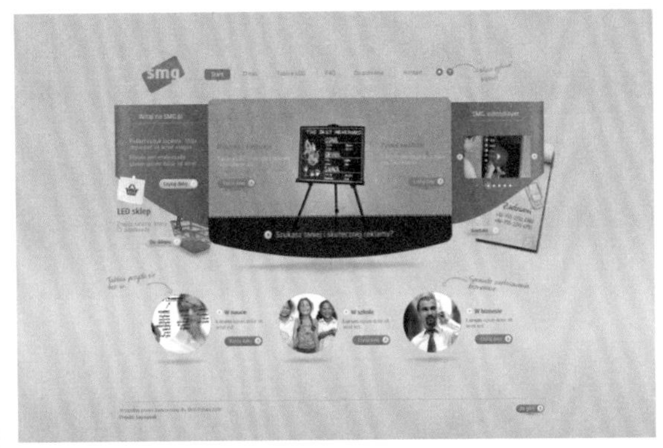

December24
1688-9991

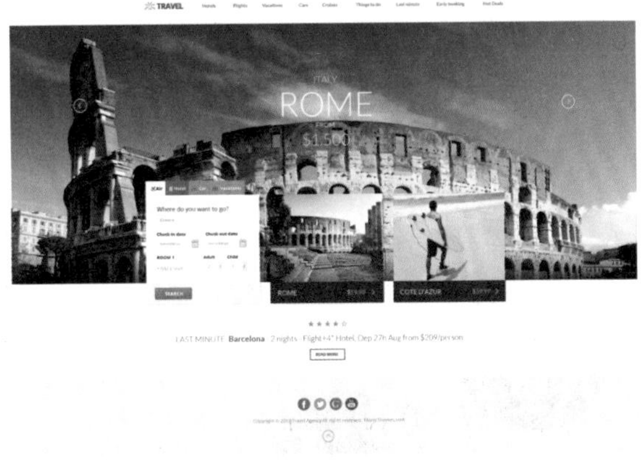
TRAVEL
ROME

404
GO BACK HOME

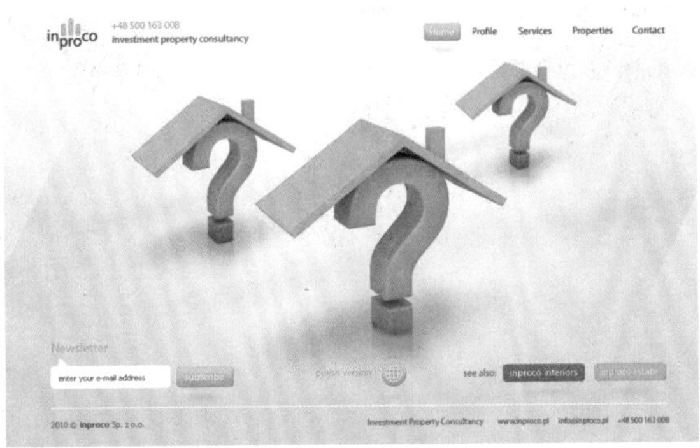
+48 500 163 008
investment property consultancy
Profile
Services
Properties
Contact

CHAPTER 6

第6章

不同风格的网页色彩设计

网页设计的目的是为了突出网页的自身特点，可以根据表达内容以及地域、民俗等选用适合的风格类型。不同的配色可以营造出不同的设计风格，而不同的设计风格有不同的配色特点及各自的原则。例如，在制作宣传云南古街古巷的网页时，需要选用明度及饱和度较低的色彩，从而凸显出历史的悠久、文化的源远流长；而在制作欧美风格的时装网页时，则需要选择高明度、醒目的色彩。网页设计风格大致可分为简约风格、古典风格、欧美风格、日韩风格、矢量风格、三维风格、像素风格等。

CMYK：11-8-8-0	CMYK：39-31-30-0	CMYK：44-100-100-14	CMYK：91-88-87-79
RGB：232-232-232	RGB：168-168-168	RGB：153-13-28	RGB：5-1-1

OUR CLIENTS

Microsoft

WANNA GIVE IT A TRY?
Specializing in branding and design
BUY NOW

CMYK: 26-20-20-0
RGB: 197-197-197

CMYK: 49-35-29-0
RGB: 148-157-167

CMYK: 38-70-46-0
RGB: 177- 102-114

CMYK: 37-42-66-0
RGB: 179-152-99

NAVER 블로그

로그인 | 네이버 | 블로그

자라는 블로거 이야기

시즌 #1. 기록하는 블로거

자.블.이 취지

무럭무럭 자라나는 블로그를 목표로 기록하고 성장하고 소통하는 블로거를 지원하기 위해~

자.블.이 참여방법

1 각 시즌에 해당하는 주제를 골라 카테고리를 만든다!

2 매일매일 해당 카테고리에 꾸준히 글을 쓴다!

위 조건을 만족하는 블로거 중 6명을 추첨/선정하여 블로그 홈 및 자블이 페이지에 공개합니다!

CMYK: 12-0-4-0
RGB: 230-254-254

CMYK: 61-0-78-0
RGB: 95-207-95

CMYK: 0-66-53-0
RGB: 254-123-103

CMYK: 67-12-8-0
RGB: 63-185-232

6.1 简约风格

简约风格的网页设计极具时尚性，色彩要求凝练，细节苛刻到每一点、每一条线。简约主义不是冷酷的，而是开门见山的，以较少的装饰表达出设计师的意图，是一种较难把握的设计风格。该网页设计风格实用性较强且具有灵活性，可以根据不同年龄段的受众群体进行调整，因此深受大众的喜爱。

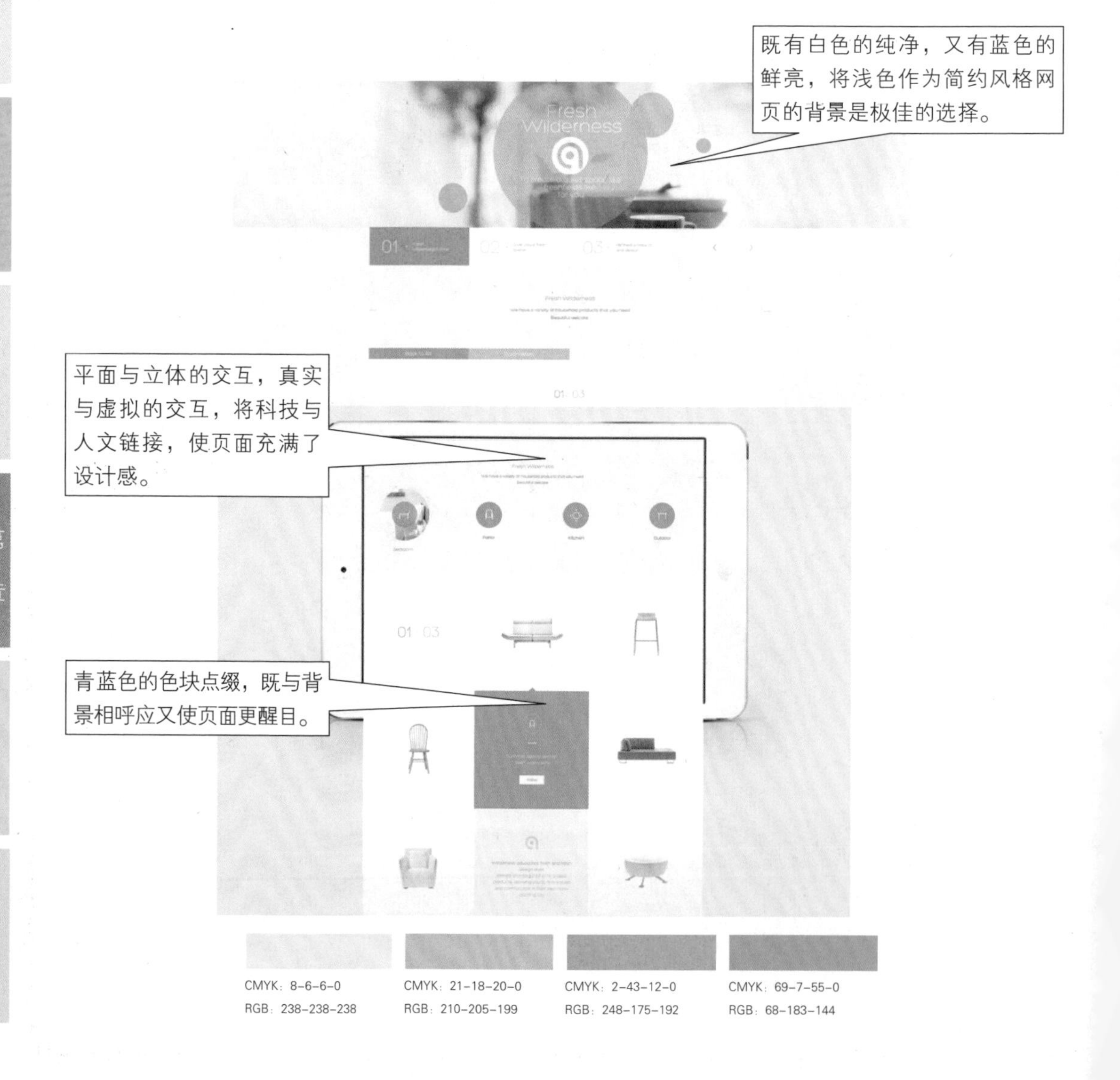
既有白色的纯净，又有蓝色的鲜亮，将浅色作为简约风格网页的背景是极佳的选择。
Fresh Wilderness
平面与立体的交互，真实与虚拟的交互，将科技与人文链接，使页面充满了设计感。
青蓝色的色块点缀，既与背景相呼应又使页面更醒目。
CMYK：8-6-6-0
RGB：238-238-238
CMYK：21-18-20-0
RGB：210-205-199
CMYK：2-43-12-0
RGB：248-175-192
CMYK：69-7-55-0
RGB：68-183-144

1 流行的扁平化

扁平化设计属于二次元范围，由于其元素的简洁性，认知障碍较少，被广泛应用于UI、按钮等设计领域中。该页面通过几个实用、简单的图标清晰、明了地表达出网页所要传递的信息。

配色方案

CMYK：4-3-1-0
RGB：246-247-250

CMYK：0-72-47-0
RGB：255-107-107

CMYK：49-40-35-0
RGB：147-148-152

CMYK：85-84-68-52
RGB：36-34-46

2 简约不简单

简约不代表枯燥、乏味，而是以实用、简洁的语言描绘出深层的意境。该页面中没有过多的装饰，灰白色的背景搭配一抹蓝色，既明了地表达了网页的制作意图，又给人以视觉上的平和享受。

配色方案

CMYK：15-12-11-0
RGB：222-222-222

CMYK：45-33-27-0
RGB：157-164-172

CMYK：75-40-11-0
RGB：63-137-195

CMYK：92-87-87-78
RGB：3-4-4

3 简洁、洗练

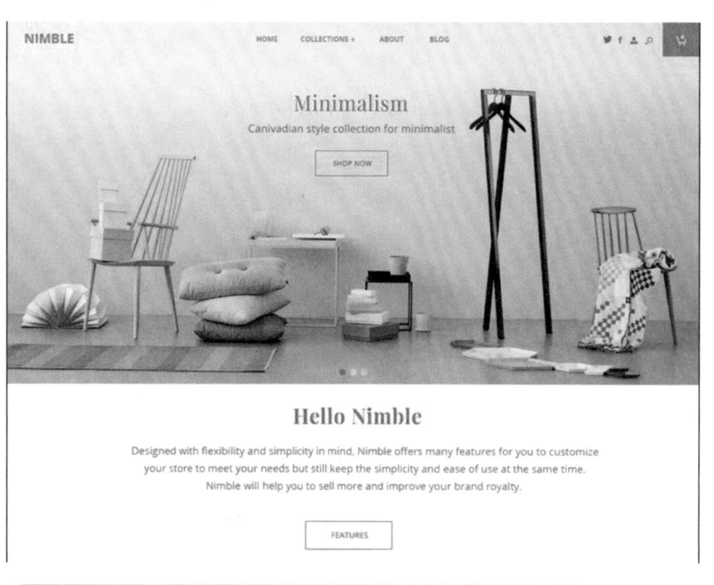

在该网页中将很多看似不相关的物体放置于同一平面内，不同元素的多种色彩混合使冰冷的墙面瞬间升温；文字、图标等以蓝绿色为主，使页面显现出素洁的特质。

配色方案

CMYK：15-12-11-0	CMYK：71-28-49-0	CMYK：4-95-99-0	CMYK：18-34-32-0	CMYK：15-17-45-0	CMYK：33-36-44-0
RGB：222-222-222	RGB：79-153-142	RGB：240-26-13	RGB：218-180-165	RGB：229-214-156	RGB：183-165-141

4 轻奢、典雅

一块面包，一把餐刀，一张蓝色的格子桌布，为页面映射了以蓝色为主的基调，让人们联想到温馨、惬意的早晨和健康、营养的早餐；上方的标志文字选用了完全相反的色彩，且字体艺术感、装饰感较强，使页面整体效果轻奢典雅、亮丽醒目。

配色方案

CMYK：25-14-17-0	CMYK：66-41-26-0	CMYK：5-67-35-0	CMYK：46-54-67-1
RGB：202-210-208	RGB：101-139-169	RGB：243-118-131	RGB：159-125-91

5 案例欣赏

THE STABLES
labels
categories

VONIGO
Dashboard
25
13
249
68
1898

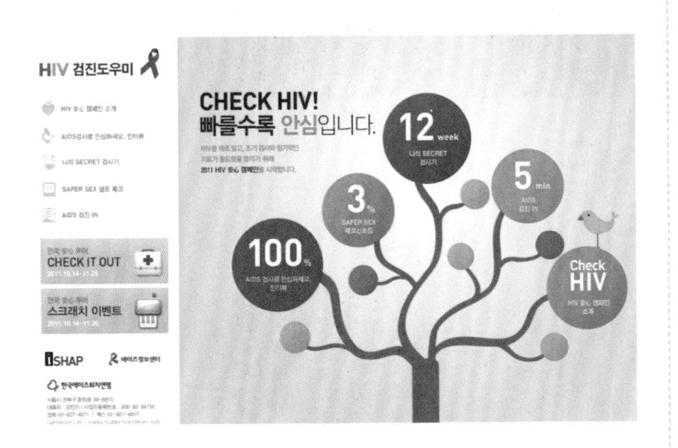
HIV 검진도우미
CHECK HIV!
빠를수록 안심입니다.
12 week
3 %
5 min
100 %
Check HIV
CHECK IT OUT
스크래치 이벤트
iSHAP

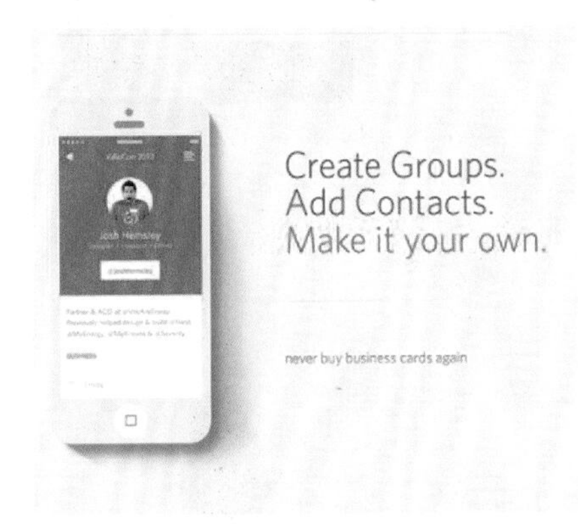
Create Groups.
Add Contacts.
Make it your own.
never buy business cards again

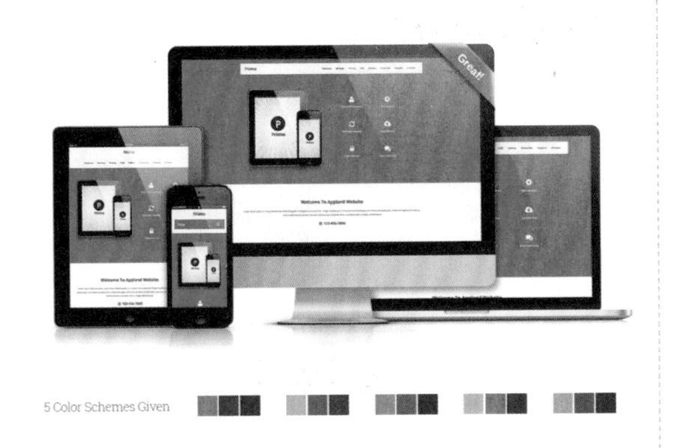
Great!
5 Color Schemes Given

우리 스타일대로 꾸미는
밴드 커버
BAND
DOWNLOAD

6.2 古典风格

说到古典风格，往往会令人联想到水墨的写意，以及画笔晕染开来的效果。制作此类风格的网页时需要具有怀旧情结，将时尚与复古元素完美融合，从而在表达古朴的同时又不失时代感。代表古典风格的色彩通常比较典雅、高贵、稳重，色调偏中低调，如咖啡、暗红、中黄、靛蓝、暗绿等。

あきた舞妓
該页面选用了暗红色作为标题色彩，以此引领下面的内容。
利用日本古典文化的代表元素，传递出浓郁的民族风情。
あきた舞妓とは
人物身着的红色服饰与标题的色彩相互呼应，使页面整体统一、和谐。
竖排规整的文字显得较为正式，大片的留白又使页面不会过于拘谨。
リクルート
CMYK：0-84-69-0
RGB：251-72-65
CMYK：40-99-100-6
RGB：170-33-33
CMYK：50-24-63-0
RGB：147-172-115
CMYK：83-80-64-41
RGB：48-47-59

1 传统水墨

该页面使用了传统的水墨元素作为主体，深灰色的船只延展了页面的深度，蓝色的叶子成为点睛之笔，随性的画风以及不加修饰的边角使页面效果更加自然。

◎配色方案

CMYK	RGB
41-35-33-0	166-162-161
40-55-39-0	171-128-134
65-57-55-4	109-108-106
34-54-77-0	187-133-72
92-87-87-78	3-4-4
88-67-8-0	38-90-168

2 欧美复古

该页面将时尚与传统相结合，既有复古的一面，又有前卫的一面。棕黄色为其代表色之一，与明度较高的红、蓝色搭配，使页面在保留古朴风格的同时又展现出别样的迷人魅力。

◎配色方案

CMYK	RGB
11-18-42-0	237-215-161
44-48-80-1	164-136-72
52-70-79-13	136-87-62
11-36-85-0	237-178-47
19-97-93-0	215-33-36
91-71-16-0	25-84-155

3 雅致、高远

黑色背景可以提升页面的品质，并且更易凸显页面的主体。在该网页中，暗格的黑色背景深沉又不失雅致，俯视的拍摄角度使物体的展示效果直观、强烈，少许暗红色的点缀减少了网页的单调感。

配色方案

CMYK	RGB
8-15-26-0	240-223-195
19-42-95-0	222-163-1
36-62-81-0	182-117-64
62-29-100-0	117-155-9
32-75-60-0	190-93-89
80-80-82-65	34-27-24

4 复古报纸

该网页选择的色彩属于浊色范围。浊色由于明度、饱和度、色相等值较低，很容易给人以复古、怀旧的感觉。暗黄色的汽车，低明度的红色色块，以及规整摆放的文字，使人们回想起早期的美版报纸。

配色方案

CMYK	RGB
15-14-25-0	226-218-195
11-11-30-0	235-227-191
44-17-11-0	157-194-218
68-27-31-0	85-158-173
29-74-88-0	196-96-47
17-87-64-0	219-65-75

5 案例欣赏

농업박물관
HOME | 사이트맵 | 로그인 | 박물관 가족되기 | 예약 현황
유물검색
검색
옛 농업인의 숨결이 깃든 곳.
농업박물관
따비
쟁기를 쓸 수 없는 비탈 밭이나 작은 밭을
일구는 데 쓰는 연장이다.
박물관소개
관람&이용
전시실 둘러보기
참여프로그램
정보마당
열린 마당
전시목록
농업퀴즈
제주 농업유물 특별전
진행중
날짜 : 2006.07.03~2006.07.31
새 소식
MORE
. [함께듣는 박물관이야기] 접수마감 현황입니다
. [함께듣는 박물관이야기] 참여방법 안내
. 7월 17일(월) 임시휴관안내
. 농업박물관 홈페이지 개편 안내
서비스 바로가기
사이버 박물관
박물관 가족되기
단체관람 예약
E-MAIL: AGRIMUSEUM@NONGHYUP.COM
COPYRIGHT (C) 2006 NONGHYUP. ALL RIGNHTS RESERVED

Home
Chi siamo - Servizi
Storia
Contatti
Novità
Links
VERGA
HOME
Con un piccolo ma efficiente team di battilamiera, verniciatori e personale addetto all'amministrazione la CARROZZERIA VERGA vi offre grande disponibilità e si occupa proprio di tutto:
riparazione a regola d'arte e pulizia accurata dei veicoli
auto di cortesia ed in sostituzione per il periodo di riparazione
contatti telefonici e perizie con l'assicurazione interessata
ritiro e consegna degli automezzi a domicilio
fatture, pratiche burocratiche ed assicurative eseguite dal ns.ufficio
Auguriamo a tutti i nostri clienti ed a tutti coloro che ancora non ci conoscono, Buon Viaggio con la vostra amata quattro ruote! Non dimenticate, un'auto ben curata è sinonimo di "classe" ma soprattutto di "sicurezza".

Thrush
Thrush Promotions
Browse Catalog
Products
Tech Support
Where to Buy
History
News
Vintage Sound... Today's Power™
Featured Product
Making Hot Rods Hotter Since 1966™
Thrush products have been a staple of hot rodders for over 40 years as these performance mufflers bring together the power and sound favored by true enthusiasts. Thrush products strike as much of an emotional resonance with today's fan as the sound itself.
See Thrush in Action
RECENT NEWS
April 7 2009
View All News
BUY·HERE
1966 · OHIO
UPCOMING EVENTS

CURRENT LUNAR PHASE: WANING GIBBOUS
THE NEW YORK MOON
JULY 2009
CURRENT EDITION
ARCHIVE
ABOUT
CONTACT
JOIN US
Tune the device at left as you would an ordinary radio.
Inside THIS EDITION
MOON RADIO
Featuring "TWEET RADIO"
Echoes of the big bang are still heard from signals bouncing off lonely galaxies into man-made space listening devices, metal dishes and concrete ears perked up to receive the cooled radiation that has permeated the universe for nearly 15 billion years. We've only been emitting our own for a century or so.
The modern-day ether is cluttered with a multitude of transmissions, from mobile phone conversations beaming every which way through the lower atmosphere, to the latest lubricious
FILM FESTIVAL FOR THE BLIND
5 soundscapes for nonexistent movies
SPECTERS OF THE SPECTRUM

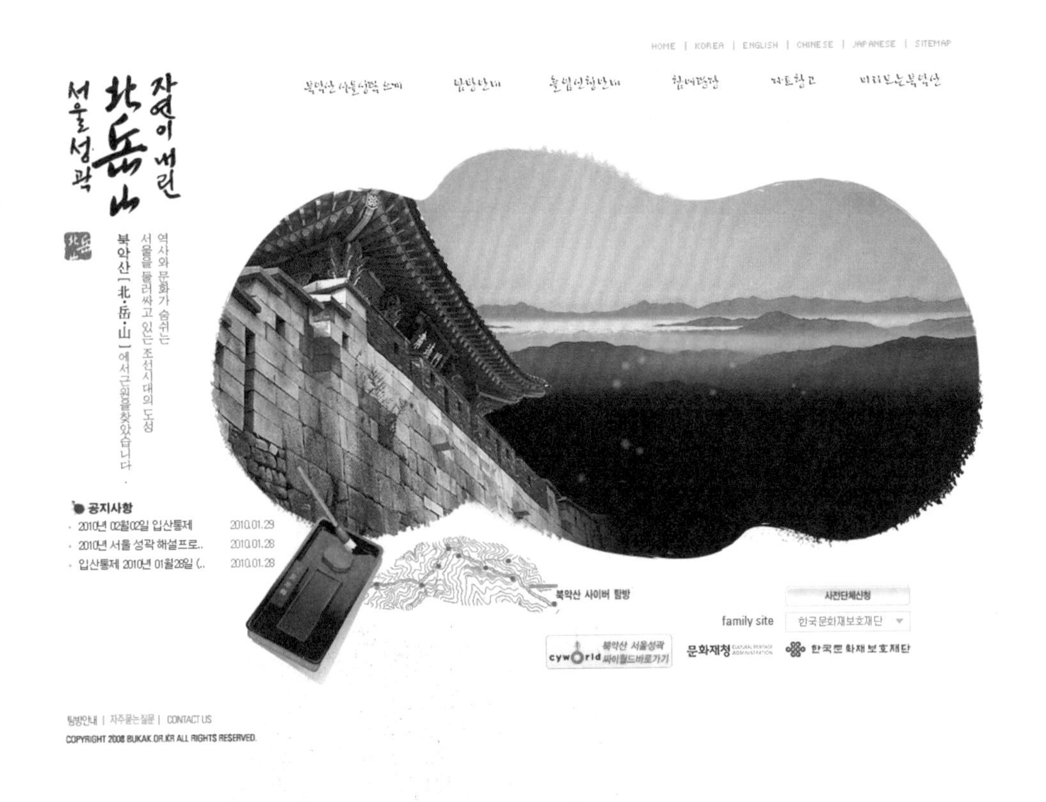
HOME | KOREA | ENGLISH | CHINESE | JAPANESE | SITEMAP
자연이 내린 北岳山 서울성곽
역사와 문화가 숨쉬는
서울을 둘러싸고 있는 조선시대의 도성
북악산[北·岳·山]에서 그 원을 찾았습니다.
공지사항
2010년 02월02일 입산통제 2010.01.29
2010년 서울 성곽 해설프로.. 2010.01.28
입산통제 2010년 01월28일 (.. 2010.01.28
북악산 사이버 탐방
family site
한국문화재보호재단
문화재청
한국문화재보호재단
COPYRIGHT 2008 BUKAK.OR.KR ALL RIGHTS RESERVED.

興
흥
이전 다음
MUZINE 01·02 2007
온(溫) Special Feature
고(故) Tradition & Culture
지(知) Museum Education
신(新) Museum News

6.3 欧美风格

欧美风格的网页通常设计感较强，样式奢华，色彩浮夸、大胆，很适合当代的快节奏社会，使人们的压抑情绪在某一方面得以释放，因此，此类风格的网页很受大众的欢迎。

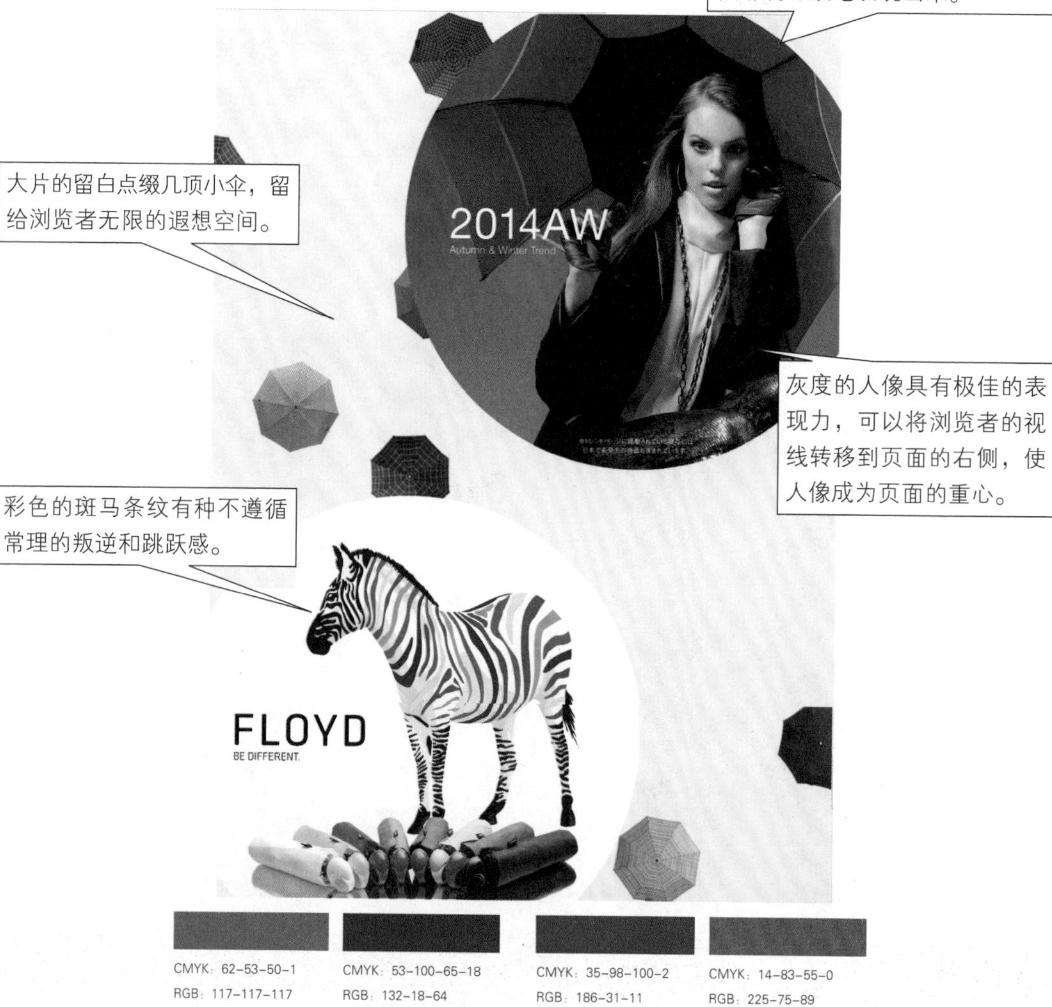

在灰度感较强的页面中选用了红色和紫红色，浮夸、跳跃的特质被淋漓尽致地表现出来。
大片的留白点缀几顶小伞，留给浏览者无限的遐想空间。
2014AW
Autumn & Winter Trend
灰度的人像具有极佳的表现力，可以将浏览者的视线转移到页面的右侧，使人像成为页面的重心。
彩色的斑马条纹有种不遵循常理的叛逆和跳跃感。
FLOYD
BE DIFFERENT.
CMYK：62-53-50-1
RGB：117-117-117
CMYK：53-100-65-18
RGB：132-18-64
CMYK：35-98-100-2
RGB：186-31-11
CMYK：14-83-55-0
RGB：225-75-89

1 奢华与叛逆

幽深的蓝色背景为前景做了极佳的铺垫，朦胧的金色光斑给人以灯红酒绿、纸醉金迷的感觉；设计师大胆地使用了粉色色块，色彩的冲突表现出其叛逆的思想。

◎配色方案

CMYK	RGB
CMYK：4-94-18-0	RGB：241-20-126
CMYK：45-33-27-0	RGB：207-44-13
CMYK：66-0-3-0	RGB：0-204-255
CMYK：16-21-55-0	RGB：229-206-131
CMYK：94-90-20-0	RGB：44-55-134
CMYK：98-100-57-22	RGB：31-26-80

2 繁琐与平衡

繁琐不代表凌乱，而是以自然的方式使页面达到平衡。该页面为常见的女性时装杂志网页的设计版面，此表现方式深受女性群体的追捧，灰色及红色的搭配提升了页面的整体品质。

◎配色方案

CMYK	RGB
CMYK：20-12-11-0	RGB：213-219-222
CMYK：9-23-32-0	RGB：238-207-176
CMYK：48-100-69-12	RGB：147-29-64
CMYK：81-66-39-1	RGB：69-93-127
CMYK：88-79-48-12	RGB：51-67-99
CMYK：72-66-58-13	RGB：87-86-92

3 强大气场

说到欧美风格，怎么能少得了欧美时装品牌的网页？此类型的网页设计不需要气势磅礴的山川，也不需要灯红酒绿的楼宇，只需要一幅时尚感与叙事感强烈的图片，一行提纲挈领的文字，就可以表现出强大的气场。

◎配色方案

CMYK	RGB
25-24-60-0	208-192-119
27-81-70-0	199-81-81
77-33-13-0	39-147-200
68-74-70-34	83-62-60

4 刚柔并济

中性风一直在挑战着世俗的眼光，它打破了男性与女性之间的直接定义，展现出非同寻常的气质。在该网页中模拟了第三者的视角，利用景深体现出刚柔并济、率性洒脱的风尚，以及别样的中性美。

Unisex Frames

4500 Col C

4501 Col E

4503 Col E

◎配色方案

CMYK	RGB
11-11-11-0	231-226-223
16-32-34-0	222-185-164
0-18-19-0	254-224-205
31-42-42-0	189-157-140

5 案例欣赏

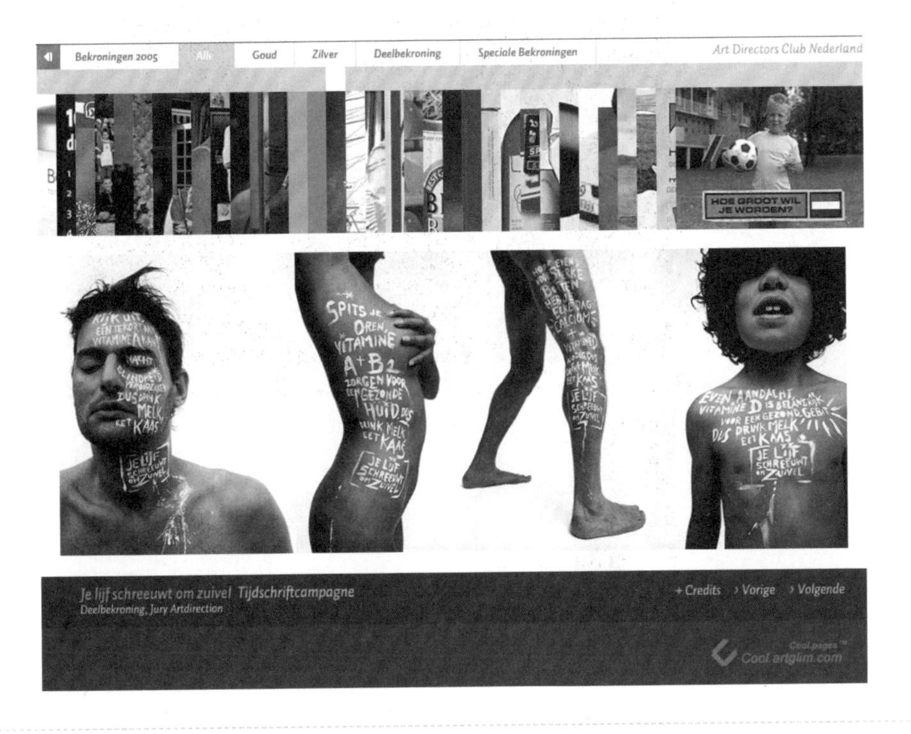
Bekroningen 2005
Alle
Goud
Zilver
Deelbekroning
Speciale Bekroningen
Art Directors Club Nederland
HOE GROOT WIL JE WORDEN?
Je lijf schreeuwt om zuivel Tijdschriftcampagne
Deelbekroning, Jury Artdirection
+ Credits
› Vorige
› Volgende
Cool.artglim.com

CHARLIZE THERON
ÆONFLUX
NOW PLAYING
PHOTO GALLERY
ABOUT THE FILM
FEATURES
DOWNLOADS
MEDIA
VIDEO GAME
ANIMATED DVD COLLECTION
COMIC BOOK MINISERIES
MOBILE STORE
REGISTER FOR UPDATES
WEBMASTER PROGRAM
PARTNERS & CONTESTS
HOME
Cool.artglim.com

Limitedbrands

- HOME
- ABOUT OUR COMPANY
- OUR BRANDS
- SOCIAL RESPONSIBILITY
- INVESTOR RELATIONS
- PRESS ROOM
- CAREER OPPORTUNITIES
- FAQs
- CONTACT US
- ASSOCIATE NEWS

SYMBOL: LTD
5:17 pm (20 min delay)
Open: 19.63
High: 20.66
Last: 20.26
Change: 0.30
Volume: 1146600

PRIVACY & SECURITY
YOUR CALIFORNIA PRIVACY RIGHTS
SITE USE
EQUAL OPPORTUNITY EMPLOYER
EXTERNAL NETWORK CONNECTIVITY

FEATURES:

2004 annual report
Dive deeper into our latest annual report.
» Go
» View current proxy

DO YOU IPEX?
The world's most advanced bra just got sexier. Introducing, the new Body by Victoria® IPEX Demi.
» SHOP

Limited Brands
» Environmental Stewardship Policies & Philosophy

FEATURED NEWS:

10/06/2005 » Limited Brands Reports September Sales
» Listen to the Webcast

09/22/2005 » Associate Update: Hurricane/Tropical Storm Key Information

09/07/2005 » Associates affected by Katrina who have not yet contacted the company are asked to call Limited Brands at: 1-800-765-7465.

09/02/2005 » Limited Brands Presents at Goldman Sachs Conference September 9th

08/18/2005 » Limited Brands Reports 2005 Second Quarter Earnings
» Listen to the Webcast
» 2Q 2005 Complete Financial Packet

» view more news

CHI'S RENAIS

brands: la sakura | haruyo brownie | haruyo | コレクション | ニュース | 会社概要 | お問合せ | オンラインショップ

第6章

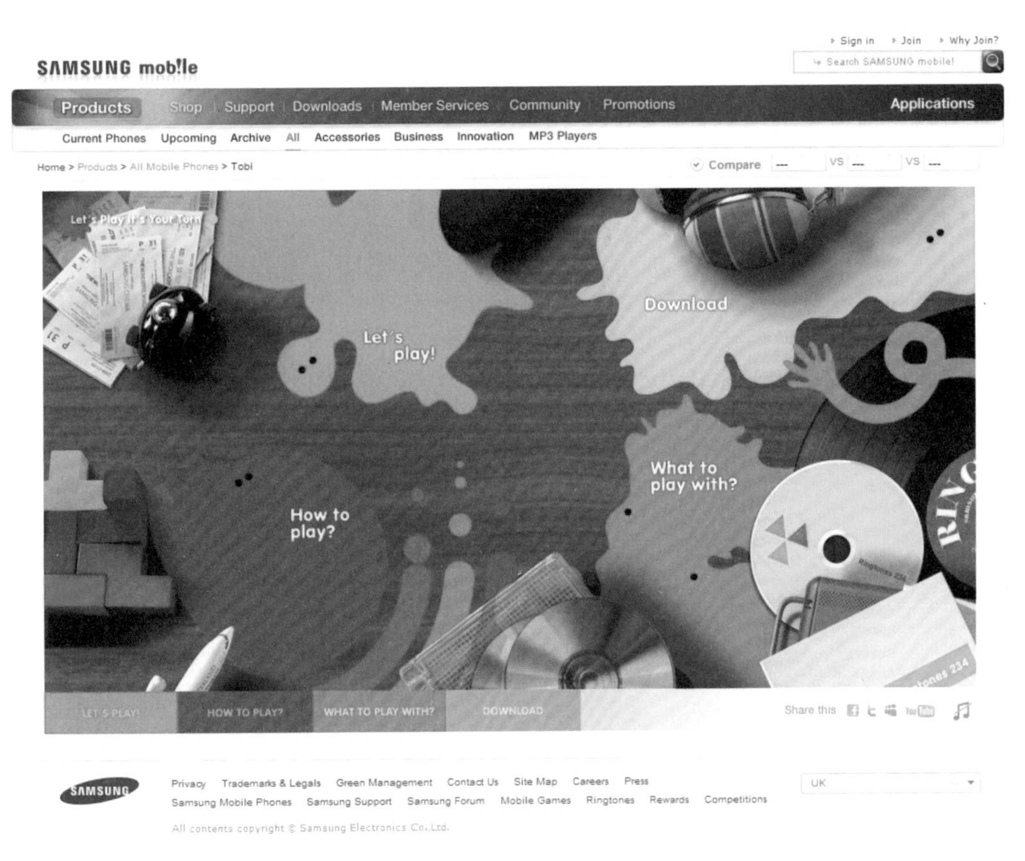
Sign in
Join
Why Join?
SAMSUNG mob!le
Search SAMSUNG mobile!
Products
Shop
Support
Downloads
Member Services
Community
Promotions
Applications
Current Phones
Upcoming
Archive
All
Accessories
Business
Innovation
MP3 Players
Home > Products > All Mobile Phones > Tobi
Compare
VS
VS
Let's play!
Download
What to play with?
How to play?
LET'S PLAY!
HOW TO PLAY?
WHAT TO PLAY WITH?
DOWNLOAD
Share this
SAMSUNG
Privacy
Trademarks & Legals
Green Management
Contact Us
Site Map
Careers
Press
Samsung Mobile Phones
Samsung Support
Samsung Forum
Mobile Games
Ringtones
Rewards
Competitions
UK
All contents copyright © Samsung Electronics Co.,Ltd.

AW14
look

6.4 日韩风格

日韩风格网页的制作通常较为可爱、清新，画风亮丽，不乏浪漫的元素，有较强的可视性。在网页色彩的选择上，较少使用明度较低的色彩，大部分色彩区域的饱和度较高，给人以积极向上的印象，在网页建设的思维模式上也别具一格。

不规则的彩色条块定义了页面以橙色为主的基调，并且使页面充满了跳跃性。

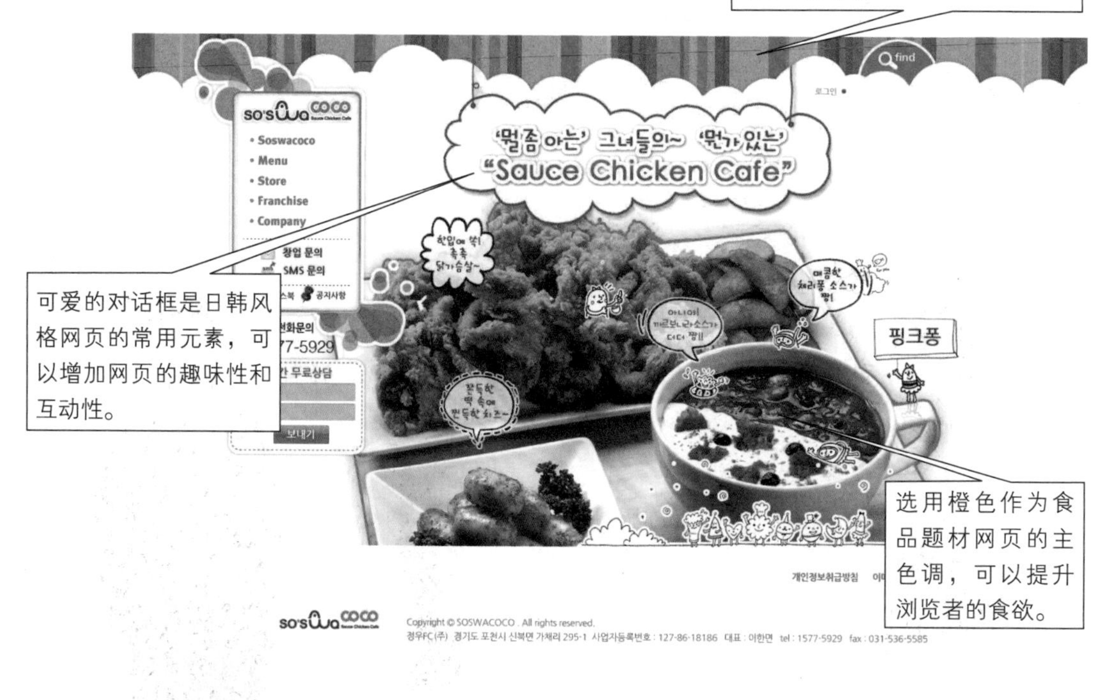

可爱的对话框是日韩风格网页的常用元素，可以增加网页的趣味性和互动性。

选用橙色作为食品题材网页的主色调，可以提升浏览者的食欲。

CMYK	RGB
CMYK：0-44-67-0	RGB：255-170-87
CMYK：4-39-30-0	RGB：246-180-166
CMYK：12-83-78-0	RGB：228-76-55
CMYK：76-60-97-32	RGB：66-78-41

第6章

1 唯美、清新

蓝、粉色是制作唯美、清新系网页的首选色，背景色奠定了整幅网页的风格，其重要性不言而喻；卡通人物使页面更加可爱，这种风格比较适用于面向年轻女性群体。

配色方案

CMYK	RGB
CMYK：2-19-10-0	RGB：249-221-220
CMYK：16-61-16-0	RGB：222-131-165
CMYK：36-6-19-0	RGB：177-216-215
CMYK：70-19-33-0	RGB：70-168-177
CMYK：5-14-73-0	RGB：255-255-81
CMYK：62-74-76-32	RGB：96-65-54

2 层次分明

该网页为日系风格中常见的网页样式。日系风格网页的设计注重把握设计师与设计作品之间的微妙联系，页面中的装饰元素较多，色彩鲜艳，但层次感分明，虽然花哨但不凌乱。

配色方案

CMYK	RGB
CMYK：6-39-0-0	RGB：243-183-215
CMYK：6-57-17-0	RGB：241-144-169
CMYK：6-97-38-0	RGB：238-0-101
CMYK：57-0-65-0	RGB：109-218-127
CMYK：55-12-0-0	RGB：110-196-255
CMYK：69-64-27-0	RGB：104-101-146

3 随性街拍

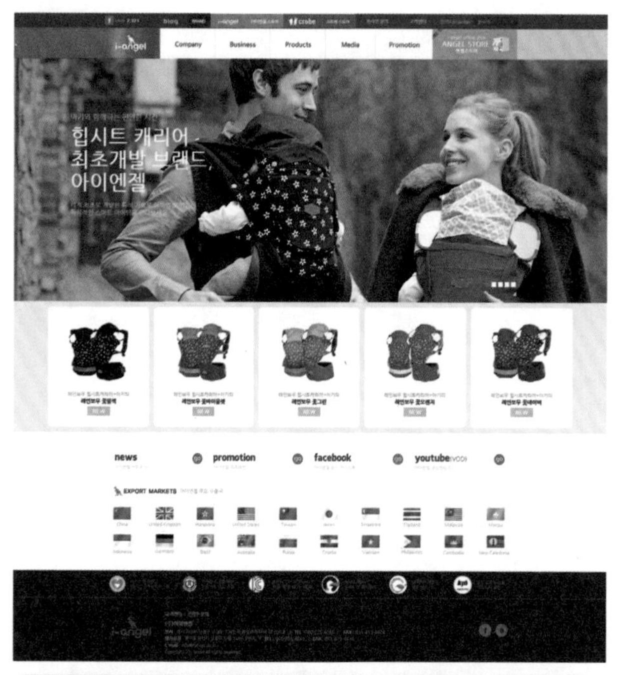

街拍最早起源于时装杂志，这种拍摄手法轻松、自然，可以随性地捕捉街边的流行信息与时尚元素。随着网页设计的逐步发展，街拍风格也常被应用于网页制作中，用以提升页面的美感。

配色方案

CMYK	RGB
13-80-97-0	225-83-21
27-95-85-0	200-42-49
52-28-12-0	136-170-206
90-86-44-9	52-59-103
87-46-56-1	0-118-119
67-81-29-0	115-72-128

4 甜美、浪漫

该网页主要以粉红色为主，从左至右，色彩的强度逐步递增，给人以视觉上的缓冲；手写体的文字给页面增添了几分可爱与烂漫；整个网页无论从版式还是配色方面，都透现出青春、浪漫与甜美的气息。

配色方案

CMYK	RGB
32-26-20-0	186-185-191
3-54-25-0	245-151-159
7-73-34-0	239-104-127
9-98-91-0	232-8-32
10-20-63-0	243-211-111
61-59-39-0	123-111-131

第6章

5 案例欣赏

LINE PLAY
Oh!
또 다른 나로 만나는
새로운세상
DOWNLOAD

CJ CHEILJEDANG
브랜드
Our Brand
제품
Our Product
이벤트
Special Event
레시피
Delicious Recipe
사업소개
Our Business
02
다양한 혜택을 누릴 수 있는 CJ제일제당의 혜택ZONE!
QUICK MENU
다양한 혜택을 누릴 수 있는
CJ제일제당의 혜택 ZONE!
공지사항
2014.01.16

아로나민 과일트럭이 찾아갑니다
HOME

Track List

NEXON
無방문! 無서류! 즉시지급!
넥슨캐시 부족할땐~ 판러✱앤캐시!
총 4,000 넥슨캐시 전원 증정!
07월 16일 ~ 07월 31일
Fantasy Runners
쿠폰받기
Google play
App Store

당신의 스마트폰에
'느낌' 까지 담는
네이버 카메라를
추천합니다!
Tip2
분할 촬영
577

6.5 矢量风格

所谓“矢量图形”，是以点、线组合而成的图形；而矢量风格的网页则具有矢量图形的特点。矢量图形不能尽善尽美地表现出色彩的丰富层次，边缘大多硬朗、尖锐。

边缘柔和的圆月在页面的右上角占据少许位置，既不影响页面效果又起到了装饰作用。
404
Not Found:(
蓝色是一种鲜明、爽朗的色彩。选用同色系但不同明度及饱和度的蓝色作为背景，使页面的色调更和谐。
方正的白色文字简明、扼要地表述了页面的内容。

CMYK: 76-15-38-0	CMYK: 86-68-46-6	CMYK: 18-13-53-0	CMYK: 0-75-77-0
RGB: 2-169-172	RGB: 61-85-113	RGB: 226-218-139	RGB: 254-98-52

1 简明、自然

该网页选用经典的蓝、白色搭配，辅以渐变色，用最简单的方式表现出蓝天碧海的场景；小岛、椰树以及身着亮丽条纹衣服的人物成为了页面的亮点，少许绿色、橙色与蓝色搭配，流露出自然的气息。

配色方案

CMYK	RGB
CMYK：21-9-10-0	RGB：212-224-228
CMYK：74-25-9-0	RGB：30-161-217
CMYK：8-24-47-0	RGB：241-205-145
CMYK：13-29-91-0	RGB：237-191-7
CMYK：15-85-96-0	RGB：222-70-25
CMYK：77-17-98-0	RGB：41-161-61

2 概念化与亲和力

大面积的绿色在不加点缀的情况下可以更好地突出主题文字，绿色与蓝色是邻近色，搭配起来和谐、统一。由于矢量风格的简洁性，给浏览者以强烈的亲和力。

配色方案

CMYK	RGB
CMYK：40-0-3-0	RGB：159-226-254
CMYK：83-51-12-0	RGB：34-116-181
CMYK：6-10-72-0	RGB：254-232-87
CMYK：44-0-89-0	RGB：166-212-50
CMYK：72-18-100-0	RGB：74-163-21
CMYK：22-100-79-0	RGB：209-13-53

3 色彩通透、明朗

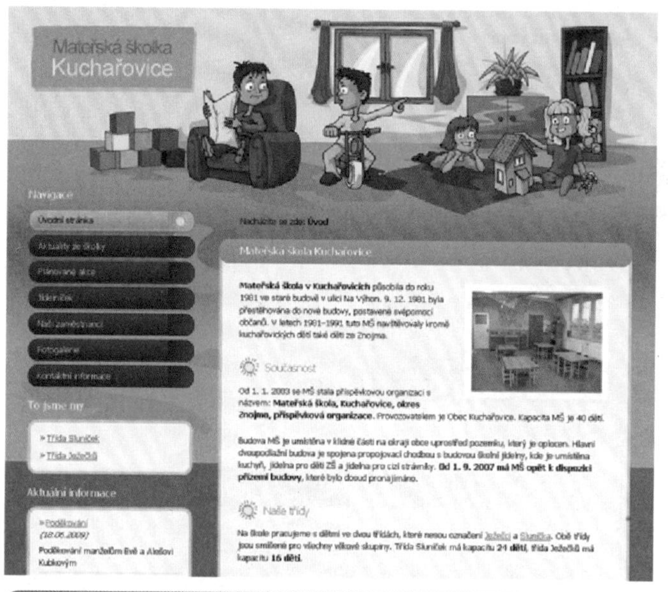

该网页中内容丰富、充实，矢量图形效果使页面充满了童真、童趣；在色彩的选择上采用了明度较高的橙色、红色及绿色，使页面整体色彩通透、明朗。

◎配色方案

CMYK	RGB
CMYK：8-11-45-0	RGB：245-229-159
CMYK：14-48-83-0	RGB：228-153-52
CMYK：72-45-100-5	RGB：89-121-20
CMYK：44-100-95-12	RGB：157-3-37
CMYK：60-78-37-0	RGB：131-79-120
CMYK：55-76-87-26	RGB：117-68-46

独特元素

该网页中扁平化设计的彩虹等给页面装饰了绚丽的色彩，不规则的粉色四边形衬托出蓝色的文字；网页中主体居中，四周给浏览者留出了充裕的想象空间。

◎配色方案

CMYK	RGB
CMYK：23-94-17-0	RGB：209-29-129
CMYK：84-69-18-0	RGB：59-88-153
CMYK：53-0-93-0	RGB：139-204-46
CMYK：7-3-86-0	RGB：255-241-3
CMYK：0-80-78-0	RGB：251-86-51
CMYK：24-100-100-0	RGB：207-0-0

5 案例欣赏

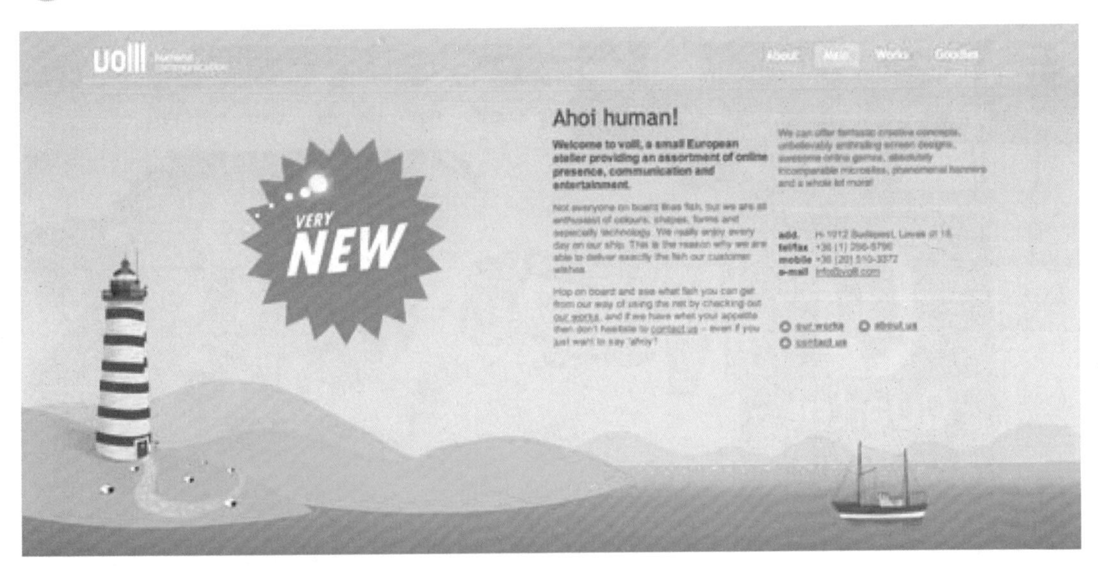
Ahoi human!
Welcome to volll, a small European atelier providing an assortment of online presence, communication and entertainment.
VERY
NEW

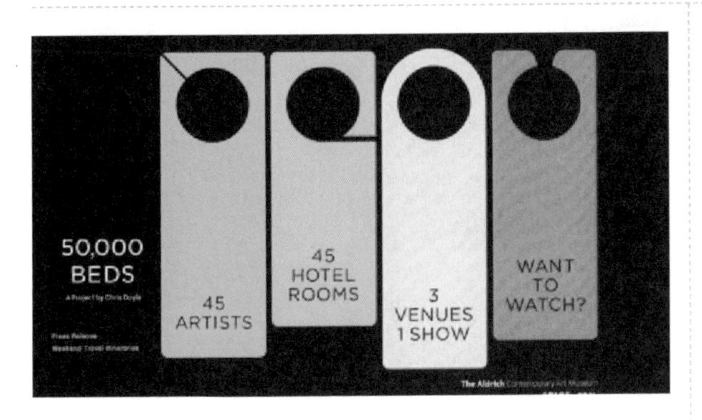
50,000
BEDS
45
ARTISTS
45
HOTEL
ROOMS
3
VENUES
1 SHOW
WANT
TO
WATCH?

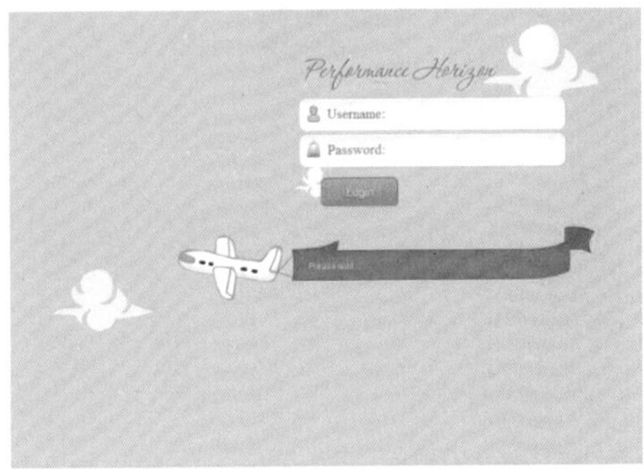
Performance Horizon
Username:
Password:

name *
email *
phone *
subject *
comments *
Submit
Inquiries
Email: hello@mplusz.com
Phone: 215-989-4688
WEB SITES

HOME SOBRE CLIENTES BLOG ORÇAMENTO
WEBSITES PRINT CDS/DVDS LOGOS FOTOGRAFIA
Quartel
DESIGN
Amigos do Perdão
Crianças

autoffsets
the carbon shop
0 items £0.00 View Cart My Account
For more information call us on
0844 870 7031
home about individuals partnerships businesses what is offsetting? credit types projects contact us
Drive Carbon Neutral: Mitigate your impact on the environment
Individuals
Calculate your offset
Partnerships
Create ancillary revenue
Businesses
Mitigate your impact
What is offsetting?
The Carbon Credit Story
View our FAQs
Welcome to autoffsets
Click here to read more about us
Renewable Energy Projects

6.6 三维风格

三维风格的网页设计是使用二维软件制作出凹凸、立体的效果，利用人们视线的错觉，使一个平面的物体表现出具有长、宽、高三种维度的立体形态。利用三维风格，可以轻松地体现出网页的层次感以及深度感，给人以强烈的视觉冲击力。

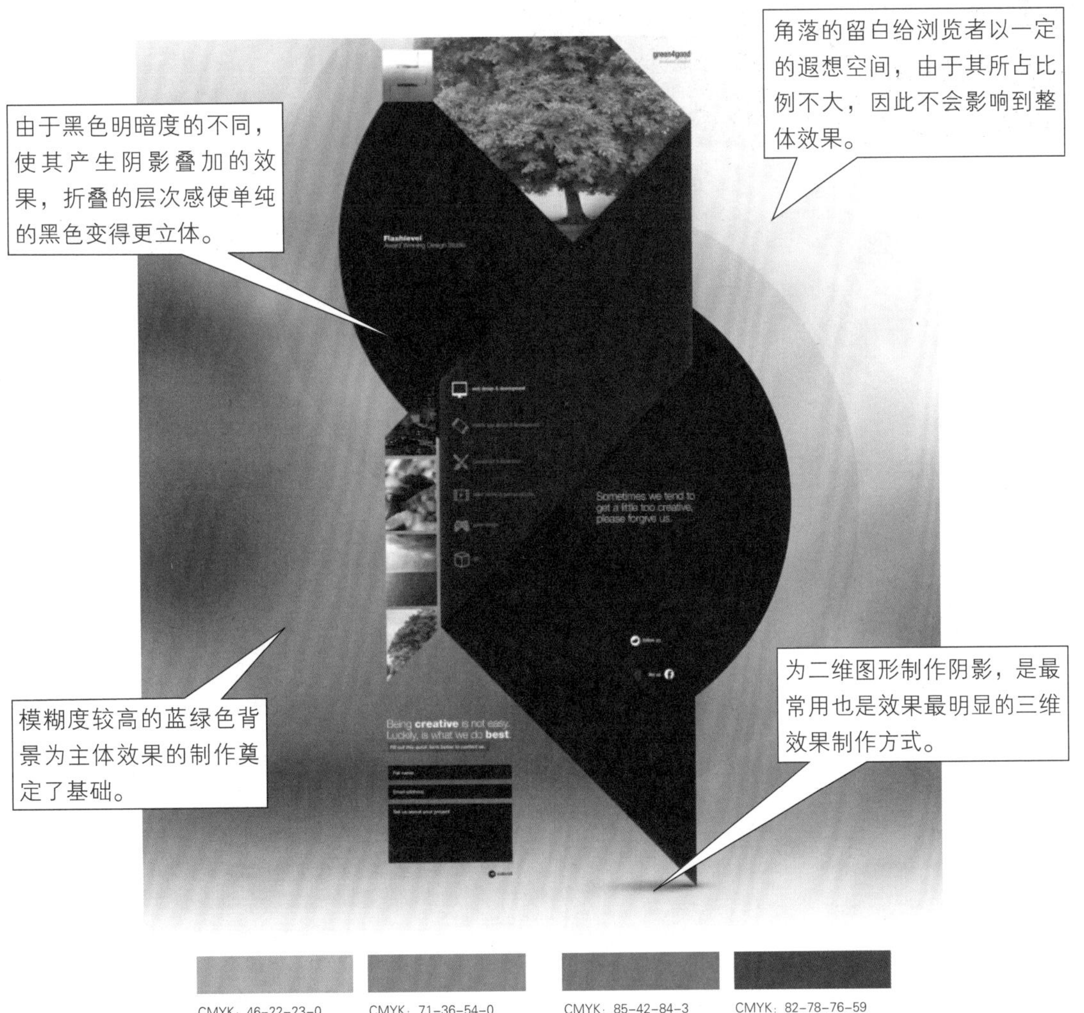

由于黑色明暗度的不同，使其产生阴影叠加的效果，折叠的层次感使单纯的黑色变得更立体。
角落的留白给浏览者以一定的遐想空间，由于其所占比例不大，因此不会影响到整体效果。
Sometimes we tend to get a little too creative, please forgive us.
模糊度较高的蓝绿色背景为主体效果的制作奠定了基础。
为二维图形制作阴影，是最常用也是效果最明显的三维效果制作方式。
Being creative is not easy. Luckily, is what we do best.
CMYK：46-22-23-0
RGB：152-181-190
CMYK：71-36-54-0
RGB：86-140-127
CMYK：85-42-84-3
RGB：22-122-79
CMYK：82-78-76-59
RGB：35-35-35

1 身临其境

该页面的立体感超强，一座穹顶下的小城由于色彩明暗度的交替，被表现得淋漓尽致；星空、流水、草地的制作真实、自然，使人仿佛身临其境；为了不使页面效果显得杂乱，选用了黑色作为背景。

配色方案

CMYK	RGB
CMYK：31-3-6-0	RGB：188-227-242
CMYK：67-37-33-0	RGB：96-143-161
CMYK：90-73-58-25	RGB：32-65-81
CMYK：48-10-80-0	RGB：153-194-84
CMYK：50-77-95-18	RGB：134-73-40
CMYK：85-80-79-66	RGB：26-26-26

2 三维与二维的完美结合

蓝色的渐变起到了视觉导向的作用，将重心定位在右侧的纸箱及彩色方块中；制作了投影及浮雕效果的纸箱在页面中尤为突出，成为浏览者观察此网页时的主体；相对较平面化的彩色方块为单调的页面增添了些许点缀。此网页在三维与二维之间灵活地交替表现。

配色方案

CMYK	RGB
CMYK：8-9-87-0	RGB：253-231-1
CMYK：26-35-74-0	RGB：205-172-83
CMYK：20-94-99-0	RGB：213-45-27
CMYK：75-23-28-0	RGB：36-161-185
CMYK：97-80-61-35	RGB：4-51-69
CMYK：60-13-100-0	RGB：118-179-6

3 模拟真实效果

该网页将三维卡通人物与真实城市俯瞰图相结合，卡通人物手持放大镜的形象有趣而生动；页面以灰黑色为主，红色的定位图标使浏览者可以快速地寻找到页面的中心，橙色的点缀起到了提亮页面的作用。

配色方案

CMYK：34-27-26-0	CMYK：12-57-88-0	CMYK：7-81-68-0	CMYK：92-88-88-79
RGB：180-180-180	RGB：230-136-39	RGB：236-81-69	RGB：3-1-0

4 三维交互

该网页以地球生态为主题，整体色彩以蓝色为主，左上角的一抹绿色减少了页面色彩的单一感，地球四周的曲线则增强了网页的奇幻、绚丽感。

配色方案

CMYK：60-31-90-0	CMYK：71-31-7-0	CMYK：97-78-54-20	CMYK：86-80-60-33
RGB：123-153-64	RGB：69-155-212	RGB：7-62-88	RGB：46-53-70

5 案例欣赏

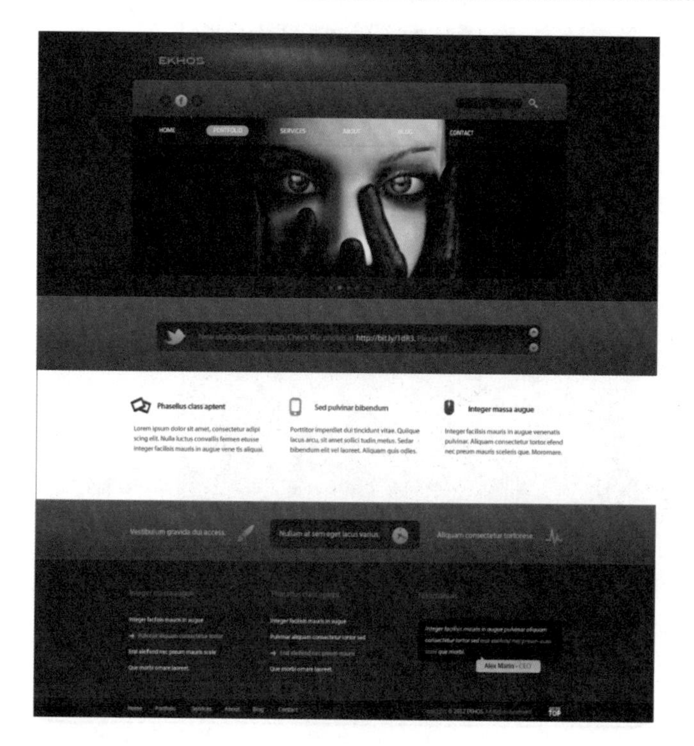

integro
TARGETOX

LEGO
닌자고
히어로팩토리
씨티
프렌즈
HERO FACTORY
NINJAGO
CITY
Friends
미니극장
게임
이미지갤러리
다운로드 선물
레고시티

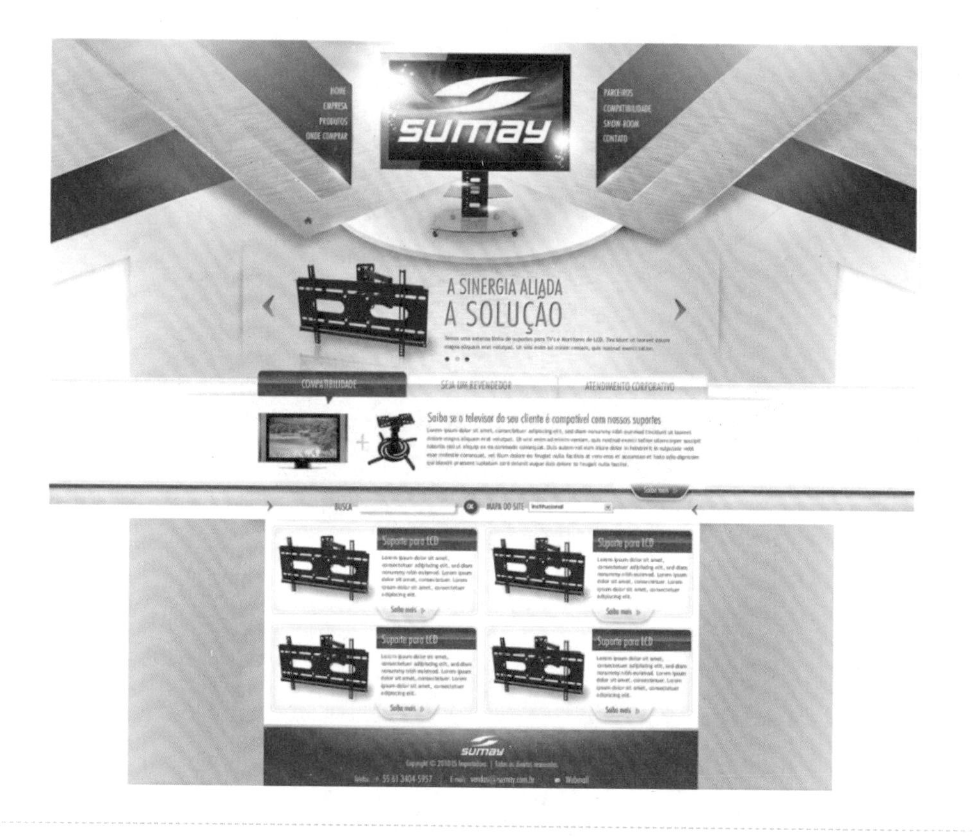
HOME
EMPRESA
PRODUTOS
ONDE COMPRAR
sumay
PARCEIROS
COMPATIBILIDADE
SHOW-ROOM
CONTATO
A SINERGIA ALIADA
A SOLUÇÃO
COMPATIBILIDADE
SEJA UM REVENDEDOR
ATENDIMENTO CORPORATIVO
Saiba se o televisor do seu cliente é compatível com nossos suportes
BUSCA
MAPA DO SITE
Suporte para LCD
Saiba mais
Suporte para LCD
Saiba mais
Suporte para LCD
Saiba mais
Suporte para LCD
Saiba mais
sumay

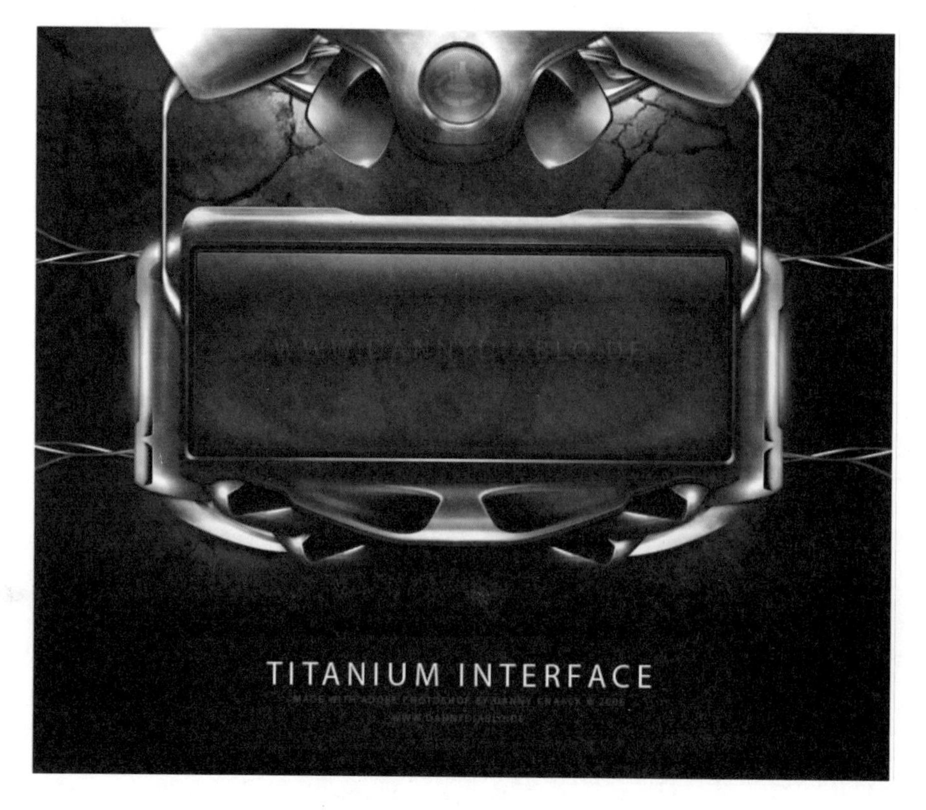
TITANIUM INTERFACE

6.7 像素风格

像素风格的网页是由点阵式图形拼接而成。所谓“点阵式图形”，是将一个个不同色彩的色块巧妙地组合在一起，放大后边缘呈锯齿状，空间表现效果较抽象。像素风格的网页几乎不使用混叠方法制作，色彩明快、纯粹，因此深受大众的喜爱。

为了调和页面色彩的整体基调，小范围地使用了彩色圆环，在不使页面凌乱的同时起到了很好的点缀作用。

色块拼接是像素风格的代表元素之一，橙黄色系的方块逐一排列，使页面整体色彩艳丽、温暖。

由于页面背景色彩的饱和度较高，在此选用了白色文字及黑色的文字背景。

CMYK：12-33-86-0 RGB：237-185-40

CMYK：1-86-89-0 RGB：245-68-28

CMYK：78-34-84-0 RGB：61-139-81

CMYK：93-88-89-80 RGB：0-0-0

1 怀旧情绪

墨绿色在视觉上给人以一种复古的感觉，搭配暗红色，使浏览者感受到怀旧的情绪；页面中的场景不讲求真实的透视原理，这也是像素风格的另一特色。

配色方案

CMYK	RGB
59-8-21-0	106-195-211
67-19-29-0	81-171-185
53-36-83-0	142-150-74
77-54-80-16	71-98-70
76-70-67-32	65-66-66
30-100-100-1	195-10-23

2 趣味像素

该网页将黑色背景中的粉色色块巧妙排列，形成辐射状镭射灯效果，提升了页面的可视性；卡通人像与背景形成色彩冲突，引导浏览者的视线至页面的中心。

配色方案

CMYK	RGB
6-29-0-0	247-201-236
17-68-9-0	220-115-167
31-100-84-1	192-25-50
12-20-51-0	235-210-141
37-57-100-0	182-125-16
93-88-89-80	0-0-0

第6章

3 真实与虚拟的融合

该网页将真实的人像与虚拟的像素风格人像相结合，整体以黄色为主色调，其中使用粉色、红色、紫色等众多较为亮丽的色彩作为点缀，以符合游乐场的欢快气氛。

◎配色方案

CMYK：6-74-0-0	CMYK：0-96-96-0	CMYK：5-20-88-0	CMYK：4-0-34-0	CMYK：35-52-100-0	CMYK：86-81-65-44
RGB：248-97-177	RGB：251-2-1	RGB：255-214-1	RGB：255-255-190	RGB：187-134-18	RGB：38-44-56

4 浮夸、抽象

该网页以土黄色为基调，以角色的斧头道具作为Logo，将其均匀地分布于背景中。角色形象、文字、图片等元素都采用了像素风格，凸显浮夸的效果，非常具有视觉冲击力。

◎配色方案

CMYK：25-46-69-0	CMYK：4-39-91-0	CMYK：51-75-84-16	CMYK：93-88-89-80	CMYK：26-97-100-0	CMYK：61-76-89-40
RGB：206-152-89	RGB：251-178-1	RGB：135-77-53	RGB：0-0-0	RGB：203-29-0	RGB：89-56-36

5 案例欣赏

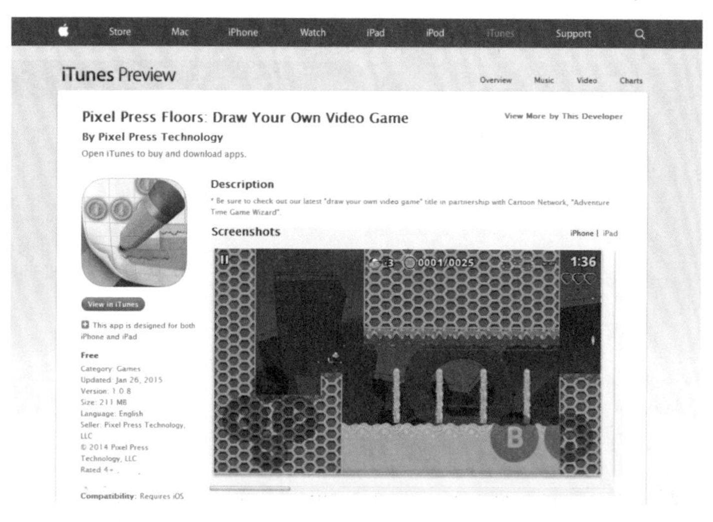

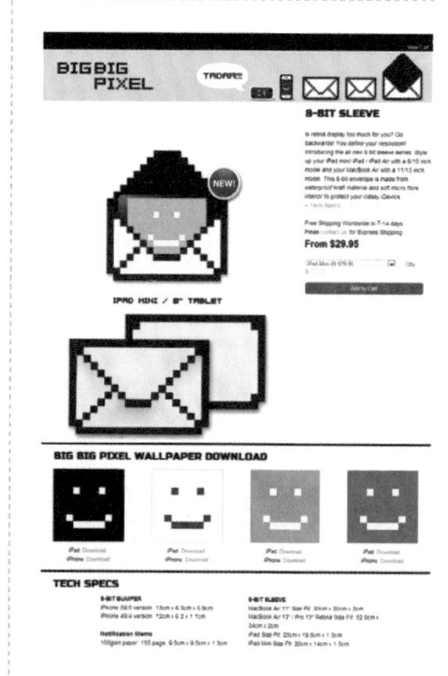

Perth Web Design and Development

334 Wanneroo Road, Nollamara, WA 6062
t 0408 342 091 | e support [at] webpixel [dot] com [dot] au

Recent Websites

Devita Legal Lawyers | Bathroom Renovations Perth

6.8 手绘风格

相对于其他流行前沿的设计风格，手绘风格由于制作过程复杂，使用相对较少。但是手绘风格可以产生意想不到的效果，它减少了传统网页设计的程式化，使网页更具有亲和力和表现力，拉近了浏览者与网页之间的距离，实现了良好的沟通，增加了页面的真实感与存在感。

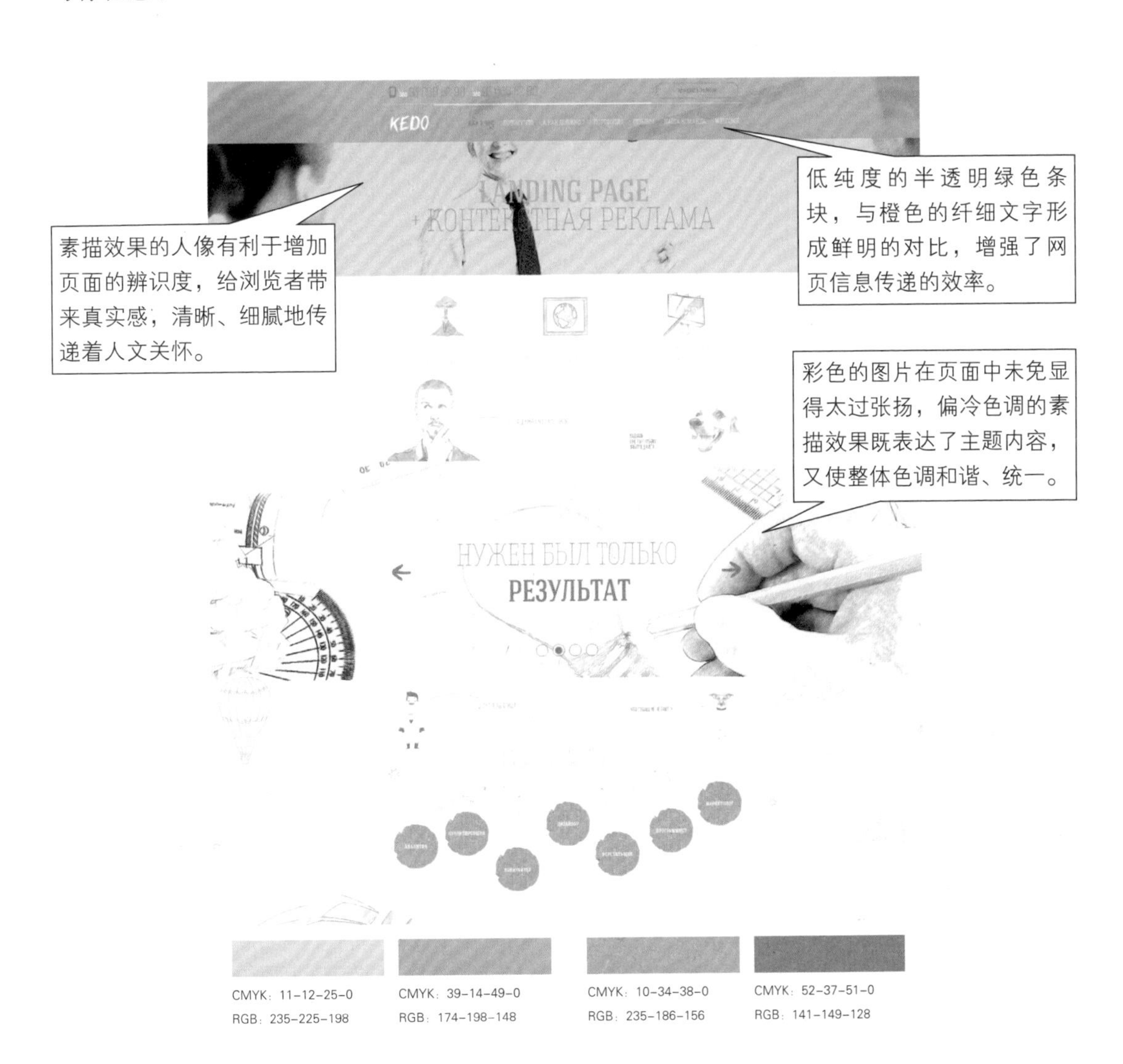

KEDO
НУЖЕН БЫЛ ТОЛЬКО
РЕЗУЛЬТАТ
低纯度的半透明绿色条块，与橙色的纤细文字形成鲜明的对比，增强了网页信息传递的效率。
素描效果的人像有利于增加页面的辨识度，给浏览者带来真实感，清晰、细腻地传递着人文关怀。
彩色的图片在页面中未免显得太过张扬，偏冷色调的素描效果既表达了主题内容，又使整体色调和谐、统一。
CMYK：11-12-25-0
RGB：235-225-198
CMYK：39-14-49-0
RGB：174-198-148
CMYK：10-34-38-0
RGB：235-186-156
CMYK：52-37-51-0
RGB：141-149-128

1 趣味横生

该网页的趣味性较强，人物惊慌的表情搭配二维手绘风格的可爱身体，使网页效果滑稽、有趣；黄色的铅笔在不显眼的地方稍加点缀，从而减少了页面的单调感。

◎配色方案

CMYK：18-77-25-0	CMYK：70-20-7-0	CMYK：43-75-41-0	CMYK：71-63-60-14
RGB：218-91-136	RGB：53-171-225	RGB：167-89-117	RGB：89-89-89

2 富有亲和力

该网页中蓝天碧草的手绘效果最大限度地降低了页面与浏览者的距离感，使浏览者感受到善意与亲切；明丽的色彩搭配表现出设计师轻松、愉悦的心情，并将这种心情很好地融入到作品中，引发浏览者的情感共鸣。

◎配色方案

CMYK：41-1-7-0	CMYK：58-8-15-0	CMYK：88-57-21-0	CMYK：56-14-79-0	CMYK：64-76-93-47	CMYK：37-100-100-3
RGB：158-220-243	RGB：107-197-222	RGB：2-105-162	RGB：129-181-88	RGB：77-49-28	RGB：181-6-21

3 鲜活、轻快

该页面的背景选用了活泼、明快的橙色，气氛轻快、富有活力，而手绘人像则让网页更具亲和力和表现力；左侧色彩丰富的条块不仅丰富了主题内容，还装点了整个页面。

配色方案

CMYK	RGB
CMYK：10-5-67-0	RGB：247-238-106
CMYK：13-38-77-0	RGB：233-174-69
CMYK：27-74-96-0	RGB：200-96-33
CMYK：42-23-31-0	RGB：163-181-175
CMYK：85-62-30-0	RGB：46-99-145
CMYK：61-73-95-38	RGB：91-60-32

4 夸张、诡异

网页的整体风格抽象、夸张。灰黑色背景的使用使中心的红色十分突出，成为了视觉重点，形成一种相对集中的信息呈现；从四周向中心人像的逐步挤压，增添了页面的立体感，使网页充满奇幻的艺术气息。

配色方案

CMYK	RGB
CMYK：28-27-37-0	RGB：196-184-160
CMYK：62-57-52-2	RGB：118-110-111
CMYK：53-97-100-37	RGB：110-24-11
CMYK：58-64-99-19	RGB：118-89-39

5 案例欣赏

잠깐! 알아두면 유용한 저소득 근로자 지원 제도

근로장려금

근로자 휴양 콘도

PANDA DOG
LOGIN

404
Sorry.
BURP!
The Internet Was Eaten by a Dinosaur.

Home
About
Works
Blog
Contact
TAB TRAINER FOR
FAMILY HEALTH APP.
DOT.Z MEDIA FACTORY
RECENT WORK / VIEW ALL WORK
OK Cashbag Shopin Tablet App.
숭의여대 모바일 리뉴얼
롯데멤버스
RECENT POSTS / VIEW ALL POSTS
Healing camp
PDF DOWNLOAD

설악 워터피아
Seorak Waterpia
설악 워터피아
이용안내
워터피아 즐기기
콘도
고객센터
NEWS

第6章

C H A P T E R 7

第 7 章

网页设计的色彩印象

在网页设计中，色彩的搭配十分重要，因为色彩是人类视觉中最响亮的语言符号。看到色彩时大脑产生的反射思维，被称为“色彩印象”。不同的人对同一种色彩的色彩印象是完全不同的。完美地运用色彩语言，可以使观者更好地理解设计师的思维方式，以达到沟通的目的。人们常常为了营造某种格调或气氛，采用一定的配色方案去获得想要得到的视觉效果。

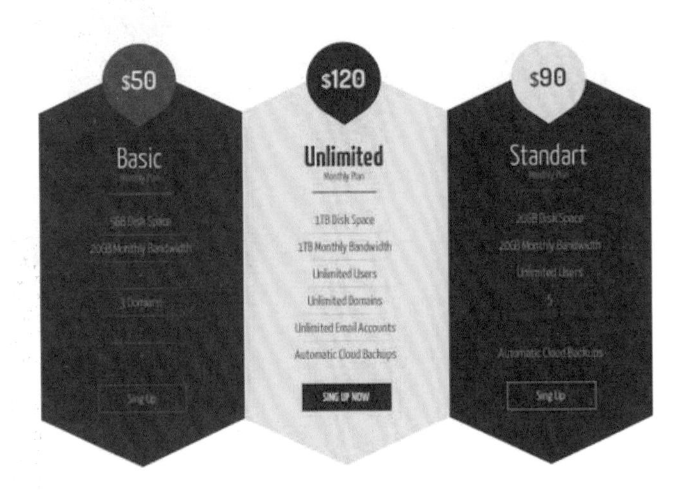

CMYK：6-12-87-0
RGB：255-227-0

CMYK：80-75-73-49
RGB：46-46-46

CMYK：0-0-0-0
RGB：255-255-255

CMYK：62-53-50-1
RGB：117-117-117

Cork Salt & Pepper
45.50 $
BY MATERIA & NENDO
Good
Things come
in Pairs

Kettle Thermo Pot
274.50 $
ADD TO FAVS

seven pots
COLLECTION

CMYK：6-30-71-0
RGB：248-194-85

CMYK：53-0-30-0
RGB：125-213-201

CMYK：57-75-93-30
RGB：108-66-38

CMYK：75-70-70-36
RGB：66-63-60

swatch
SCUBA
Accueil
TV Spot
CHLOROFISH
Aussi transparente que la mer des Caraïbes !
70.00 EUR
ACHETER LA MONTRE
SCROLL

CMYK：68-10-91-0
RGB：83-176-69

CMYK：93-88-88-80
RGB：0-0-1

CMYK：98-90-0-0
RGB：25-31-176

CMYK：18-14-13-0
RGB：215-215-215

7.1 男性VS女性

色彩可以暗示一个人当下的心情，也可以描述一个人的性格。在网页设计中，男性主题的配色方案通常采用暗色或浊色，能够给人以重量的感觉，如灰色、黑色、藏青色等；而女性则代表温柔和纯真，女性主题的配色方案通常以粉色、黄色等为主要色调。有针对性地选择适合男性或女性群体的配色方案，能够很好地抓住观者的心理，从而吸引观者的视觉焦点。

男性

说到男性题材，往往会令人联想到“肌肉”“权力”“力量”等词语。网页设计作品中酷炫的色彩及简洁的页面，通常会更加吸引男性群体。

女性

说到女性题材，往往会令人联想到“柔和”“温暖”“阳光”等词语。网页设计作品中柔美、清新、亮丽的色彩会激起女性天生对色彩的敏锐洞察力。在色彩搭配上较为明快的点缀色不仅可以提升色彩的空间感，还可以让整体色彩的情感更加丰富。

红色与白色文字的点缀，为深沉的页面增添了一分亮丽。
黑色是男性的代表色之一。使用黑色作为主体色，使页面整体感觉更深邃，给人以强有力的印象。
银灰色的车身与黑色的背景交相辉映，金属质感与凹凸有致的车身线条为页面增添了一分高贵。
HOME
TRDTR
VELOSTER
TECHNOLOGY
TEST DRIVE
ASTON MARTIN B6
TWO INFLUENCES ONE CAR
CMYK：89-84-82-72
RGB：14-15-17
CMYK：28-100-100-1
RGB：200-6-4
CMYK：45-36-34-0
RGB：156-156-156
CMYK：23-17-17-0
RGB：205-205-205

1 男性——酷炫效果

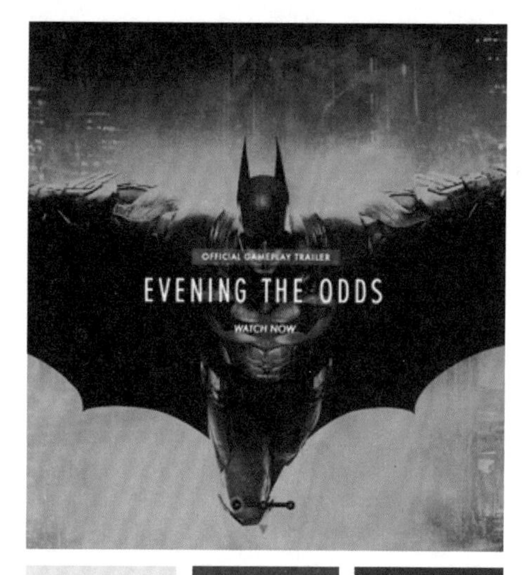

男人的心里永远有一位超级英雄，蝙蝠侠的题材再适合不过。黑色是男性色系中永恒的经典，灰色的渐变背景使黑色不再单调。

◎配色方案

CMYK：13-0-10-0 RGB：227-227-227	CMYK：90-72-60-27 RGB：31-66-79	CMYK：53-94-100-37 RGB：109-31-24
CMYK：39-31-30-0 RGB：168-168-168	CMYK：63-57-55-3 RGB：114-110-107	CMYK：88-85-87-76 RGB：12-8-6

CMYK：10-6-2-0 RGB：234-237-245	CMYK：67-51-11-0 RGB：102-125-183	CMYK：34-99-100-1 RGB：187-29-29
CMYK：60-99-100-58 RGB：72-6-7	CMYK：63-36-38-0 RGB：109-146-153	CMYK：92-72-66-37 RGB：20-58-65
CMYK：44-34-31-0 RGB：158-161-165	CMYK：100-86-48-15 RGB：7-56-94	CMYK：67-63-74-21 RGB：95-86-68

◎精彩案例分析

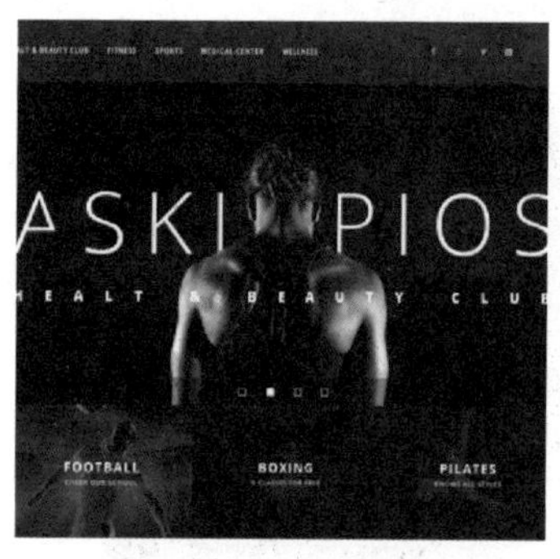

黑色的空间不免有些单调、乏味。男性的肌肉使页面的量感十足，白色的纯粹以及线条的流畅使页面充满了力量之美。

CMYK：13-87-9-0 RGB：226-228-229	CMYK：81-63-45-3 RGB：67-96-119
CMYK：87-81-72-57 RGB：29-34-40	CMYK：93-88-89-80 RGB：0-0-0

藏青色给人以高贵的感觉，朦胧的效果更增添了几分神秘，同色系不同饱和度的色彩搭配使页面的层次感更分明。

CMYK：9-1-82-0 RGB：253-243-40	CMYK：89-66-39-1 RGB：35-91-128
CMYK：93-88-50-19 RGB：38-52-88	CMYK：84-81-70-53 RGB：36-36-44

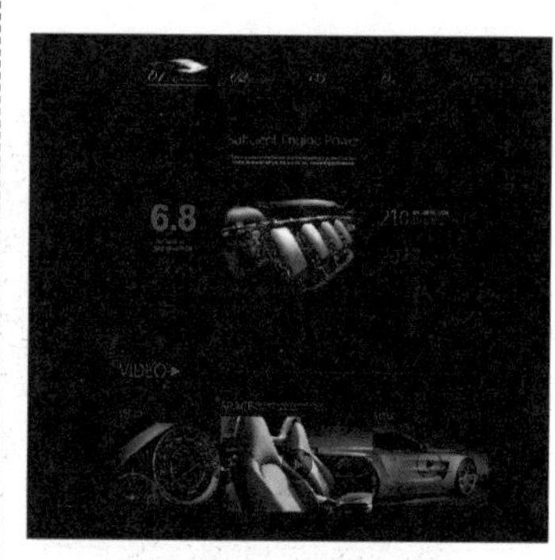

黑色与红色的搭配是永恒的经典，大片的黑色搭配细节的红色效果恰到好处。

CMYK：36-28-27-0 RGB：177-177-177	CMYK：81-76-74-52 RGB：43-43-43
CMYK：15-99-100-0 RGB：223-4-4	CMYK：89-83-82-72 RGB：13-16-17

2 男性——简洁版块

单纯的黑白搭配不免有些单调，尝试使用亮度较高的色彩（如绿色）进行点缀，亮丽而不庸俗，鲜明却不突兀。

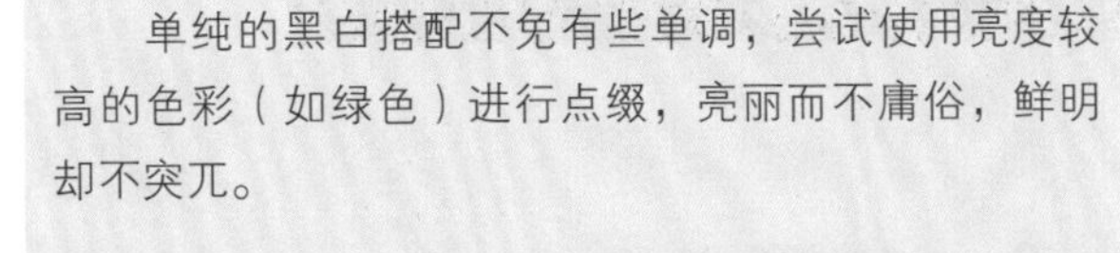

配色方案

CMYK：51-0-73-0 RGB：131-234-103	CMYK：84-42-100-5 RGB：28-121-2	CMYK：24-72-79-0 RGB：206-101-61
CMYK：45-94-100-14 RGB：151-41-0	CMYK：25-19-23-0 RGB：193-201-193	CMYK：34-29-22-0 RGB：180-177-184
CMYK：52-33-33-0 RGB：140-158-162	CMYK：50-15-0-0 RGB：135-194-245	CMYK：98-81-35-1 RGB：8-69-123

CMYK：61-0-92-0 RGB：101-204-51	CMYK：52-43-41-0 RGB：140-140-140	CMYK：59-24-14-0 RGB：112-171-206
CMYK：81-63-58-15 RGB：61-87-93	CMYK：58-56-75-7 RGB：126-110-77	CMYK：88-78-82-66 RGB：18-28-25

精彩案例分析

男性服饰的网页通常以绅士或运动风格为主，版块的设计棱角分明，色彩从上至下渐浅，使主体人物更加突出。

CMYK：50-65-71-6 RGB：147-101-78	CMYK：72-62-54-7 RGB：91-96-103
CMYK：23-19-18-0 RGB：205-203-202	CMYK：85-81-80-68 RGB：23-23-23

灰色属于百搭色，且有延展空间的作用，通常被用于搭配商务类型的主体。

CMYK：22-16-13-0 RGB：208-210-215	CMYK：78-43-1-0 RGB：47-132-206
CMYK：71-61-52-5 RGB：95-99-108	CMYK：81-78-73-54 RGB：41-39-42

深灰色的背景略带沉闷、压抑，但横贯页面中心的红黄色使页面气势磅礴，主体的金属色更给人以真实的立体感。

CMYK：10-17-55-0 RGB：242-217-132	CMYK：37-84-100-2 RGB：180-71-14
CMYK：41-100-100-8 RGB：167-2-2	CMYK：583-79-75-59 RGB：33-33-35

3 女性——高贵、典雅

LES 7 COMMANDEMENTS
de la pro de l'auto-bronzage

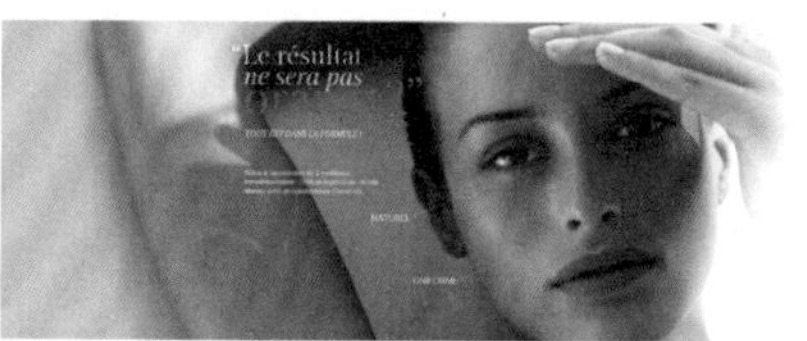

"ZUT !
J'ai raté..."

金色是一种光泽色，象征着华贵、辉煌；白色的背景与粉色的文字相搭配，中和了金色的强势，使色彩对比强烈而不失活跃，给人以低调奢华的美感。

CMYK：21-49-66-0 RGB：214-150-93	CMYK：46-66-72-4 RGB：156-102-76	CMYK：70-90-93-67 RGB：48-13-7
CMYK：28-19-4-0 RGB：194-201-227	CMYK：2-57-79-0 RGB：248-141-55	CMYK：28-93-60-0 RGB：199-47-79

配色方案

CMYK：0-96-97-0 RGB：250-5-2	CMYK：43-100-100-11 RGB：160-17-15	CMYK：55-100-100-46 RGB：94-8-7
CMYK：28-0-13-0 RGB：179-232-231	CMYK：77-34-49-0 RGB：56-140-137	CMYK：90-79-50-16 RGB：42-65-95
CMYK：6-9-33-0 RGB：247-235-186	CMYK：42-30-26-0 RGB：162-170-177	CMYK：82-70-58-21 RGB：60-72-84

精彩案例分析

低明度的配色方案给人以一种低调、压抑之感，红色的方框装饰让色彩变得活跃。

CMYK：11-8-8-0 RGB：232-232-232	CMYK：46-100-100-17 RGB：147-10-26
CMYK：47-38-36-0 RGB：151-151-151	CMYK：93-88-89-80 RGB：0-0-0

页面的主体色为金色系，色调之间有微妙的差异，不会产生呆滞感；明度较高的黄色花瓣为页面抹上一笔艳丽。

CMYK：8-13-21-0 RGB：240-227-206	CMYK：14-19-36-0 RGB：229-210-172
CMYK：7-2-64-0 RGB：253-244-114	CMYK：53-74-96-23 RGB：123-73-38

该网页的色彩划分十分明显，底部采用了鲜艳且饱和度较低的红色，顶部的大片留白与人像的半张面孔使页面显得神秘、典雅。

CMYK：0-0-0-0 RGB：255-255-255	CMYK：38-100-100-3 RGB：179-13-13
CMYK：38-50-51-0 RGB：175-137-119	CMYK：77-63-48-5 RGB：79-96-114

4 女性——清新、柔美

CMYK：81-55-0-0	RGB：52-112-194
CMYK：33-14-10-0	RGB：183-205-221
CMYK：34-93-28-0	RGB：188-43-119
CMYK：62-76-83-39	RGB：90-56-42

网页中背景的白色与亮丽、清新的蓝色，给人以明快的感觉；人物的多彩服饰使页面产生出对比的调和感；黑色的文字如天平连接了两端的鲜艳色彩，使整体色调更平衡。

配色方案

CMYK：7-66-47-0	RGB：239-122-114
CMYK：17-87-78-0	RGB：219-65-55
CMYK：41-94-0-0	RGB：176-28-147
CMYK：19-83-0-0	RGB：247-43-187
CMYK：49-0-45-0	RGB：127-243-179
CMYK：69-0-77-0	RGB：12-208-100
CMYK：43-7-3-0	RGB：154-211-244
CMYK：68-31-18-0	RGB：87-154-193
CMYK：16-0-73-0	RGB：236-242-84

精彩案例分析

在该页面中，蓝色的床上用品与淡雅色调的背景产生了强烈的对比效果；背景花纹让空间富有艺术气息，并形成微弱的反差，使整个页面平和、舒缓。

CMYK：11-11-16-0	RGB：223-228-216
CMYK：35-27-62-0	RGB：186-180-114
CMYK：76-10-98-0	RGB：30-169-59
CMYK：63-46-8-0	RGB：112-134-191

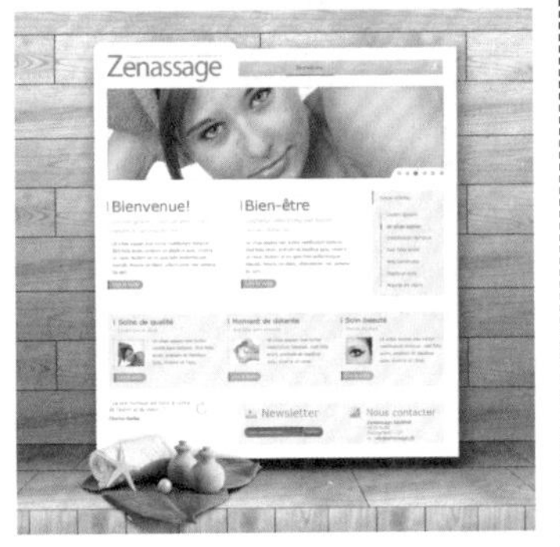

橙色给人以阳光、温暖的感觉，被用来形容女性再恰当不过；文字与人像在色彩上的统一，使页面整体温暖、和谐。

CMYK：5-34-44-0	RGB：246-190-144
CMYK：6-58-75-0	RGB：241-138-66
CMYK：31-28-34-0	RGB：189-181-166
CMYK：69-42-94-2	RGB：99-130-59

纯度较低的色彩会使页面显得浑浊，因此，在页面顶端采用了水粉画风格，大片的留白与水果鲜艳的红色减少了空间色彩纯度过低所带来的压迫感。

CMYK：41-27-50-0	RGB：169-175-137
CMYK：27-64-90-0	RGB：200-116-44
CMYK：22-100-93-0	RGB：210-14-36
CMYK：68-89-45-6	RGB：110-56-100

5 案例欣赏

Perfect pancakes
OUR
BEST
CASES

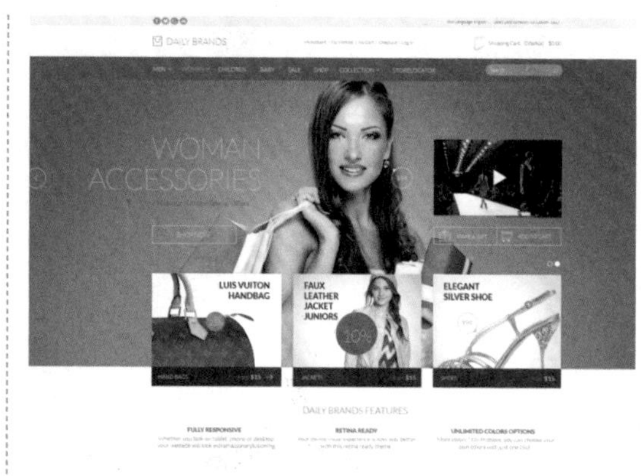
WOMAN
ACCESSORIES
LUIS VUITON
HANDBAG
FAUX
LEATHER
JACKET
JUNIORS
ELEGANT
SILVER SHOE

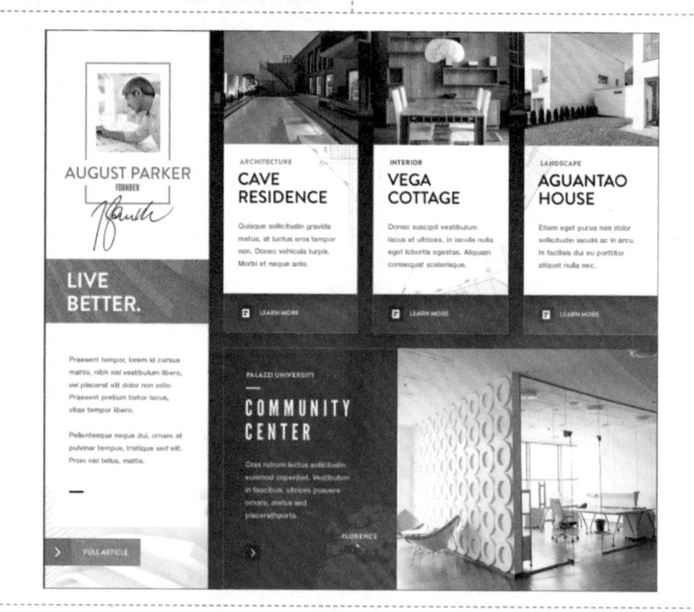
AUGUST PARKER
LIVE
BETTER.
CAVE
RESIDENCE
VEGA
COTTAGE
AGUANTAO
HOUSE
COMMUNITY
CENTER

Great customer service!

第7章

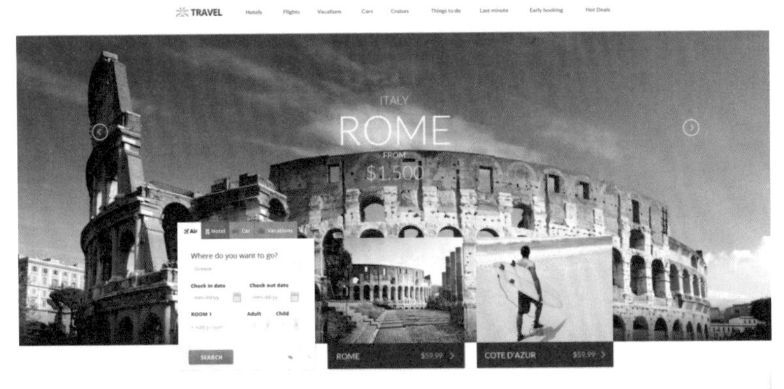
TRAVEL
ITALY
ROME
FROM
$1,500
Where do you want to go?
SEARCH
ROME
COTE D'AZUR
LAST MINUTE Barcelona · 2 nights · Flight+4* Hotel, Dep 27h Aug from $209/person

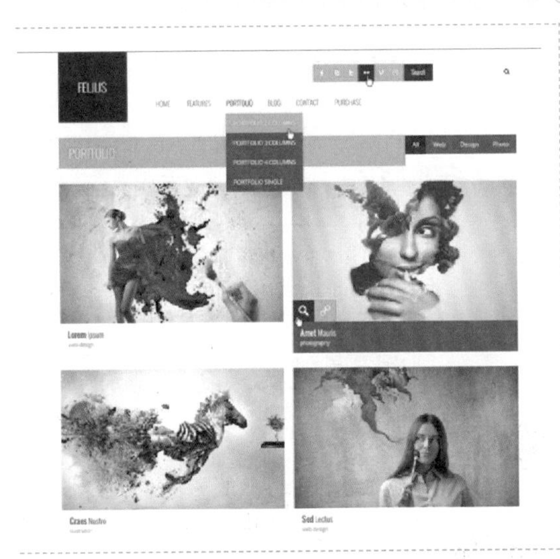
FELIUS
PORTFOLIO
Lorem ipsum
Amet Mauris
Sed lectus

THE WORLD OF LEXUS
CT 200h OFFERS
DIFFERENT BY DESIGN
A POWERFUL CHANGE
LEXUS NAMED MANUFACTURER OF THE DECADE
F SPORT DYNAMIC ATTRACTION
ENJOY THE GREAT OUTDOORS
LEXUS DESIGN PHILOSOPHY
LEXUS CONNECT
LEXUS MOTABILITY

Motion
Home
About
Team
Portfolio
Other
Contact
Welcome to Motion
Three busy days for barça's internationals
Smart & Creative
Multi purpose
Flat UI
Creative Design

7.2 传统VS科技

色彩可以代表一个时代的声音，是时代文明的述说者。说到“传统”，人们通常会想到灰色、咖啡色等色调，通过色彩的搭配可以营造怀旧的氛围。而“科技”，往往会使用白色、蓝色或金属系列的色彩，给人以具有现代感觉的色彩印象，以表达时代的迅速发展以及生活的快节奏。

传统

“传统”往往会令人联想到中国的水墨画、茶叶或者棉麻等元素。在制作具有传统气息的网页时，也是从此类元素中提取色彩，让观者感受到那一抹秀色、一缕清香，从而体会到人们熟悉的味道。

科技

如今具有科技感的网页很多，用于表现手机、电脑、汽车以及各种时代产物，通常会采用银灰色、金色等一系列华丽的色彩，从而体现其精致的特征。

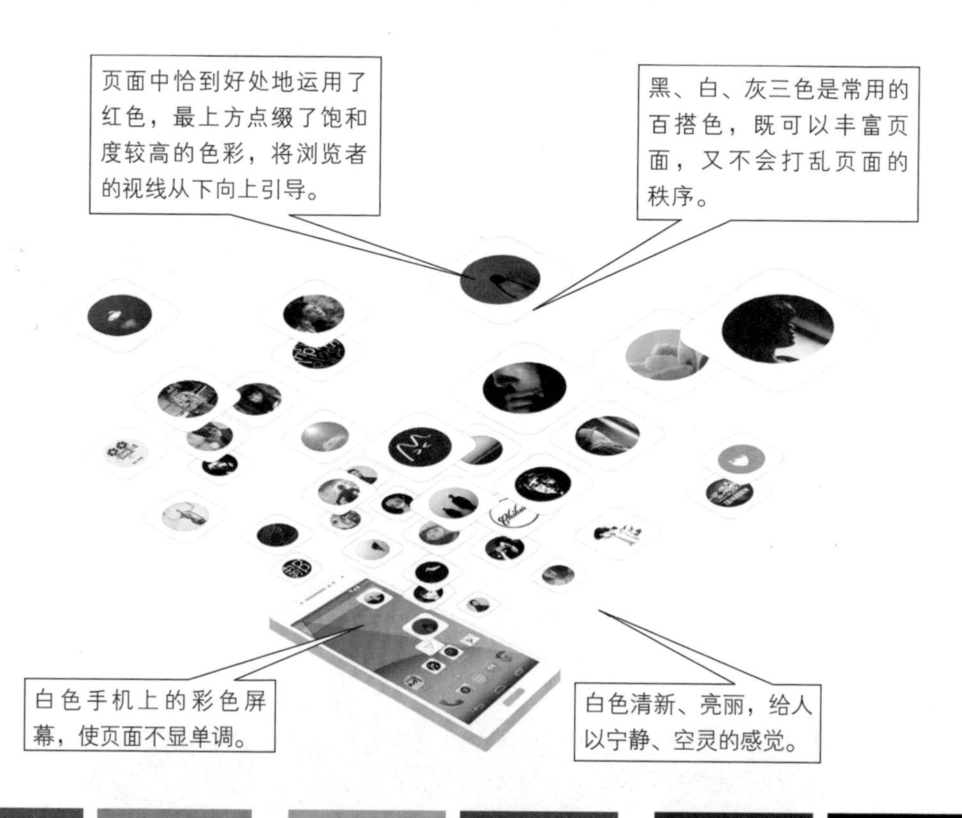

CMYK：9-98-100-0	RGB：234-0-1
CMYK：1-56-81-0	RGB：249-144-50
CMYK：74-10-44-0	RGB：11-176-165
CMYK：96-74-39-3	RGB：1-78-121
CMYK：79-43-71-45	RGB：51-51-51
CMYK：93-88-89-80	RGB：1-1-1

1 传统——古朴原木

在该页面中，灰色的背景与中心文字的色彩彼此呼应；采用棕色和褐色相搭配，主体与配色相得益彰，整体页面色调统一且充满了变化。

CMYK：21-19-17-0
RGB：210-204-204

CMYK：37-65-88-1
RGB：180-110-52

CMYK：72-83-92-65
RGB：47-24-14

CMYK：85-78-87-68
RGB：23-26-19

配色方案

CMYK：38-18-94-0
RGB：184-191-30

CMYK：58-29-100-0
RGB：128-157-25

CMYK：77-59-100-30
RGB：64-81-5

CMYK：17-31-42-0
RGB：221-186-149

CMYK：56-60-71-7
RGB：130-105-80

CMYK：68-88-97-65
RGB：53-19-5

CMYK：32-30-26-0
RGB：186-177-177

CMYK：50-65-67-5
RGB：146-102-83

CMYK：62-54-52-1
RGB：117-115-113

精彩案例分析

该网页主要以木质家具作为主体，色彩多来自于自然。木材的本色与亮丽的绿色相搭配，充满了森林的气息。

CMYK：27-13-61-0
RGB：205-209-122

CMYK：29-52-79-0
RGB：179-139-68

CMYK：49-89-100-22
RGB：134-49-10

CMYK：68-75-84-47
RGB：70-50-37

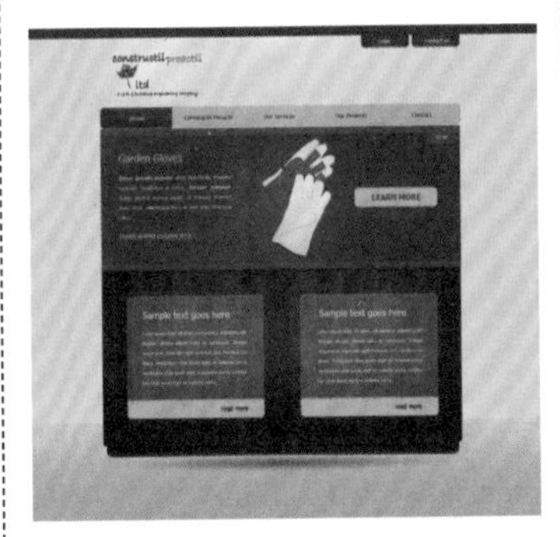

中明度的配色方案给人以宁静、舒缓的心理感受，原始的木制材质使用黄色与绿色作为点缀，效果恰到好处。

CMYK：7-23-33-0
RGB：241-209-174

CMYK：27-19-82-0
RGB：209-199-66

CMYK：63-71-74-28
RGB：97-71-60

CMYK：84-50-93-14
RGB：41-103-60

在黑色的纯粹中杂糅了灰色的醒炼，古朴的木质家具搭配纯度较低的绿色及小范围的白色，使整个网页在具有传统风格的同时又不失生动的气息。

CMYK：21-18-25-0
RGB：212-207-192

CMYK：39-66-95-1
RGB：176-106-42

CMYK：55-34-81-0
RGB：136-152-79

CMYK：74-71-76-42
RGB：64-58-50

2 传统——古香古色

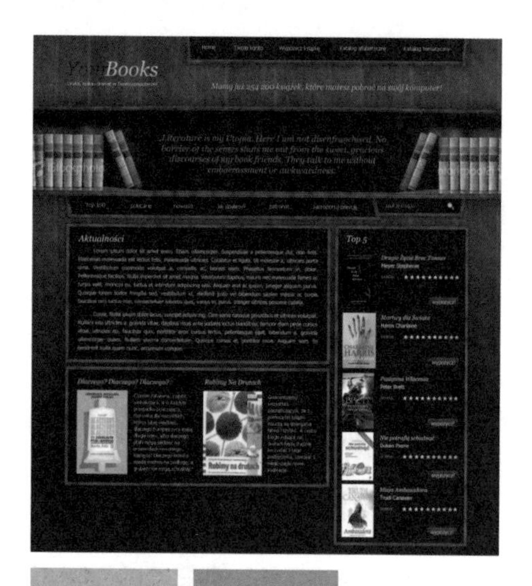

褐色、咖啡色与棕黄色属于同一色系，使用同一色系不同色彩的搭配，可以使页面的衔接更柔和；书籍对称的摆放以及装饰感较强的英文，流露出浓浓的异域风情。

CMYK：1-41-78-0
RGB：255-175-60

CMYK：27-44-72-0
RGB：202-154-84

CMYK：52-84-100-29
RGB：119-54-24

CMYK：81-86-91-74
RGB：26-10-3

配色方案

CMYK：33-32-90-0
RGB：192-171-46

CMYK：69-65-100-35
RGB：81-71-14

CMYK：50-51-75-1
RGB：150-128-81

CMYK：54-65-100-15
RGB：131-92-7

CMYK：47-40-41-0
RGB：152-149-142

CMYK：39-42-44-0
RGB：173-151-137

CMYK：22-50-99-0
RGB：213-146-1

CMYK：47-88-100-17
RGB：143-54-13

CMYK：60-65-65-11
RGB：119-93-83

精彩案例分析

该网页通过色彩的巧妙变化，给人以稳重、奢华的感觉，咖啡杯纯粹的白色具有强烈的浪漫主义情怀。

CMYK：30-48-61-0
RGB：195-146-103

CMYK：80-50-100-14
RGB：59-104-33

CMYK：56-81-100-36
RGB：105-53-18

CMYK：79-85-93-73
RGB：30-12-0

橙色使页面充满愉悦感。为了使高亮度的白色不跳出页面，选用了灰色的背景及橙色的文字来整体压暗白色。

CMYK：16-44-87-0
RGB：226-161-43

CMYK：26-69-99-0
RGB：202-106-24

CMYK：72-64-61-14
RGB：88-88-88

CMYK：16-16-28-0
RGB：222-213-189

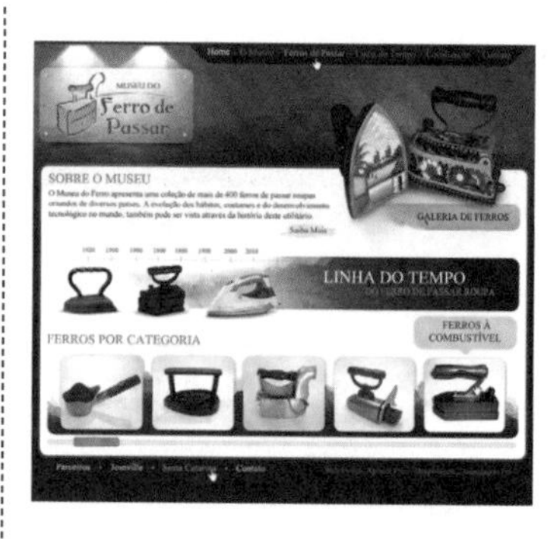

此页面中背景色彩的过渡看似随意却又精心构思，白色的色块提高了页面的整体明度，减少了暗色调产生的压抑感。

CMYK：3-37-90-0
RGB：253-181-8

CMYK：32-34-49-0
RGB：188-169-134

CMYK：59-69-100-28
RGB：107-74-19

CMYK：70-85-95-65
RGB：51-23-10

3 科技——蓝白色调

CMYK：19-14-12-0 RGB：213-215-218	CMYK：44-36-34-0 RGB：157-157-157	CMYK：18-8-6-0 RGB：217-228-237
CMYK：55-26-18-0 RGB：126-170-197	CMYK：82-53-31-0 RGB：50-112-151	CMYK：49-94-77-19 RGB：136-41-54

蓝色象征着智慧与科技，不同明度的蓝色与柔和的线条彼此映衬，大面积的白色使页面显得庄重、严肃。

配色方案

CMYK：19-5-6-0 RGB：215-232-239	CMYK：47-24-23-0 RGB：149-178-190	CMYK：23-71-55-0 RGB：207-103-98
CMYK：31-29-32-0 RGB：190-189-167	CMYK：24-35-58-0 RGB：208-174-117	CMYK：13-30-57-0 RGB：232-190-121
CMYK：100-94-46-6 RGB：7-47-105	CMYK：49-44-33-0 RGB：148-142-153	CMYK：19-59-37-0 RGB：215-131-135

精彩案例分析

此页面的色彩较为细碎，朦胧的楼宇间隐约透出一抹深暗的蓝色，网页上方采用了饱和度较高的彩色色块作为装饰。

CMYK：30-0-69-0 RGB：202-246-101	CMYK：56-39-29-0 RGB：129-146-165
CMYK：90-78-31-0 RGB：47-74-130	CMYK：0-75-52-0 RGB：250-100-97

在该页面中虽然蓝色与黄色所占比例不大，却成为了浏览者的视觉焦点；完美地搭配黑、白、灰三色，从而突出主题的表达。

CMYK：16-12-9-0 RGB：220-221-225	CMYK：37-29-28-0 RGB：174-174-174
CMYK：9-3-90-0 RGB：243-186-20	CMYK：77-26-18-0 RGB：0-157-200

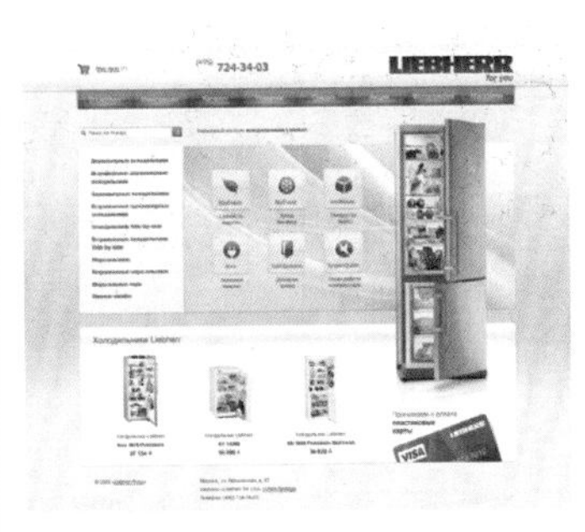

在该网页中使用了较为高贵的皇室蓝，呈现出很高的格调。明度的渐进变化突出了页面的律动感，使页面整体富有变化。

CMYK：39-32-29-0 RGB：168-168-170	CMYK：41-11-13-0 RGB：162-204-221
CMYK：90-70-15-0 RGB：35-85-157	CMYK：24-99-100-0 RGB：207-19-23

4 科技——金属质地

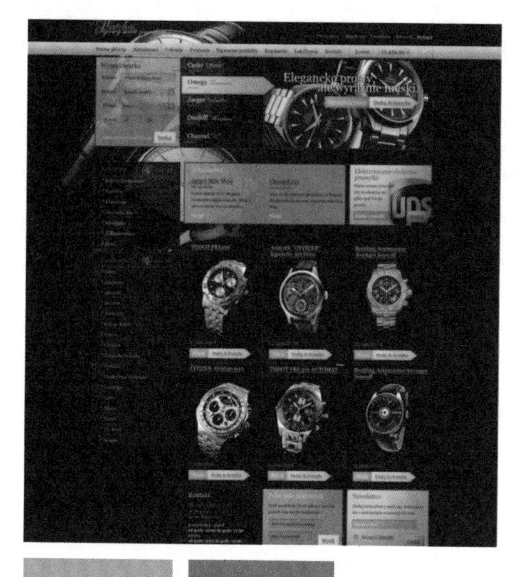

CMYK：35-28-27-0
RGB：179-178-176

CMYK：44-55-77-0
RGB：163-124-75

CMYK：24-72-93-0
RGB：206-101-37

CMYK：83-78-83-64
RGB：29-30-25

该页面注重表现材料的质感和光泽，黑色与金色的搭配给人以华丽的印象，机械表的金属感使其显得贵重、高质，整个页面呈现出成熟、时尚的生活态度。

配色方案

CMYK：30-35-47-0
RGB：193-170-137

CMYK：55-64-95-16
RGB：125-92-44

CMYK：76-73-77-47
RGB：56-52-46

CMYK：53-37-63-0
RGB：141-149-108

CMYK：52-80-89-23
RGB：126-65-44

CMYK：68-74-92-50
RGB：67-49-29

CMYK：64-57-53-3
RGB：112-109-109

CMYK：50-47-55-0
RGB：148-135-114

CMYK：43-55-92-1
RGB：168-124-50

精彩案例分析

此页面中的色彩基调较为深沉。为了突出科技时代的炫酷，选择了金色光环并搭配橙黄色的色块及文字，使页面整体高级、现代。

CMYK：15-49-87-0
RGB：227-151-44

CMYK：88-64-46-5
RGB：38-92-117

CMYK：75-69-66-29
RGB：70-70-70

CMYK：93-88-88-79
RGB：1-1-2

黑色使页面深沉、压抑，白色使页面高冷、宁静，小范围地使用了明度较高的绿色，整体提高了页面的饱和度。

CMYK：64-51-40-0
RGB：111-122-136

CMYK：86-81-72-58
RGB：29-32-38

CMYK：59-6-100-0
RGB：120-189-7

CMYK：83-51-99-18
RGB：46-98-33

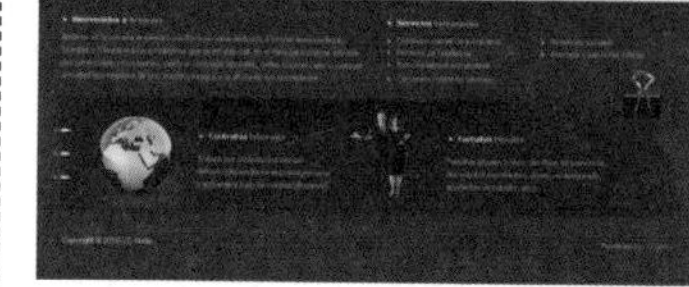

该页面以灰、黑两色为主，人像居中以达到页面的平衡；为了使页面不显单调，选用了橙黄色作为点缀色，给人以清爽、愉悦的感觉。

CMYK：15-12-11-0
RGB：222-222-222

CMYK：85-80-79-65
RGB：26-27-27

CMYK：85-81-80-68
RGB：23-23-23

CMYK：5-64-84-0
RGB：243-125-44

5 案例欣赏

Beef Fondue
1953년부터
맛은 쌀인다

SENCHA
Sencha Herbal Tea

POKOJE GOŚCINNE
OFERTA GALERIA KONTAKT
ul. Ogrodowa 28a
71-037 Szczecin
Tanie pokoje dla pracowników
504 313 624

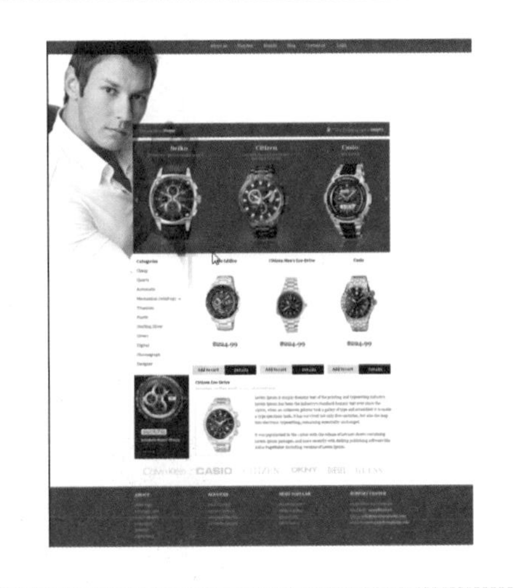

SUPERIOR
k3nny dezigns
REQUEST
TESTIMONIALS

DONKEYWORK IS DEAD!
Photo Retouching: $10
GET STARTED
LOG IN

We help you planning your itinerary

Lorem ipsum dolor sit amet, consectetur adipiscing elit ullamcorper aliet.
Donec mattis, sem id pretium elementum, quam metus elementum tellus, id lobortis.

Share with us or simply browse different experiences

Lorem ipsum dolor sit amet, consectetur adipiscing elit ullamcorper aliet.

SHARE YOUR ADVENTURE

第7章

7.3 活泼VS严谨

在网页设计中，采用饱和度较高、明度较高的配色方案，如红色、黄色、橙色等，可以营造活泼的氛围；而采用饱和度较低、明度较低的配色方案，如灰色、青色等，则可以营造严谨的氛围。色彩搭配会影响观者的心情，也会完美诠释设计师的心态。

活泼

说到“活泼”，通常会令人联想到“热情”“活力”等词语。此类网页一般运用对比强烈的互补色组合，较适合青少年群体。

严谨

“严肃”“细致”等词语往往与“严谨”一词联系在一起，细节部分的装饰以及高冷色调的运用，可以使页面表现出严谨的效果。

1 活泼——色彩缤纷

活泼不代表杂乱，简洁的版式同样可以表达出愉悦的感觉；蓝色、红色、黄色相搭配，在浅色背景的映衬下和谐、自然，给人以清新、明朗的视觉印象。

CMYK：0-0-0-0
RGB：255-255-255

CMYK：8-49-89-0
RGB：239-155-30

CMYK：80-28-47-0
RGB：0-147-146

CMYK：8-87-81-0
RGB：234-66-48

配色方案

CMYK：19-4-20-0
RGB：218-232-214

CMYK：14-78-44-0
RGB：225-89-108

CMYK：13-33-66-0
RGB：232-184-99

CMYK：56-0-19-0
RGB：14-253-250

CMYK：20-97-53-0
RGB：214-18-84

CMYK：55-81-9-0
RGB：144-74-152

CMYK：9-20-89-0
RGB：247-210-5

CMYK：27-21-21-0
RGB：195-195-194

CMYK：61-28-15-0
RGB：108-163-200

精彩案例分析

黄色是最醒目、明亮的色彩，大面积的黄色与局部的粉色相搭配，延伸了页面的空间感，使浏览者产生轻快、放松的心情。

CMYK：10-0-81-0
RGB：254-251-26

CMYK：0-89-16-0
RGB：254-46-134

CMYK：89-74-0-0
RGB：38-62-213

CMYK：79-73-73-45
RGB：52-52-50

此页面将绿色与黄色相搭配，起到了调节页面亮度的作用；使用红色作为点缀，充满了温馨、惬意之感。

CMYK：7-13-88-0
RGB：254-224-1

CMYK：50-11-98-0
RGB：150-191-33

CMYK：6-95-90-0
RGB：237-33-33

CMYK：82-63-100-44
RGB：41-63-23

小面积的蓝色与大面积的粉色产生冷暖对比的效果，黑、白色的点缀使页面不显浑浊，整体色调活泼、灵动。

CMYK：15-75-24-0
RGB：224-96-139

CMYK：20-26-42-0
RGB：150-17-81

CMYK：73-13-17-0
RGB：2-177-214

CMYK：82-81-79-65
RGB：31-26-26

2 活泼——活灵活现

该网页的用色十分大胆，高明度的绿色给人以视觉上的强烈冲击，上下相呼应的蓝色条块使页面层次更加丰富，色彩的使用虽然繁杂却有理可循。

CMYK：31-0-89-0 RGB：202-253-3
CMYK：69-0-100-0 RGB：36-205-2
CMYK：0-57-91-0 RGB：255-142-0
CMYK：72-23-3-0 RGB：45-165-228
CMYK：71-85-0-0 RGB：111-56-170
CMYK：82-87-56-28 RGB：63-48-75

配色方案

CMYK：30-0-50-0 RGB：197-248-157
CMYK：61-0-100-0 RGB：95-210-2
CMYK：43-2-4-0 RGB：152-218-247
CMYK：50-24-29-0 RGB：164-119-88
CMYK：71-18-3-0 RGB：36-173-234
CMYK：4-68-83-0 RGB：242-115-45
CMYK：1-89-97-0 RGB：245-56-5
CMYK：43-96-100-14 RGB：152-35-4
CMYK：46-51-0-0 RGB：167-134-230

精彩案例分析

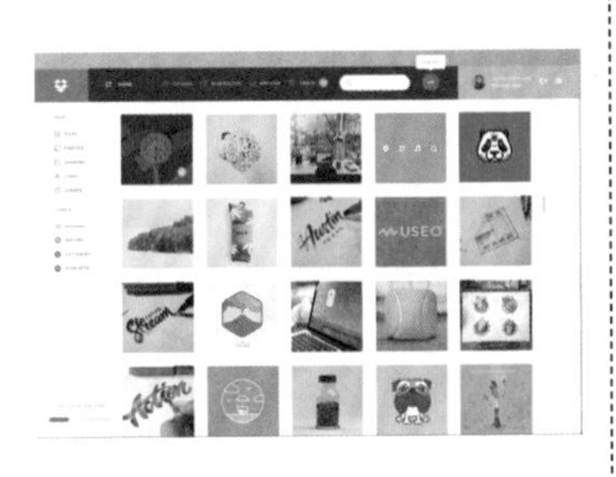

该网页虽然版式简洁，但由于色彩的合理搭配，使页面瞬间温暖起来；红色和橙黄色首先跳入视线，其次是蓝色和绿色，页面整体层次感分明。

CMYK：44-30-28-0 RGB：158-169-173
CMYK：72-19-19-0 RGB：49-169-203
CMYK：61-22-94-0 RGB：118-166-56
CMYK：3-88-80-0 RGB：242-62-47

作为主色，橙色是醒目的，它没有太多的负面情感；为了使页面色调平衡，选用了深蓝色作为前景色；页面整体色彩饱和度较高，给人一种安全的感觉。

CMYK：3-36-90-0 RGB：254-185-4
CMYK：78-57-39-0 RGB：72-108-135
CMYK：99-90-40-5 RGB：23-55-108
CMYK：7-93-84-0 RGB：236-40-41

该页面采用邻近色的配色方案，绿色系给人一种清新、自然之感，仿佛可以从页面的间隙处呼吸到大自然的一缕清香。

CMYK：18-27-59-0 RGB：222-192-119
CMYK：67-27-18-0 RGB：86-162-197
CMYK：41-0-92-0 RGB：174-225-10
CMYK：67-26-100-0 RGB：99-155-42

3 严谨——纯粹、清爽

CMYK	RGB
82-49-17-0	39-120-176
10-8-5-0	233-234-238
29-100-58-0	197-7-77
82-75-72-49	42-46-47

该页面散发出清凉之感，背景色偏冷调，局部使用了红色及蓝色以提升页面的可视性，大部分区域以最稳妥的黑、白、灰三色相搭配。

配色方案

CMYK	RGB
46-26-10-0	151-177-210
80-57-13-0	60-108-172
11-22-48-0	236-206-144
11-11-16-0	233-228-217
61-26-15-0	107-167-203
29-29-28-0	193-182-176
92-75-0-0	0-0-255
25-18-16-0	201-202-205
4-56-58-0	244-144-101

精彩案例分析

白色有延伸视觉空间的作用，与顶部偏灰的色彩相搭配，压低了背景的存在感，从而突出了饱和度较低的绿色与黄色。

CMYK	RGB
6-30-71-0	248-194-85
33-0-49-0	191-231-158
30-37-49-0	193-165-132
71-66-62-18	87-82-82

蓝色与白色的搭配，可以达到一种稳定的效果；而选用不同明度的蓝色，可以使浏览者快速地分清主次关系。

CMYK	RGB
69-4-20-0	31-192-218
82-66-18-0	65-94-157
77-71-68-34	64-64-64
93-88-89-80	0-0-0

在该页面中使用了蓝、白底纹作为背景，蓝色偏向于稳重、成熟，白色偏向于严肃、秩序；墨蓝色人物剪影使页面更趋于商务化；橙色的点缀则使页面效果更加饱满。

CMYK	RGB
13-8-6-0	228-231-236
22-15-10-0	207-212-221
82-68-54-14	61-81-96
0-56-85-0	254-144-35

4 严谨——单纯但不单调

在该页面中淡青色的渐变背景散发出丝丝清凉；以墨绿色及金色作为点缀，富有量感的色彩并没有影响页面的整体基调，反而使页面更显品质；大段的文字因为配色的调和也显得没那么聒噪，让人们在繁忙的生活中寻找到些许安逸。

CMYK	RGB
38-30-29-0	171-171-171
75-69-66-29	70-70-70
45-53-68-1	160-127-90
2-46-92-0	252-163-1
86-44-100-6	22-117-48
12-9-9-0	230-230-230

配色方案

CMYK	RGB
30-56-60-0	193-132-101
54-1-42-0	127-205-174
43-11-15-0	156-203-218
30-28-0-0	191-186-230
6-19-0-0	243-219-240
77-39-15-0	48-138-191
33-13-12-0	184-207-220
16-14-15-0	222-218-214
19-49-37-0	216-151-144

精彩案例分析

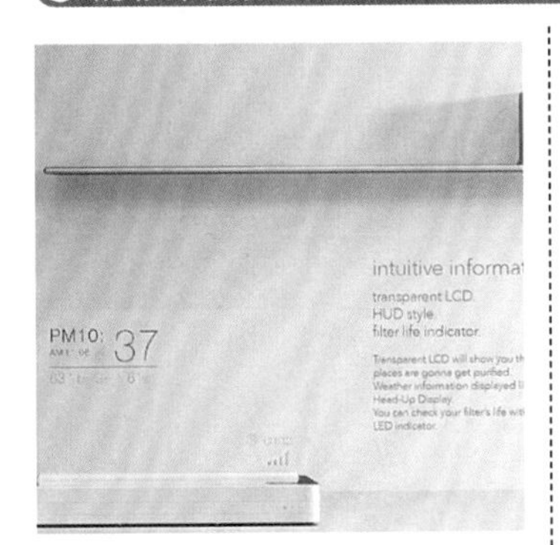

在该页面中使用了极为简洁、纯粹的色彩，白色和灰色的搭配使页面在没有众多装饰的情况下依然显得很有格调。

CMYK	RGB
15-11-8-0	223-224-229
31-24-12-0	187-189-208
8-4-0-0	239-243-254
39-0-16-0	99-212-231

该页面运用了细致的灰色变化，绿色的树叶使页面效果取得了微妙的平衡。

CMYK	RGB
14-11-9-0	224-225-227
24-17-18-0	203-205-204
62-52-57-2	116-119-109
74-52-99-14	81-104-40

暗灰色调给人一种古老、怀旧的感觉，棕黄色成为页面的重心，像天平一样平衡了整体色彩。

CMYK	RGB
21-21-19-0	209-201-199
42-67-88-3	166-103-54
55-38-59-0	135-146-115
66-59-57-6	105-103-101

5 案例欣赏

Upload here
1. Choose
2. Upload
3. Share

ROOTSERVER PAKET ANGEBOT
VSERVER ANGEBOT
99€
54€
HABEN SIE FRAGEN?
HOTLINE:
+49 (0) 7851 - 12345
WEBSPACE PAKET - PRO
19,99 Euro im Monat
KOSTENLOSE SOFTWARE
DOMAINS - TOP +15 IM ÜBERBLICK

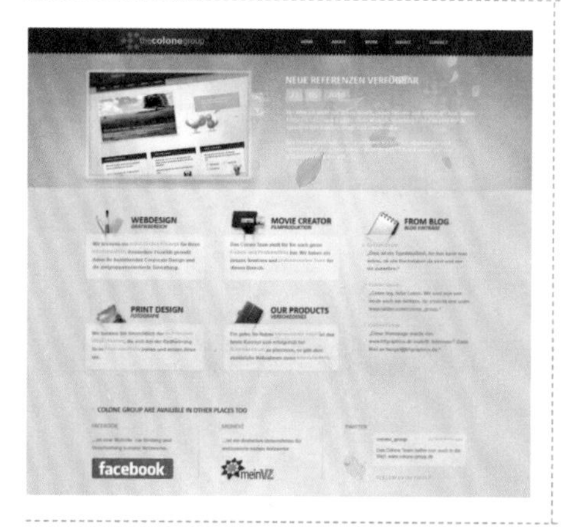
WEBDESIGN
MOVIE CREATOR
FROM BLOG
PRINT DESIGN
OUR PRODUCTS
facebook
meinVZ

WIOSENNE MUZOBRANIE!
DZIŚ
DO ZGARNIĘCIA
TRWA WEEKENDOWA PRZERWA
Następny quiz już w poniedziałek!
WYGRALI
Weekend
15-16

exceldent
HOME
O FIRMIE
OFERTA
GALERIA
KONTAKT
Witamy
Rejestracja telefoniczna
91 317 04 422
Aktualności
O firmie
Dentyści
więcej
więcej

第7章

Why Crazy Larry
Main Slide Title
Already Designed
Design your own basket
CLICK HERE
Signup
Continue

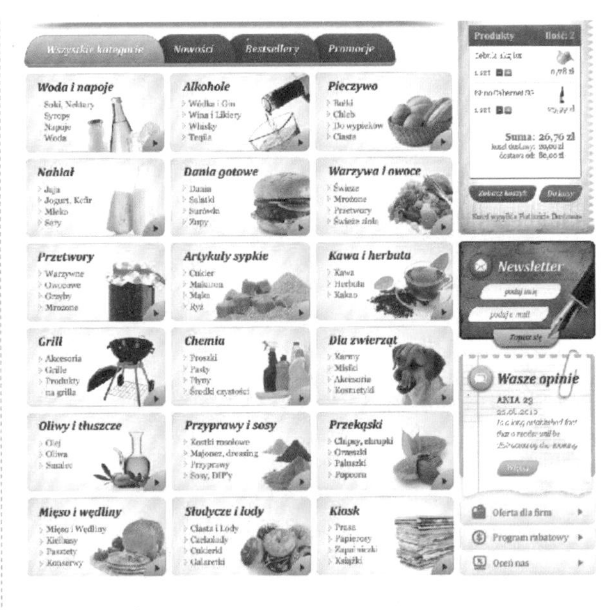
Wszystkie kategorie
Nowości
Bestsellery
Promocje
Woda i napoje
Alkohole
Pieczywo
Nabiał
Dania gotowe
Warzywa i owoce
Przetwory
Artykuły sypkie
Kawa i herbata
Grill
Chemia
Dla zwierząt
Oliwy i tłuszcze
Przyprawy i sosy
Przekąski
Mięso i wędliny
Słodycze i lody
Kiosk
Produkty
Suma: 26,76 zł
Newsletter
Wasze opinie
Oferta dla firm
Program rabatowy
Oceń nas

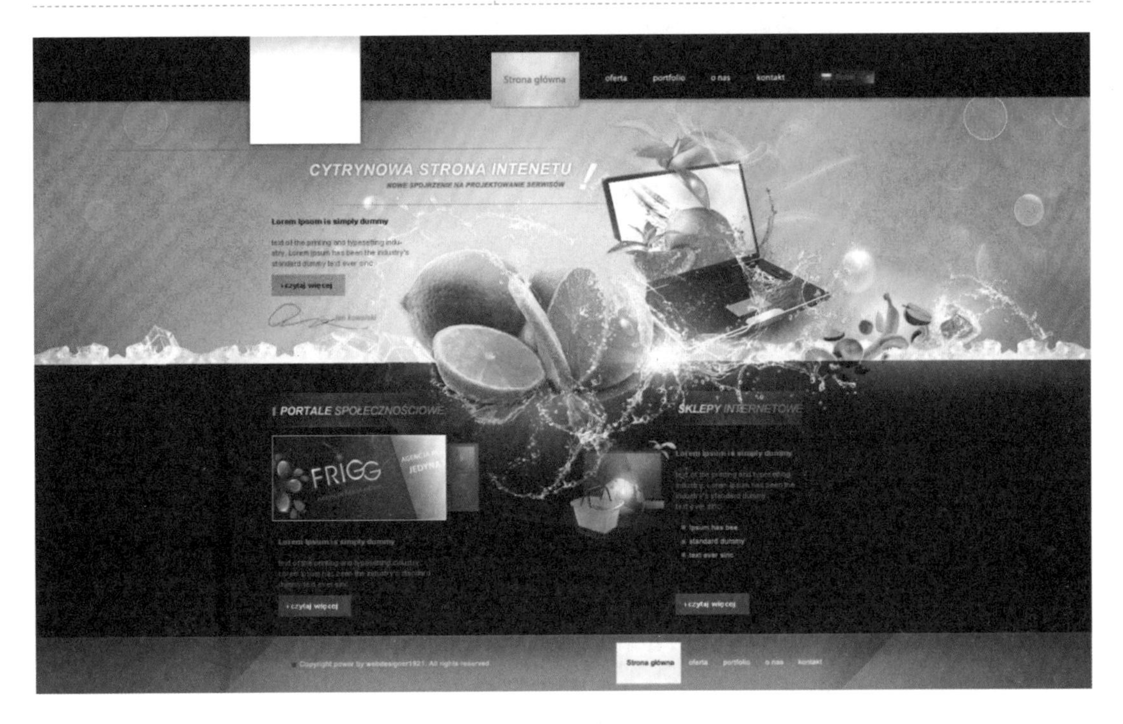
Strona główna
oferta
portfolio
o nas
kontakt
CYTRYNOWA STRONA INTENETU
Lorem Ipsum is simply dummy
PORTALE SPOŁECZNOŚCIOWE
SKLEPY INTERNETOWE
FRIGG

7.4 平凡VS神秘

“平凡”不代表平庸，主要是使用色彩较为柔和、版式较为大众化的设计手法，使网页更符合大众的审美；而“神秘”的色彩印象则在色彩的选择上没有固定的范围，可以通过使用渐变色或营造朦胧效果来实现。

平凡

制作符合大众审美的网页，通常会追求色彩的实用性，使页面简单、易懂。

神秘

说到“神秘”，通常会使人们浮想联翩，想到未知的世界、神秘的古宅等平常所不曾触及的事物，在设计网页时往往会使用紫色、灰色等色彩来表现。

SATURDAY
THE INFAMOUS FEST
NOVEMBER
30TH 2012
PRESENTING
AWAKENING CLUB
ELECTRO
ALEX DI STEFANO
POPOF & UMEK
TUESDAY 28TH JULY 2012
AT AWAKENING CLUB 22:00
TICKETS: EARLY BIRD £8 STANDARD £12 JUMP £16 18+ WWW.AWAKENING.RO
两侧的对称文字赋予页面以微妙的平衡。
艳丽的红色在浅色的背景中显得十分抢眼，如烟如丝的效果给人以联想的空间。
飘出的一缕彩色轻烟，与红色烟雾相呼应，营造出一丝神秘感。
灰白的渐变色给人以视觉上的延伸感，营造出深邃的视觉印象。
CMYK：19-18-14-0
RGB：215-209-211
CMYK：28-98-86-0
RGB：198-30-47
CMYK：9-91-5-0
RGB：235-39-144
CMYK：5-52-76-0
RGB：244-151-65
CMYK：52-75-3-0
RGB：150-87-164
CMYK：72-94-73-61
RGB：53-14-30

1 平凡——纯色组合

CMYK：52-40-6-0 RGB：139-150-201	CMYK：78-62-0-0 RGB：75-101-186
CMYK：100-97-41-3 RGB：28-43-110	CMYK：6-12-77-0 RGB：255-228-70

以纯色作为主色的配色方案通常可以得到稳定的视觉效果，在该页面中使用了较成熟的宝蓝色，搭配明黄色，给人以强烈的视觉冲击力，页面表达直接、醒目。

配色方案

CMYK：97-7-37-0 RGB：0-165-182	CMYK：56-14-27-0 RGB：121-187-194	CMYK：10-7-20-0 RGB：237-235-212
CMYK：8-57-11-0 RGB：237-142-177	CMYK：9-92-33-0 RGB：234-40-111	CMYK：58-100-78-47 RGB：88-3-34
CMYK：59-0-34-0 RGB：81-221-202	CMYK：52-65-0-0 RGB：151-104-191	CMYK：66-100-40-5 RGB：72-35-103

精彩案例分析

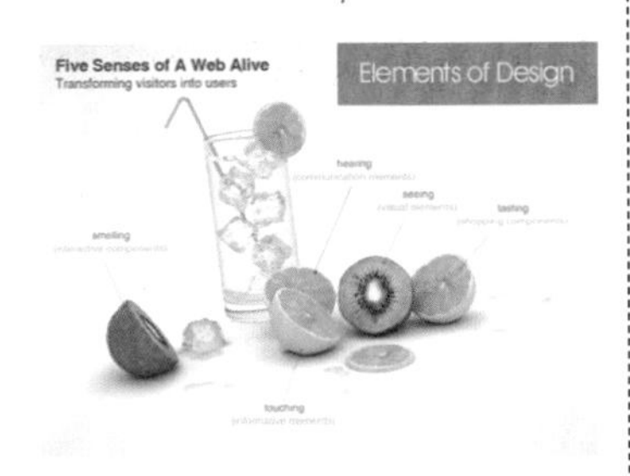

在该页面中使用了三种明度较高的色彩，黄色、绿色和橙色，效果纯粹、抢眼；黄色在页面中的位置呈三角形，给人以稳定的感觉。

CMYK：25-6-16-0 RGB：203-224-219	CMYK：21-14-87-0 RGB：223-212-39
CMYK：61-16-100-0 RGB：116-174-22	CMYK：0-75-93-0 RGB：254-97-0

低纯度的配色方案削弱了整个页面的色彩对比，青绿色的点缀打破了页面的浑浊感，让浏览者的情绪变得舒缓、宁静。

CMYK：9-12-30-0 RGB：239-226-190	CMYK：45-2-28-0 RGB：154-214-201
CMYK：11-47-11-0 RGB：231-162-188	CMYK：75-82-39-2 RGB：94-69-114

不同灰色的方格背景融合了现代与简约的风格，将实用与艺术相连接；少许橙色的点缀，使安逸的页面多了一分趣味。

CMYK：44-57-68-1 RGB：164-122-88	CMYK：14-11-10-0 RGB：225-225-223
CMYK：79-74-71-45 RGB：51-51-51	CMYK：27-69-100-0 RGB：200-105-21

2 平凡——安静、平和

使用饱和度较低、性质较柔和的色彩会给人以平和、低调的感觉。在此页面中使用的红色明度较低，主体色使用了较温暖的淡黄色，整体效果舒缓、宁静。

CMYK：8-6-20-0
RGB：241-239-214

CMYK：15-16-38-0
RGB：227-214-169

CMYK：50-67-97-11
RGB：143-94-41

CMYK：30-95-84-1
RGB：194-45-51

配色方案

CMYK：30-65-81-0
RGB：194-114-61

CMYK：15-52-60-0
RGB：224-146-101

CMYK：43-19-76-0
RGB：167-186-89

CMYK：33-26-25-0
RGB：182-182-182

CMYK：14-12-20-0
RGB：226-223-208

CMYK：32-34-41-0
RGB：189-171-149

CMYK：13-54-20-0
RGB：228-146-167

CMYK：1-67-39-0
RGB：249-120-125

CMYK：48-99-97-23
RGB：134-29-34

精彩案例分析

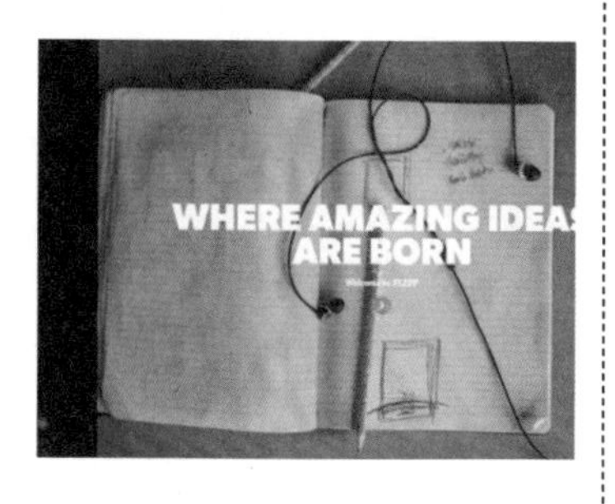

书本及耳机随意地摆放，本身就具有一种亲和力；局部的深色搭配图片的淡油色，使人们想起午后图书馆里的美好时光。

CMYK：24-18-17-0
RGB：203-203-204

CMYK：49-57-66-1
RGB：152-119-92

CMYK：18-40-55-0
RGB：220-169-119

CMYK：84-78-76-59
RGB：31-34-35

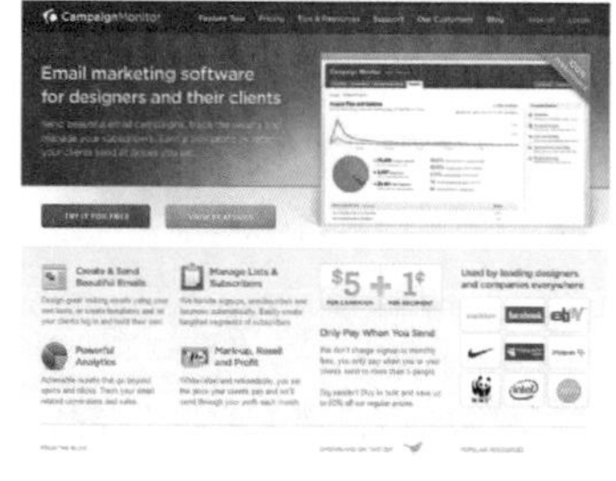

此页面将简约和时尚演绎得淋漓尽致，经典的蓝、白色搭配，使用少许绿色作为点缀，使页面整体清新、秀丽。

CMYK：57-22-93-0
RGB：130-169-55

CMYK：59-0-13-0
RGB：88-207-235

CMYK：90-68-24-0
RGB：29-89-147

CMYK：100-96-54-18
RGB：9-40-87

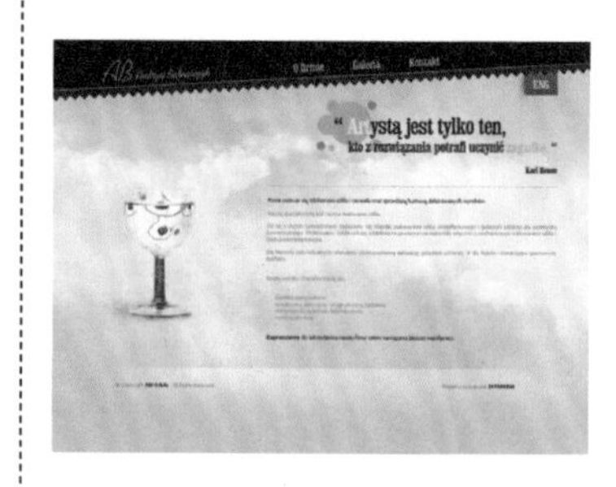

该页面采用了低纯度的配色方案，上方的不规则形状打破了页面的平衡，使用红色作为点缀，彰显出一分小小的放肆。

CMYK：43-81-52-1
RGB：167-78-98

CMYK：32-32-37-0
RGB：188-174-156

CMYK：75-96-77-68
RGB：42-3-20

CMYK：25-92-100-0
RGB：205-52-17

3 神秘——深邃效果

CMYK：22-28-0-0 RGB：208-191-225	CMYK：84-89-62-45 RGB：45-34-55
CMYK：69-100-5-0 RGB：119-3-142	CMYK：89-100-62-37 RGB：52-2-64

深紫色是营造神秘效果的首选色，页面中间使用浅紫色方框拼合成的数字创意十足，上方的光照效果引导了浏览者的视觉方向，整体页面的制作仿佛是一场视觉的饕餮盛宴。

配色方案

CMYK：25-24-15-0 RGB：201-194-202	CMYK：62-55-42-0 RGB：117-116-130	CMYK：72-81-52-15 RGB：92-64-89
CMYK：73-47-32-0 RGB：83-126-155	CMYK：91-84-72-60 RGB：18-27-36	CMYK：80-61-77-29 RGB：54-78-63
CMYK：45-63-97-5 RGB：150-107-40	CMYK：75-72-77-46 RGB：58-53-46	CMYK：63-77-62-20 RGB：106-68-76

精彩案例分析

黑色本身给人以沉重、深邃的感觉，金色光芒的点缀使页面产生出悠远、神秘的效果。

CMYK：34-26-21-0 RGB：181-183-190	CMYK：52-62-86-8 RGB：140-103-59
CMYK：19-27-86-0 RGB：224-191-47	CMYK：84-80-79-65 RGB：27-27-27

页面中心使用了类似纸张的效果，四周以自然元素为边框，蓝色背景下圆月与云朵的高亮色引导人们回到幽深的原始森林中。

CMYK：11-13-26-0 RGB：234-223-196	CMYK：62-67-68-17 RGB：109-85-75
CMYK：73-50-100-11 RGB：84-109-48	CMYK：91-79-56-25 RGB：36-58-81

该页面中没有过多的色彩，在黑色的包围下，绿色的莲花为页面营造出神秘、幽深的氛围。

CMYK：15-13-48-0 RGB：231-221-152	CMYK：76-70-67-33 RGB：65-65-65
CMYK：64-15-100-0 RGB：104-172-43	CMYK：93-88-89-80 RGB：0-0-0

4 神秘——朦胧意境

该网页的色彩比较丰富，蓝色与绿色系相搭配，流露出自然的气息，色彩明度的递减使页面层次感分明，令人们联想起深海、森林。

CMYK：60-0-18-0
RGB：72-216-233

CMYK：98-90-55-31
RGB：17-42-73

CMYK：50-11-86-0
RGB：150-192-68

CMYK：79-44-100-5
RGB：62-120-13

CMYK：23-52-83-0
RGB：210-141-58

CMYK：40-96-100-5
RGB：173-39-8

配色方案

CMYK：13-30-8-0
RGB：227-193-210

CMYK：33-75-29-0
RGB：189-93-133

CMYK：62-84-56-15
RGB：114-60-83

CMYK：20-10-21-0
RGB：214-222-207

CMYK：57-46-76-1
RGB：132-132-82

CMYK：7-95-39-0
RGB：236-19-100

CMYK：92-80-64-42
RGB：26-46-60

CMYK：11-27-89-0
RGB：240-196-23

CMYK：41-41-68-0
RGB：172-151-96

精彩案例分析

该页面中使用的色彩兼具清色的优雅和浊色的浓烈，有一丝都市的倦怠感；前景的花纹与半透明的人像相融合，在宁静、安逸的同时彰显一丝叛逆。

CMYK：30-23-26-0
RGB：189-190-184

CMYK：11-26-32-0
RGB：234-200-172

CMYK：28-65-27-0
RGB：198-115-144

CMYK：31-26-63-0
RGB：195-184-112

该页面的整体色彩偏冷，背景色彩较为繁杂，朦胧的效果让人产生无限遐想；橙黄色块与高明度的粉色文字为页面增添了一分暖意。

CMYK：8-38-43-0
RGB：239-180-143

CMYK：47-38-39-0
RGB：152-151-147

CMYK：30-8-10-0
RGB：190-219-229

CMYK：77-50-53-2
RGB：70-116-118

在该页面中没有喧闹的色彩，也没有跳跃的装饰，破旧的纸张与木制的相框给人以时间沉淀之感。

CMYK：37-40-61-0
RGB：178-155-109

CMYK：20-47-80-0
RGB：216-153-64

CMYK：71-74-79-46
RGB：66-51-43

CMYK：86-82-81-70
RGB：20-20-20

第7章

5 案例欣赏

SPIRIT
MUSIC
FASHION
MOVIES
HER NEWS
HER VIDEOS
HER FANS
BOSSY

Goodness
grows here
technique
story
Chocolate

engage
ABOUT
CASE STUDIES
CULTURE
BLOG
CONTACT
Supporting
YORKSHIRE
#BEER
Introducing, #BEER!
The best beer we've
ever made!
Read more
Visit site

DG FOODS
자연의 맛을 선사...
Best Customer Service DGfood
참/여/마/당
고객 질문게시판

INPLUS
회사소개
사업분야
제품소개
홍보센터
커뮤니티
고객센터
세상을 움직이는 디자인
인플러스디자인으로 세상을 바꿉니다.
찾아오시는길
회사소개
인플러스
(주)인플러스

moLaDamoDa

HẢI ÂN
CÔNG TY DỊCH VỤ THƯƠNG MẠI QUỐC TẾ HẢI ÂN
HAI AN INTERNATIONAL COMPANY
Tìm kiếm
Trang chủ
Sản phẩm
Thông tin cổ đông
Đối tác kinh doanh
Tin tức
Giới thiệu chung
Tuyển dụng
Liên hệ
Sữa chua không thua "thần dược"
5 bước giảm vòng eo quá khổ chỉ bằng sữa chua. Chị em hoàn toàn có thể khiến vòng eo bánh mỳ biến mất chỉ cần ăn sữa chua hàng ngày.
Sữa chua có tác dụng hữu hiệu đối với sức khỏe nhờ có chứa hai thành phần chính là Lactobacillus Acidophilus và Bifido Bacterium.
Aptamil
Aptamil
GIỚI THIỆU CÔNG TY
Theo quyết định số 73/QĐUB ngày 15 – 04 – 1981, UBND Thành phố Hồ Chí Minh cho phép thành lập Công ty Công Tư Hợp Doanh Xuất Nhập Khẩu Trực Dụng trực thuộc quận 5 với tên gọi tắt là Cholimex. Sự ra đời của quyết định này dựa trên nền tảng từ những thế mạnh tiềm năng của người Hoa ở khu vực Chợ Lớn. xem tiếp
TIN TỨC MỚI NHẤT
Khẳng định vị thế trên thị trường khu vực
Bán lẻ hàng hoá và doanh thu dịch vụ tiêu dùng tăng 26,7%
Vướng quy định, khó nhập nguyên liệu thủy sản
Khẳng định vị thế trên thị trường khu vực bán lẻ hàng hoá và doanh thu
Bản quyền 2011 thuộc Công ty Dịch vụ Thương mại Quốc tế Hải Ân

7.5 抽象VS直白

“抽象”是指不具象的，对于某些细节有目的地隐藏，以便把其他细节表达得更清楚。抽象的网页往往给人的视觉冲击力较强，极富个性；而直白的网页是将设计师的思想完全具象化地表达出来，从而使页面简单、易懂，给人一种理性、冷静的感觉。

抽象

抽象的网页风格非常多变，或沉静，或忧伤，或热烈，或饱满。

直白

直白的网页设计通常版式较为规整，色彩趋于一致，表现方式较为具象，与抽象的表现方式相互对立。

CMYK：35-27-26-0	RGB：179-217-179
CMYK：56-9-75-0	RGB：126-189-98
CMYK：67-26-13-0	RGB：84-163-206
CMYK：9-33-85-0	RGB：243-186-41
CMYK：22-60-0-0	RGB：233-123-215
CMYK：78-72-69-39	RGB：58-58-58

1 抽象——抽象的设计感

CMYK：0-86-17-0
RGB：252-63-137

CMYK：47-0-34-0
RGB：146-214-190

CMYK：59-82-81-39
RGB：94-49-42

CMYK：8-11-80-0
RGB：225-228-56

在该页面中使用了跳跃性较大、视觉冲击力较强的粉色、黄色和青绿色，三角形及正方形的摆放充满了设计感。

◎配色方案

CMYK：97-7-37-0
RGB：0-165-182

CMYK：56-14-27-0
RGB：121-187-194

CMYK：92-73-35-1
RGB：28-80-128

CMYK：1-74-77-0
RGB：247-101-54

CMYK：4-94-53-0
RGB：241-32-83

CMYK：25-100-100-0
RGB：204-3-27

CMYK：4-23-21-0
RGB：247-212-197

CMYK：53-57-58-0
RGB：187-128-103

CMYK：44-67-100-5
RGB：162-99-8

◎精彩案例分析

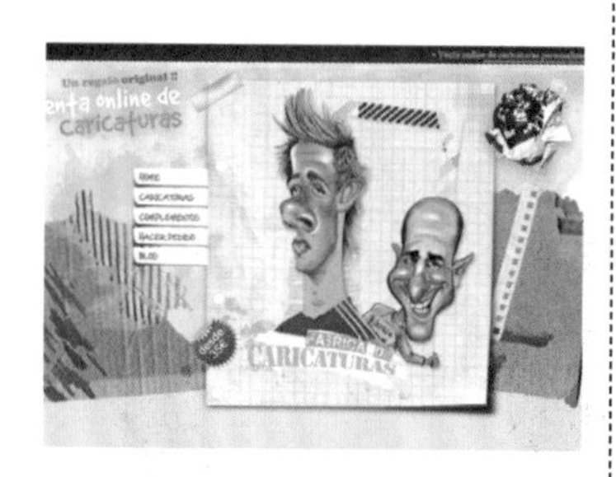

抽象的人物绘画效果定义了页面的整体风格；选用浅色调的背景，突出了前景，使页面的层次感分明；局部的红色均匀了像素的分布。

CMYK：12-7-6-0
RGB：230-234-238

CMYK：52-4-15-0
RGB：127-206-225

CMYK：21-99-98-0
RGB：212-15-29

CMYK：33-40-58-0
RGB：187-158-115

在该页面中使用了低纯度、高明度的配色方案，红黄的渐变色从容而优雅，流露出独特的时尚气息。

CMYK：8-22-62-0
RGB：245-208-112

CMYK：10-63-83-0
RGB：233-126-49

CMYK：15-51-23-0
RGB：224-152-166

CMYK：16-4-10-0
RGB：222-235-234

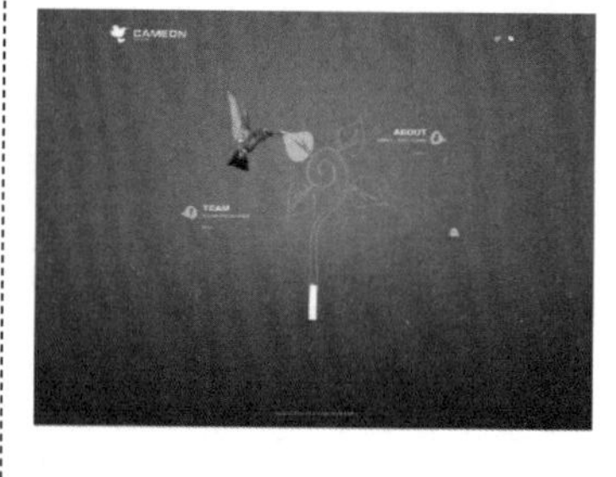

此页面选用了蓝色作为背景，主体位于页面中心，整体简洁而耐人寻味，一抹清新绿色的点缀给人以简素的印象。

CMYK：34-7-7-0
RGB：181-218-237

CMYK：83-54-19-0
RGB：44-112-168

CMYK：79-74-71-45
RGB：51-51-51

CMYK：27-69-100-0
RGB：200-105-21

2 抽象——充满意境

黑色给人以忧郁、沉重的感觉，搭配复古绘画效果的银灰色主体，凝重而深邃；橙色和绿色的箭头是整幅页面的亮点；规整的摆放别具一格，传递出一种微妙的怀旧气息。

CMYK：80-47-100-10
RGB：59-111-11

CMYK：30-77-95-0
RGB：194-88-38

CMYK：21-14-10-0
RGB：209-214-221

CMYK：79-75-74-51
RGB：47-45-44

配色方案

CMYK：13-27-42-0
RGB：231-198-155

CMYK：15-52-60-0
RGB：224-146-101

CMYK：40-86-78-4
RGB：171-67-61

CCMYK：33-26-25-0
RGB：182-182-182

CMYK：54-52-66-2
RGB：138-123-94

CMYK：56-60-99-12
RGB：128-101-40

CMYK：42-10-95-0
RGB：172-199-30

CMYK：69-48-100-7
RGB：100-118-5

CMYK：86-91-9-0
RGB：71-51-144

精彩案例分析

主体色选用了紫色，给人以神秘、华贵的心理感受；泼溅的随意效果中和了色彩的沉重感，使页面充满了设计味道。

CMYK：11-11-7-0
RGB：231-228-231

CMYK：42-53-24-0
RGB：167-133-160

CMYK：63-86-9-0
RGB：126-62-147

CMYK：93-88-89-80
RGB：0-0-0

此页面使用了华丽的金属色，提升了整体质感；蓝白搭配的文字及背景的组合提亮了页面的色调，给人以深沉、悠远的感觉。

CMYK：47-16-11-0
RGB：147-193-219

CMYK：48-46-60-0
RGB：153-138-107

CMYK：48-53-91-2
RGB：155-124-53

CMYK：58-36-100-0
RGB：130-146-2

图书的规整摆放使页面形成微妙的均衡，纸张的色彩充满整个页面，书香的气息提升了页面的品质，色调舒缓却不单一。

CMYK：19-25-51-0
RGB：219-195-136

CMYK：23-27-31-0
RGB：206-189-172

CMYK：67-54-58-4
RGB：102-112-104

CMYK：0-79-85-0
RGB：253-89-34

3 直白——具象视角

此网页为手机、电脑的广告网页，其表达方式直白、简单；配色方面选用了红色与黄色作为点缀，明快的色彩使其与背景的浊色分离开来，彼此不相冲突。

CMYK：12-13-64-0 RGB：240-221-110	CMYK：16-97-98-0 RGB：221-26-26	CMYK：27-47-62-0 RGB：201-149-102
CMYK：54-29-28-0 RGB：133-165-177	CMYK：73-36-100-1 RGB：85-137-31	CMYK：87-82-78-67 RGB：21-23-26

配色方案

CCMYK：5-4-36-0 RGB：251-245-186	CMYK：11-6-82-0 RGB：247-234-53	CMYK：24-39-97-0 RGB：211-164-0
CCMYK：2-58-39-0 RGB：248-140-132	CMYK：22-84-73-0 RGB：209-75-65	CMYK：47-100-62-7 RGB：157-9-71
CMYK：34-5-14-0 RGB：181-219-224	CMYK：59-29-34-0 RGB：117-160-166	CMYK：63-77-62-20 RGB：106-68-76

精彩案例分析

红色因为色彩特征明显，容易使人产生兴奋的情绪，与金色相搭配给人以协调感，点睛的白色在这里起到了突出标志的作用。

CMYK：12-27-40-0 RGB：232-198-157	CMYK：48-68-100-10 RGB：147-93-29
CMYK：49-100-92-23 RGB：134-53-57	CMYK：61-95-100-57 RGB：72-13-2

深蓝色的明度偏低、性质沉稳，是作为背景色的常用色；浅蓝色与白色的点缀，使页面不会深陷于背景的暗沉之中。

CMYK：60-12-25-0 RGB：106-187-199	CMYK：93-48-14-0 RGB：28-121-182
CMYK：87-80-48-12 RGB：56-56-98	CMYK：84-79-65-49 RGB：40-42-49

在该页面中使用了明度较高的黄色，与黑色相搭配，有很强的视觉冲击力；左侧的红色色块与装饰感较强的文字加强了页面的平衡感。

CMYK：12-9-60-0 RGB：239-239-124	CMYK：49-56-65-1 RGB：152-121-93
CMYK：1-86-67-0 RGB：247-66-67	CMYK：73-71-67-30 RGB：76-67-67

4 直白——完美展示

CMYK：16-10-10-0 RGB：222-226-227	CMYK：37-28-27-0 RGB：173-177-178	CMYK：59-0-22-0 RGB：43-236-238
CMYK：59-42-100-1 RGB：127-137-43	CMYK：39-98-82-4 RGB：172-36-54	CMYK：81-76-74-53 RGB：42-42-42

红色与黑色的搭配，在网页设计中比较常用。饱和度较低的红色与背景的黑色形成鲜明的对比，灰色的渐变突出了主体，起到了醒目、强化的作用。

配色方案

CMYK：59-12-34-0 RGB：111-186-181	CMYK：81-30-53-0 RGB：4-143-134	CMYK：78-59-100-31 RGB：61-80-32
CMYK：14-48-34-0 RGB：225-156-150	CMYK：15-79-67-0 RGB：222-87-75	CMYK：28-98-98-0 RGB：199-32-33
CMYK：37-43-51-0 RGB：178-151-124	CMYK：45-62-84-3 RGB：160-110-61	CMYK：53-81-97-29 RGB：117-59-33

精彩案例分析

该页面使用了较为普遍的黑色渐变作为背景，黑白搭配干净而简练，将产品的细节充分地展现出来；粉红色的色块消减了页面的单调感。

CMYK：1-1-1-1 RGB：253-253-253	CMYK：73-67-63-21 RGB：79-79-79
CMYK：88-83-83-73 RGB：15-15-15	CMYK：0-85-58-0 RGB：255-68-81

复古的背景花纹、木质的地板色彩，与橙黄色系的图片相搭配，使人食欲大增。

CMYK：19-18-27-0 RGB：215-207-189	CMYK：23-26-30-0 RGB：206-191-176
CMYK：46-73-94-9 RGB：152-86-44	CMYK：0-95-92-0 RGB：249-21-21

黑色与蓝、白色相搭配，效果超凡脱俗；金色的文字与月色迷离的都市夜晚图片背景，让人联想到纸醉金迷后的安逸小憩，页面整体引人入胜。

CMYK：24-16-15-0 RGB：204-208-211	CMYK：85-62-15-0 RGB：42-99-166
CMYK：39-52-93-0 RGB：179-133-43	CMYK：86-82-81-70 RGB：20-20-20

5 案例欣赏

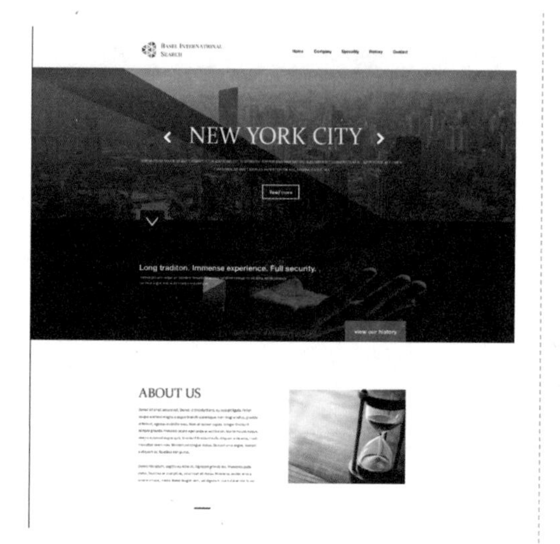
NEW YORK CITY
Long tradition. Immense experience. Full security.
ABOUT US

TRAVELGUIDES
PLANNING A TRIP TO JAPAN?
We help you planning your itinerary
Lorem ipsum dolor sit amet, consectetur adipiscing elit ullamcorper aliet
Donec mattis, sem id pretium elementum, quam metus elementum tellus, id lobortis

Enjoy our free lessons
THEME STORY
VOD INSIDE
SCHOOL
FREE TALK
NOTICE
EVENT

진행중인 이벤트
웅진식품의 다양한 이벤트 소식과 함께하세요!
COUPON

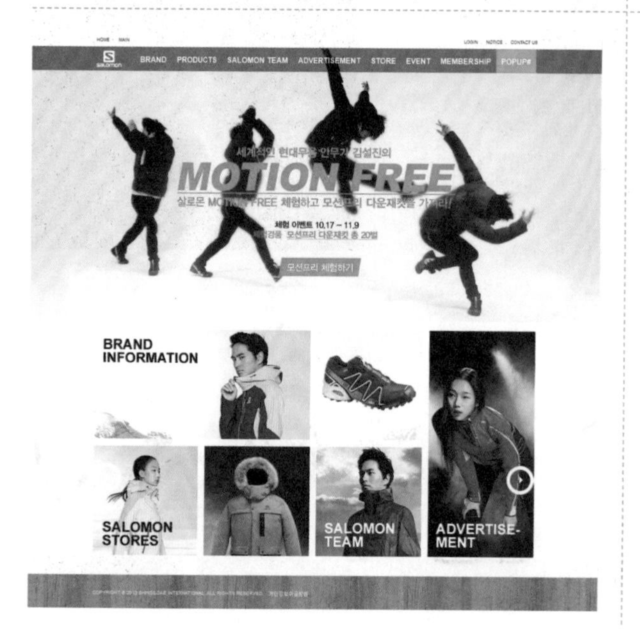
BRAND
PRODUCTS
SALOMON TEAM
ADVERTISEMENT
STORE
EVENT
MEMBERSHIP
POPUP
MOTION FREE
BRAND INFORMATION
SALOMON STORES
SALOMON TEAM
ADVERTISE-MENT

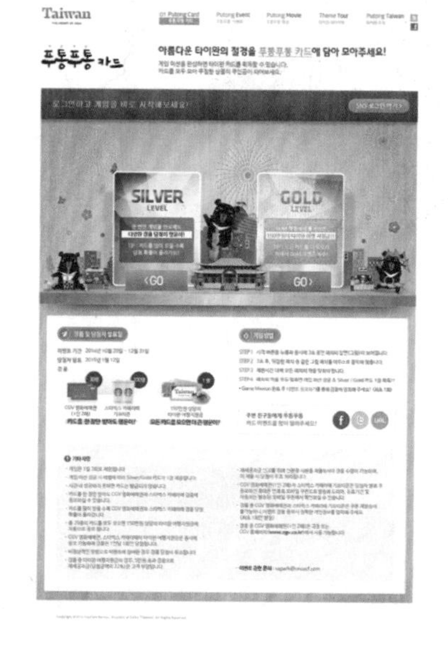
Taiwan
푸통푸통 카드
아름다운 타이완의 절경을 푸통푸통 카드에 담아 모아주세요!
SILVER
GOLD

Taiwan
THE HEART OF ASIA

Putong Card 푸통푸통 카드 | 02 Putong Event 푸통푸통 이벤트 | Putong Movie 푸통푸통 영상 | Theme Tour 타이완 테마여행 | Putong Taiwan 타이완 소개

푸통푸통 이벤트

아름다운 타이완으로 떠나는 두근두근 이벤트

다양한 푸통푸통 이벤트에 참여하시고 푸짐한 상품의 주인공이 되어보세요.

푸통푸통카드이벤트

- 기간 | 2014년 10월 20일 ~12월 31일
- 당첨자 발표 | 2015년 1월 12일
- 내용 | 아름다운 타이완의 절경을 푸통푸통 카드에 담아 모아주세요!

more

컨딩비치썸머파티

- 기간 | 2014년 09월 05일
- 당첨자 발표 | 2014년 10월
- 내용 | 또 다른 타이완을 경험할 수 있는 컨딩비치썸머파티

푸통푸통 타이완 인증하기 이벤트

- 기간 | 2013년 10월 28일~종료
- 당첨자 발표 | 2014년 3월
- 내용 | 푸통푸통 전시회 인증하기

more

푸통푸통 줄서기 이벤트 시즌2

- 기간 | 2013년 12월 19일~종료
- 당첨자 발표 | 2014년 4월
- 내용 | 타이완의 가장 매력적인 점 댓글로 작성

푸통푸통 줄서기 이벤트 시즌1

- 기간 | 2013년 10월 28일~종료
- 당첨자 발표 | 2013년 12월
- 내용 | 타이완에 가고 싶은 이유 댓글 작성

第8章

网页色彩设计的应用领域

在新闻机构、企业门户、科教文化、娱乐艺术、电子商务以及网络中心等领域，都需要广泛地使用网站作为宣传媒介。由于不同的色彩基调所表达的内容及情绪不尽相同，不同机构面向的群体也存在差异，因此，在不同的应用领域中，网页的设计会选择不同的布局及配色，遵循所属行业的设计原则，进而制作出令人赏心悦目的网页效果。

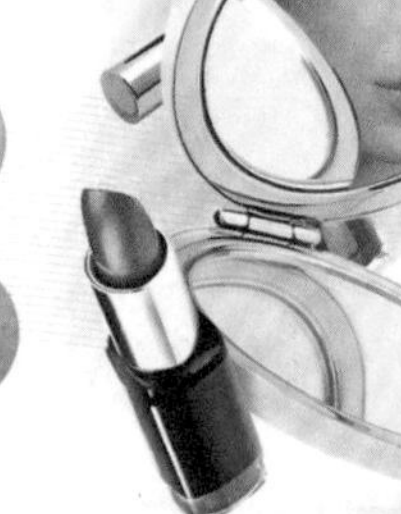

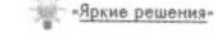

CMYK：44-0-11-0	CMYK：43-30-7-0	CMYK：13-48-6-0	CMYK：16-91-29-0
RGB：150-223-240	RGB：159-173-210	RGB：227-160-194	RGB：222-46-118

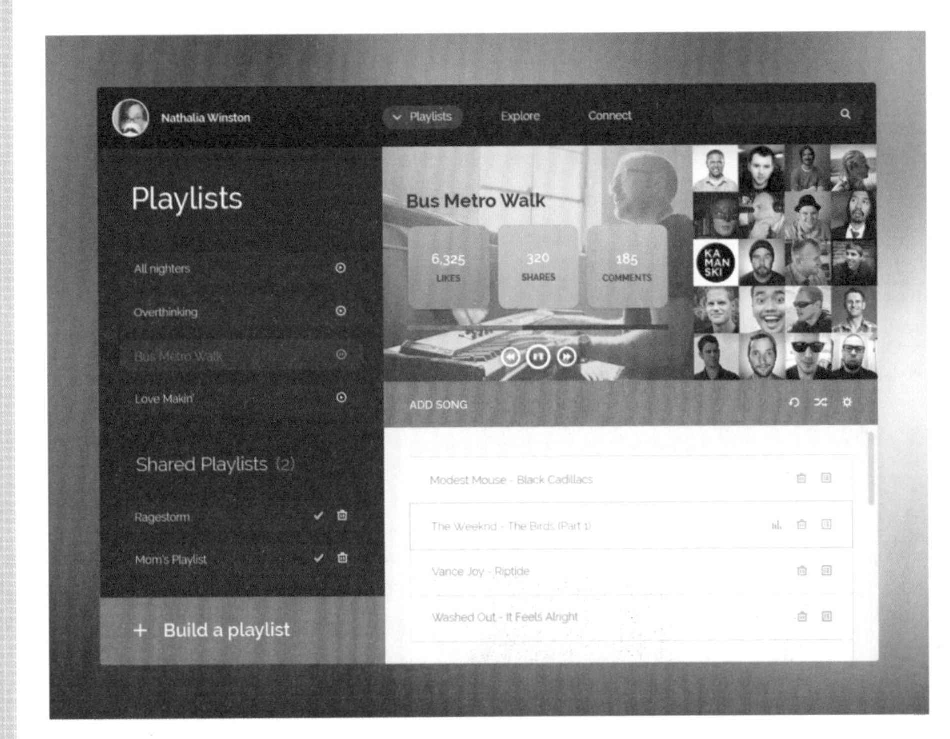

CMYK：0–78–56–0
RGB：253–90–89

CMYK：75–100–56–30
RGB：80–13–67

CMYK：7–30–75–0
RGB：246– 194–77

CMYK：54–39–31–0
RGB：134–148–161

CMYK：83–50–42–0
RGB：42–116–137

CMYK：57–65–0–0
RGB：143–102–202

CMYK：22–67–0–0
RGB：243–102–212

CMYK：88–92–67–56
RGB：32–23–42

8.1 新闻机构

随着网络时代的到来，新闻机构等官方网站也相继成立。由于网站所属机构的特殊性，此类网站在制作时需要尤为谨慎，其布局相对严谨，色彩的选择也较为单一，通常以白色、灰色、蓝色、绿色等较为正式的色彩为主色调，页面的设计将艺术、科学与生活相结合，融功能性与技术性于一体。

为了突出科技的特质，使用了蓝色作为主色。
该网页致力于分享科技新闻、技术资源和软硬件等技术话题。黑色成熟、理性，在此起到了整体稳定的作用。

红色在页面中起到了点缀的作用，与蓝色、白色、黑色互相映衬，非常突出、醒目。

CMYK：44-19-21-0	CMYK：93-88-89-80	CMYK：0-91-72-0	CMYK：9-75-92-0
RGB：158-189-198	RGB：0-0-0	RGB：251-46-57	RGB：235-98-27

1 突出文字

该网页为科技产品的新闻网页，主要报道技术信息、游戏、电影、网络等日常生活中可以接触到的科技新闻。页面背景为白色，干净、整洁，配以蓝色则更具科技感，红色用来点缀细节。

配色方案

CMYK：70-28-0-0
RGB：65-160-228

CMYK：0-0-0-0
RGB：255-255-255

CMYK：85-80-79-66
RGB：25-25-25

CMYK：13-97-92-0
RGB：225-26-33

2 严谨、有序

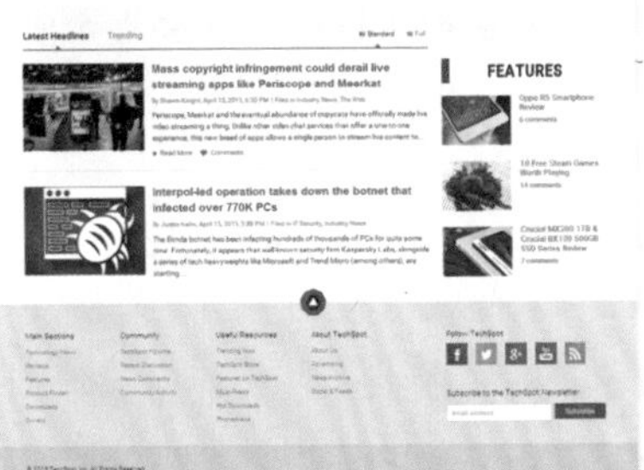

该网页为发布电脑技术资讯的新闻网页，为用户提供最新信息、分析和服务，以满足电脑爱好者、信息技术业内人士的需求。页面主要采用灰色系，严谨、有序，结合少许蓝色，平衡了页面的色感，也突出了主题。

配色方案

CMYK：90-66-2-0
RGB：16-90-178

CMYK：14-11-11-0
RGB：224-224-224

CMYK：31-24-23-0
RGB：187-187-187

CMYK：5-4-4-0
RGB：245-245-245

3 时尚、干净

该网页主要报道技术、游戏、电影、网络等新闻资讯。整体色彩风格轻柔、时尚，采用了高饱和度的蓝色、浅灰色，视觉效果舒适、干净。

配色方案

CMYK：64-7-21-0
RGB：82-192-212

CMYK：83-60-25-0
RGB：51-102-153

CMYK：3-2-23-0
RGB：255-249-192

CMYK：0-0-0-0
RGB：255-255-255

4 活泼、动感

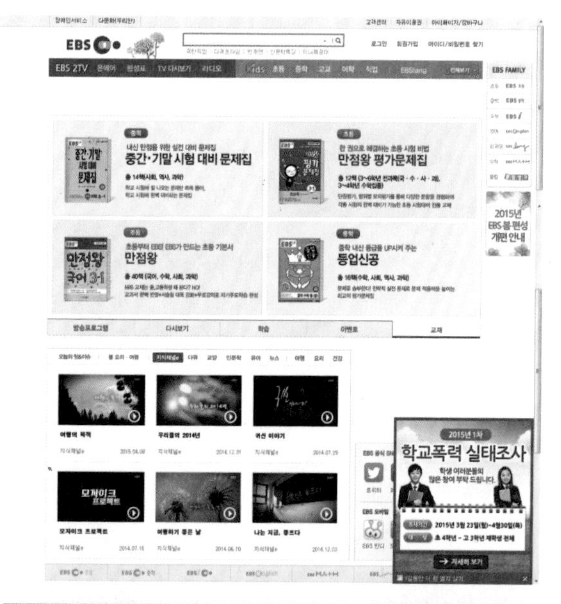

该网页为韩国教育广播电视台的广播电视新闻网页，用于发布广播电视咨讯。页面整体以浅色作为背景，结合小面积的蓝色、绿色作为点缀，效果活泼、动感。

配色方案

CMYK：91-65-22-0
RGB：5-93-153

CMYK：5-4-4-0
RGB：244-244-244

CMYK：74-34-97-0
RGB：77-140-59

CMYK：73-34-0-0
RGB：56-149-225

5 案例欣赏

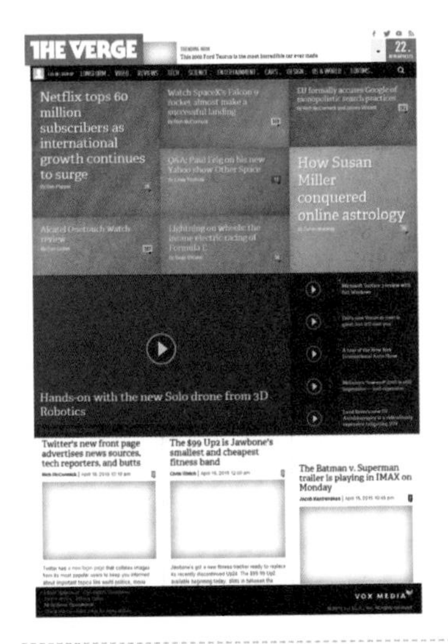
THE VERGE
Netflix tops 60 million subscribers as international growth continues to surge
How Susan Miller conquered online astrology
Hands-on with the new Solo drone from 3D Robotics

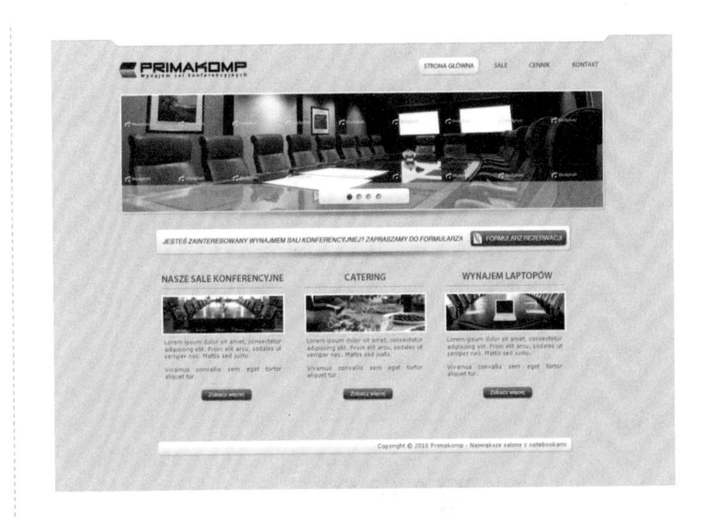
PRIMAKOMP
NASZE SALE KONFERENCYJNE
CATERING
WYNAJEM LAPTOPÓW

Een dagelijks medicijn
tegen de waan van de dag
Wat is De Correspondent?
Dagelijks nieuwe artikelen

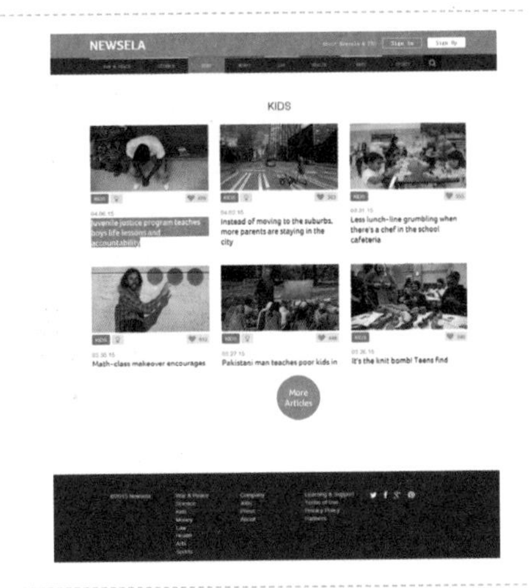
NEWSELA
KIDS

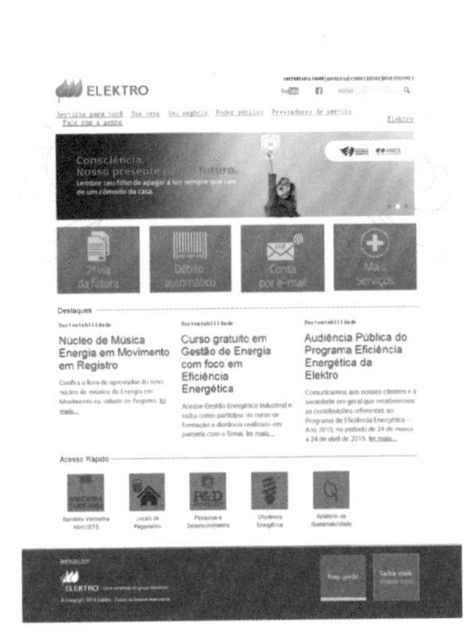
ELEKTRO

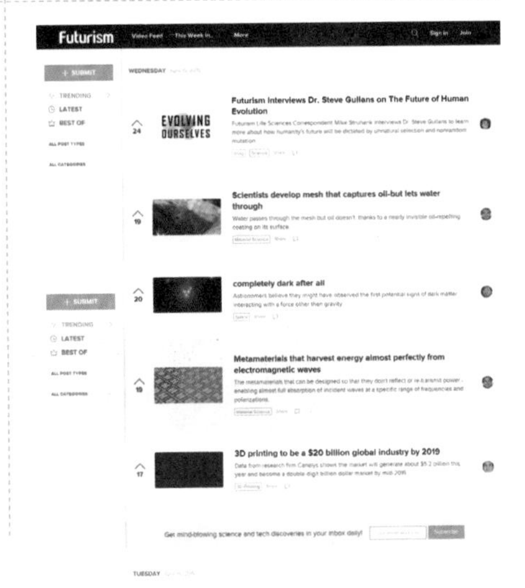
Futurism

8.2 企业门户

企业门户网站是为了宣传企业的文化和品牌，也是企业与消费者的直接连接点。为了突出企业的优势，吸引消费者，制作此类网站时往往注重展示性能，以起到宣传的目的。如今已进入企业门户的专业化时代，网站在制作上更趋于人性化，讲求将商业性与服务性相结合。

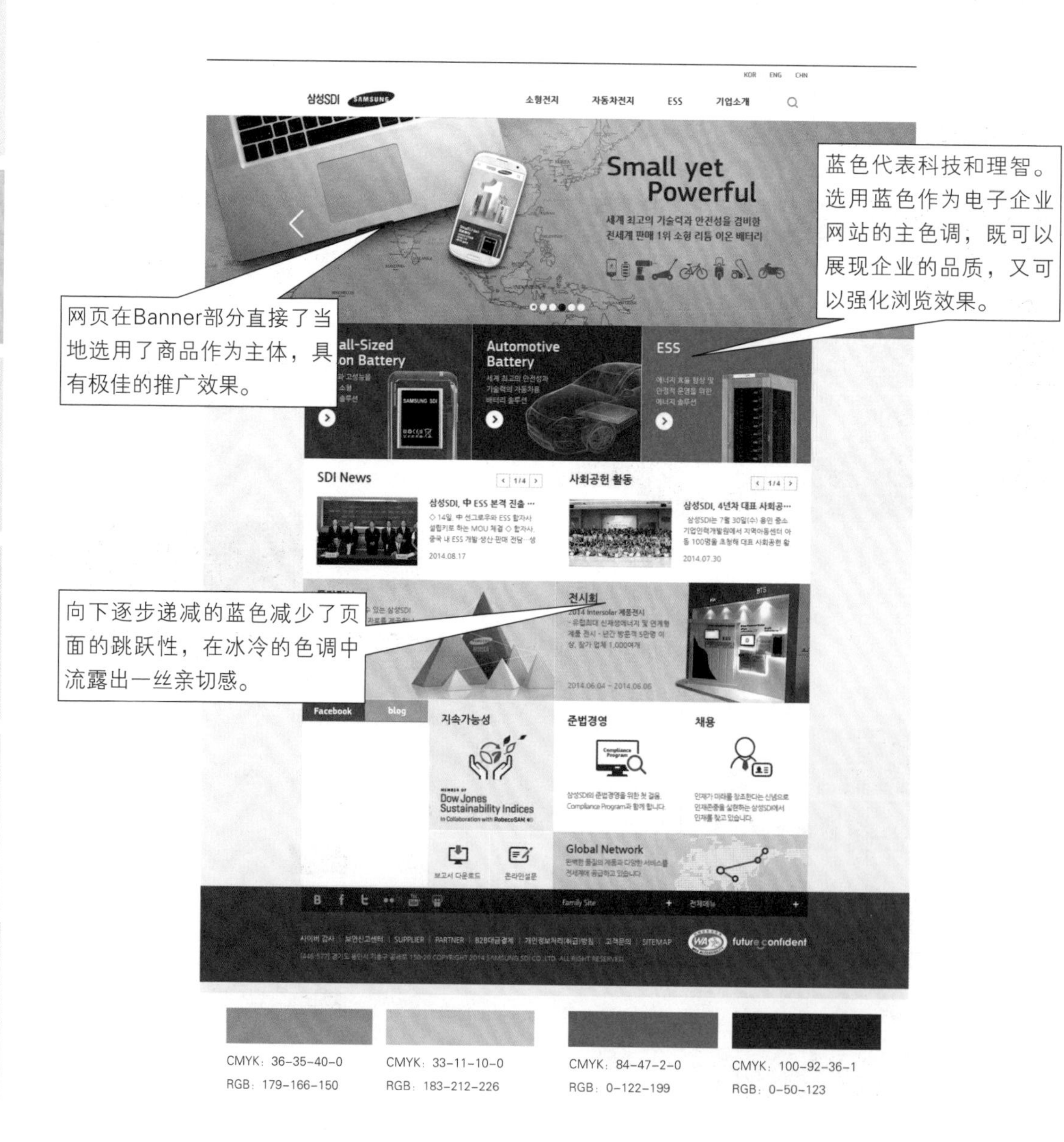

Small yet Powerful
Automotive Battery
ESS
SDI News
Facebook
blog
Global Network
future confident
蓝色代表科技和理智。选用蓝色作为电子企业网站的主色调，既可以展现企业的品质，又可以强化浏览效果。
网页在Banner部分直接了当地选用了商品作为主体，具有极佳的推广效果。
向下逐步递减的蓝色减少了页面的跳跃性，在冰冷的色调中流露出一丝亲切感。
CMYK：36-35-40-0 RGB：179-166-150
CMYK：33-11-10-0 RGB：183-212-226
CMYK：84-47-2-0 RGB：0-122-199
CMYK：100-92-36-1 RGB：0-50-123

1 极具宣传性

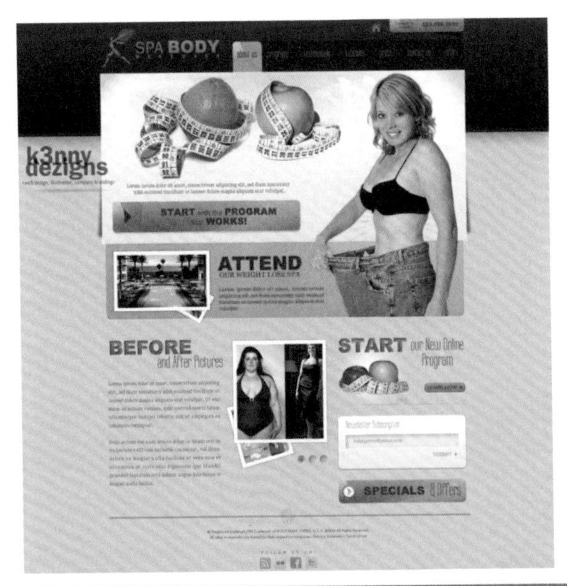

减肥是女人永恒的话题，该网页为瘦身题材的网页。绿色是自然的象征，橙色代表着健康，选用这两种色彩既可以宣传健康瘦身的主旨，又可以激起浏览者的购买欲。

配色方案

CMYK：61-2-100-0	RGB：110-192-15
CMYK：13-57-91-0	RGB：228-135-29
CMYK：16-15-20-0	RGB：221-215-204
CMYK：78-78-79-59	RGB：43-36-33

2 彰显服务性

该网页的设计较为人性化，将商品淋漓尽致地表现出来。此网页的功能性、服务性较强，因而在色彩的选择上也较为谨慎，低明度、高饱和度的色彩使页面效果更醒目，但由于除白色外其他色彩的使用面积较小，页面整体给人一种平静的感觉。

配色方案

CMYK：77-45-100-7	RGB：70-117-8
CMYK：79-52-2-0	RGB：58-117-193
CMYK：11-8-8-0	RGB：232-232-232
CMYK：71-31-100-0	RGB：88-146-9

3 稳定的框架结构

该网页条理清晰、布局合理，分栏式与图文结合的版式设计在不影响阅读的情况下增强了美观性；上方仰角拍摄的楼宇图片及叠加在图片上的文字，给人以冷静、理智的视觉感受。

配色方案

CMYK：50-12-6-0	CMYK：82-59-3-0	CMYK：50-62-36-0	CMYK：32-48-74-0
RGB：134-197-234	RGB：56-104-183	RGB：151-111-134	RGB：192-144-80

4 直白、具象

黑色是一种很有个性的色彩，深沉的黑色背景加上绚丽的红色前景，明与暗的强烈对比强调了汽车的硬朗棱角，使页面看上去帅气、时尚。

配色方案

CMYK：6-97-99-0	CMYK：48-100-100-22	CMYK：26-20-19-0	CMYK：83-79-77-62
RGB：238-14-14	RGB：137-17-18	RGB：199-199-199	RGB：31-31-31

5 案例欣赏

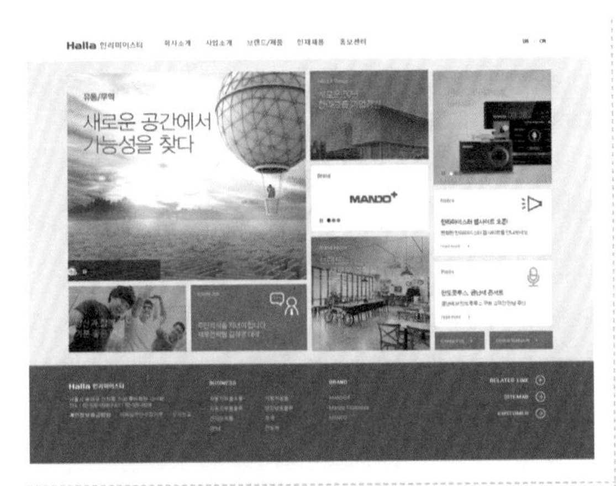
Halla
새로운 공간에서 가능성을 찾다
MANDO

제리양!
idea로
한판 붙자!
1995년,
공짜로 가자!
공짜!

우리 스타일대로 꾸미는
밴드 커버
BAND
가입초대 밴드커버 일정 투표 사진첩 주소록
밴드사용백서
DOWNLOAD

INNOX
13,200
INNOX Future of IT materials
World best INNOX

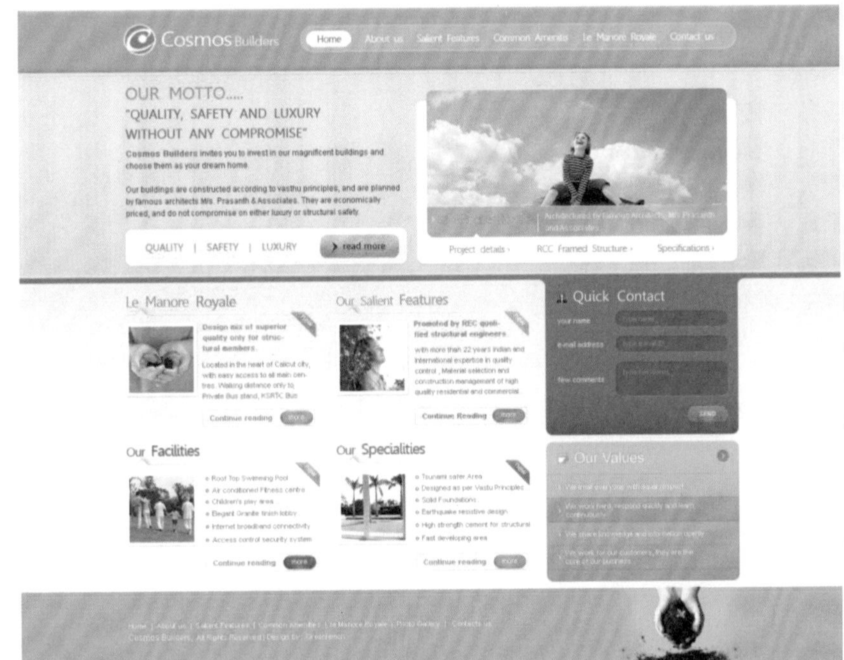
Cosmos Builders
Home About us Salient Features Common Amenitis Le Manore Royale Contact us
OUR MOTTO.....
"QUALITY, SAFETY AND LUXURY
WITHOUT ANY COMPROMISE"
QUALITY | SAFETY | LUXURY
read more
Le Manore Royale
Our Salient Features
Quick Contact
Our Facilities
Our Specialities
Our Values

8.3 科教文化

科教文化类网站承担着文化传输及交流的重要责任，但由于网页中娱乐性相对较少，知识学习占据的比例相对较多，通常在说到科学教育、文化普及等题材的网页时，人们就会想到“单一”“古板”等词语，很难产生兴趣。因此，在制作此类网站时，要充分考虑到浏览者的阅读心态，在版式及色彩选择等方面提升页面的阅读性。

这是一个致力于图形图案设计的教学网页，手写字体的文字使网页风格更加活泼、生动。

中间区域是视觉重心，为了凸显网页的主题，选择了比较鲜艳的色彩。

由于该网页运用的色彩比较多，视觉感受繁杂，在此使用浅灰色作为背景色，让网页效果更加稳定。

CMYK：0-56-53-0	CMYK：55-3-41-0	CMYK：40-36-34-0	CMYK：236-232-229
RGB：253-146-110	RGB：124-202-175	RGB：168-160-158	RGB：9-9-10-0

1 正式、严谨

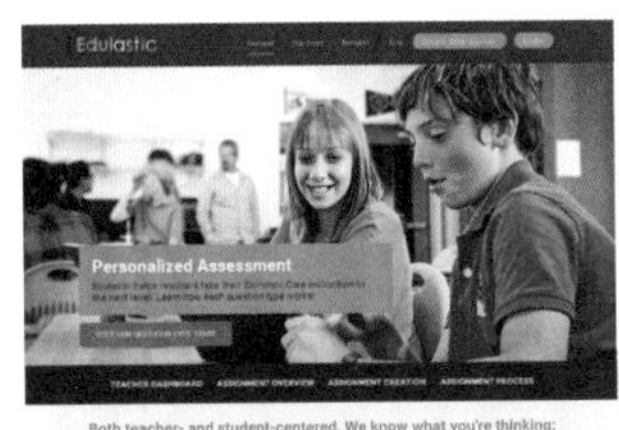

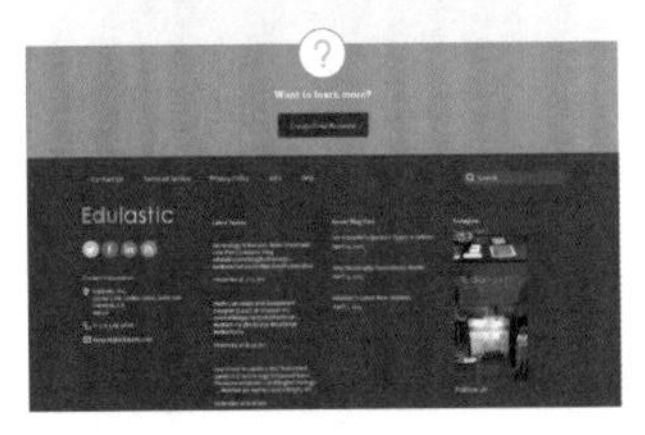

这是一个在线教学评估网页，布局正式、严谨，通过深浅灰色与绿色的搭配，将网页划分为规则的矩形版块，让浏览者的使用方便、快捷。

配色方案

CMYK：78-16-63-0
RGB：0-163-124

CMYK：6-4-4-0
RGB：243-243-243

CMYK：23-81-63-0
RGB：228-83-78

CMYK：81-66-71-34
RGB：53-68-63

2 高饱和度的冲击力

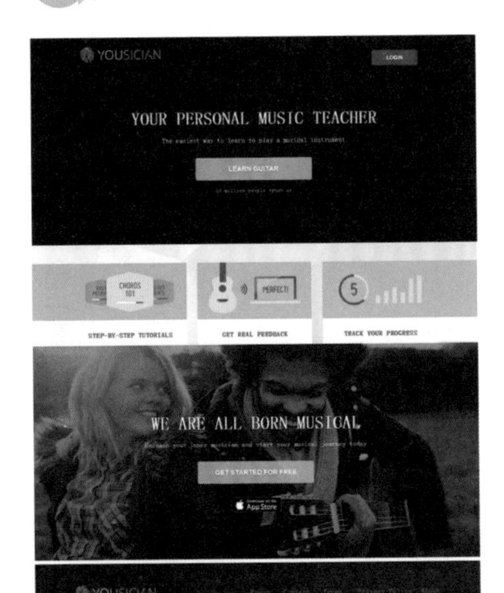

这是一个游戏性质的吉他教学网页，整体风格相对暗淡，高饱和度的绿色凸显出文字效果，小面积的留白打破了大面积的黑色所带来的沉闷感。

配色方案

CMYK：93-88-89-80
RGB：0-0-0

CMYK：56-0-100-0
RGB：128-200-0

CMYK：82-77-75-55
RGB：39-39-39

CMYK：28-0-51-0
RGB：204-233-153

3 校园气息

该网页以校园为主题，在色彩的选择上较为谨慎。以黑板作为背景，彰显出校园的文化气息，黑板上的文字增强了页面的内容感；使用低明度的青色与橙色作为点缀，调和了网页色彩的单调感。

配色方案

CMYK：66-54-50-1	CMYK：86-49-69-7	CMYK：69-20-2-0	CMYK：15-72-99-0
RGB：107-115-118	RGB：25-109-93	RGB：58-171-233	RGB：224-102-9

4 大方、稳重

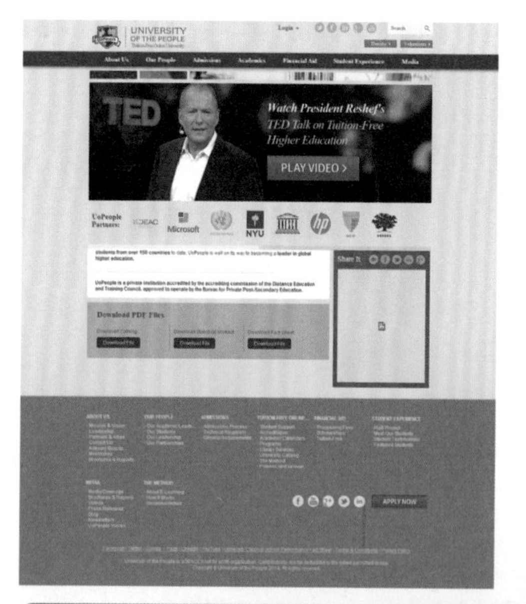

该教学网页采用了低饱和度的灰色系，通过上下的色彩对比划分版块，整体效果大方、稳重，给人以信赖的感觉。

配色方案

CMYK：13-9-20-0	CMYK：59-50-55-1	CMYK：81-90-47-13	CMYK：11-99-29-0
RGB：229-229-210	RGB：125-125-133	RGB：75-52-941	RGB：231-0-112

5 案例欣赏

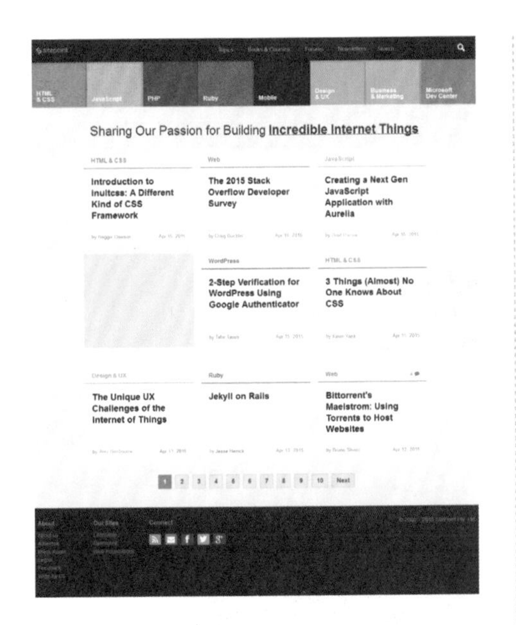

HTML & CSS
JavaScript
PHP
Ruby
Mobile
Design & UX
Business & Marketing
Microsoft Dev Center
Sharing Our Passion for Building Incredible Internet Things
Introduction to Inuitcss: A Different Kind of CSS Framework
The 2015 Stack Overflow Developer Survey
Creating a Next Gen JavaScript Application with Aurelia
2-Step Verification for WordPress Using Google Authenticator
3 Things (Almost) No One Knows About CSS
The Unique UX Challenges of the Internet of Things
Jekyll on Rails
Bittorrent's Maelstrom: Using Torrents to Host Websites
Next

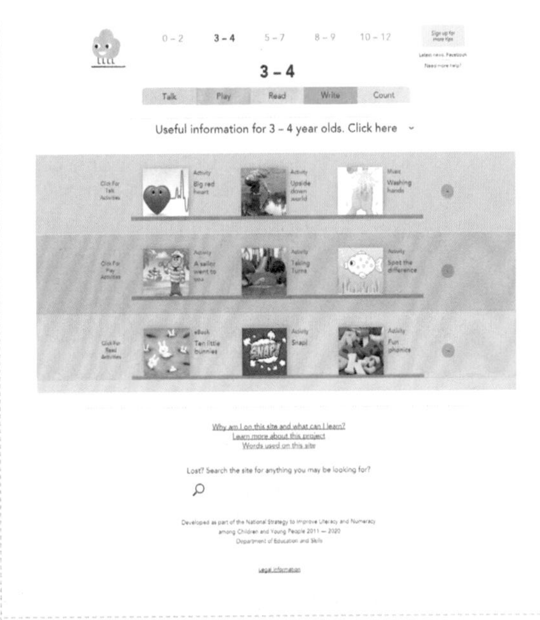

0 – 2
3 – 4
5 – 7
8 – 9
10 – 12
3 – 4
Talk
Play
Read
Write
Count
Useful information for 3 – 4 year olds. Click here
Why am I on this site and what can I learn?
Learn more about this project
Words used on this site
Lost? Search the site for anything you may be looking for?

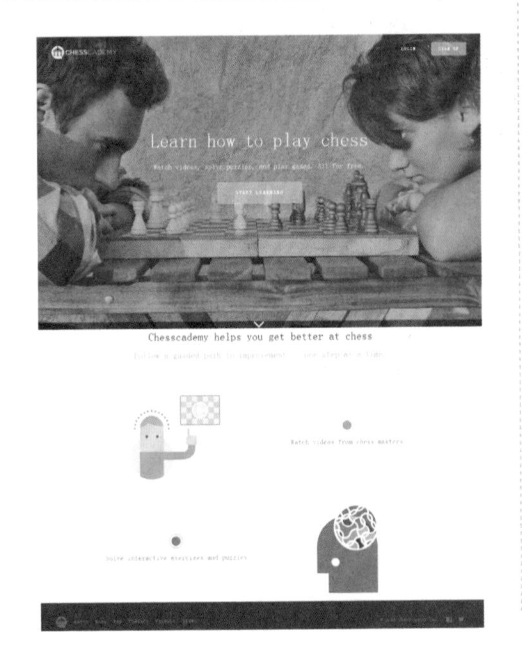

Learn how to play chess
Chesscademy helps you get better at chess

curious
Introducing...
curious
An all-you-can-eat buffet for your brain!
Try Curious+ FREE
+ View More Lessons

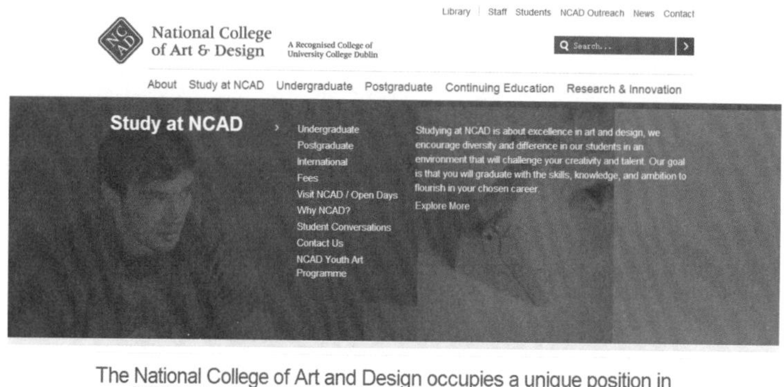
Library
Staff
Students
NCAD Outreach
News
Contact
National College of Art & Design
A Recognised College of University College Dublin
Search...
About
Study at NCAD
Undergraduate
Postgraduate
Continuing Education
Research & Innovation
Study at NCAD
Undergraduate
Postgraduate
International
Fees
Visit NCAD / Open Days
Why NCAD?
Student Conversations
Contact Us
NCAD Youth Art Programme
Studying at NCAD is about excellence in art and design, we encourage diversity and difference in our students in an environment that will challenge your creativity and talent. Our goal is that you will graduate with the skills, knowledge, and ambition to flourish in your chosen career.
Explore More
The National College of Art and Design occupies a unique position in art and design education in Ireland. It offers the largest range of art and design degrees in the State at undergraduate and postgraduate level.

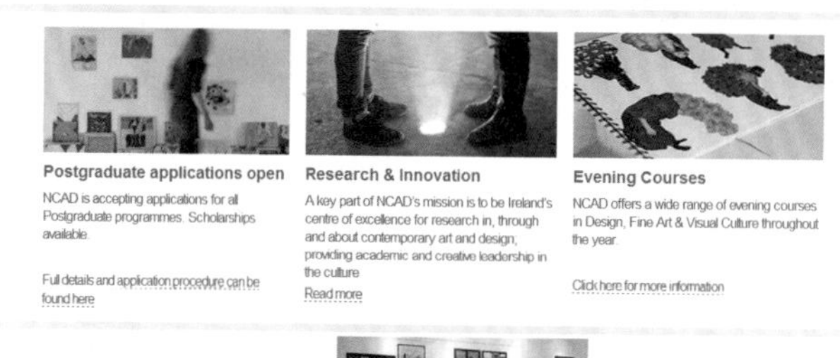
Postgraduate applications open
NCAD is accepting applications for all Postgraduate programmes. Scholarships available.
Full details and application procedure can be found here
Research & Innovation
A key part of NCAD's mission is to be Ireland's centre of excellence for research in, through and about contemporary art and design, providing academic and creative leadership in the culture
Read more
Evening Courses
NCAD offers a wide range of evening courses in Design, Fine Art & Visual Culture throughout the year.
Click here for more information

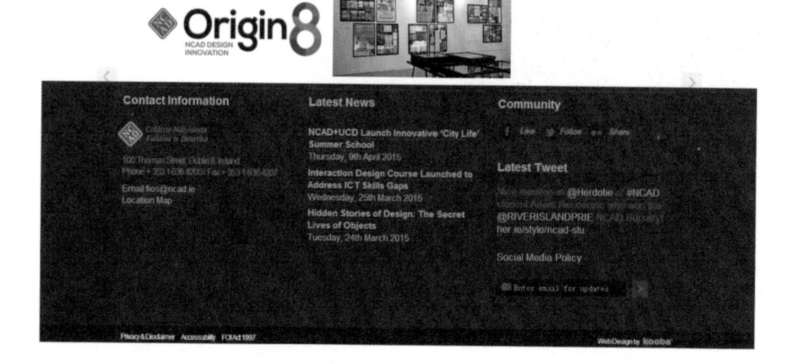
Origin8
NCAD DESIGN INNOVATION
Contact Information
Email fios@ncad.ie
Location Map
Latest News
NCAD+UCD Launch Innovative 'City Life' Summer School
Thursday, 9th April 2015
Interaction Design Course Launched to Address ICT Skills Gaps
Wednesday, 25th March 2015
Hidden Stories of Design: The Secret Lives of Objects
Tuesday, 24th March 2015
Community
Latest Tweet
@Herdotie
#NCAD
@RIVERISLANDPRIE
Social Media Policy
Privacy & Disclaimer
Accessibility
FOI Act 1997

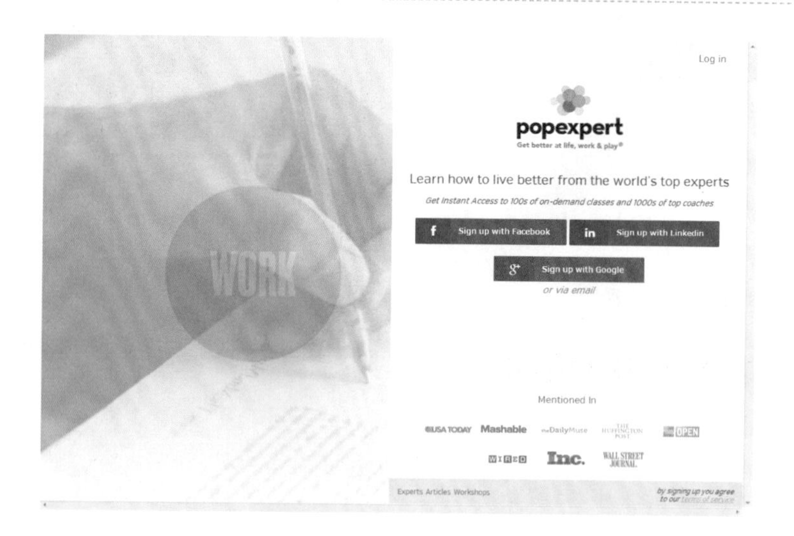
Log in
popexpert
Get better at life, work & play
Learn how to live better from the world's top experts
Get instant Access to 100s of on-demand classes and 1000s of top coaches
Sign up with Facebook
Sign up with Linkedin
Sign up with Google
or via email
WORK
Mentioned In
USA TODAY
Mashable
Inc.
WALL STREET JOURNAL
OPEN
Experts Articles Workshops

8.4 娱乐艺术

随着时代的发展，人们的生活水平逐步提高，对视觉艺术的要求也不再单一，只有别出心裁的设计理念才能赢得观者的喜爱。娱乐艺术类网站通常观赏性较强，无论从题材选择还是从色彩搭配等方面，都需要展现出朝气蓬勃、积极向上的风貌。此类网页的设计没有固定、死板的具体要求，通常会采用较为抽象的方式来表现。

1 独特的艺术效果

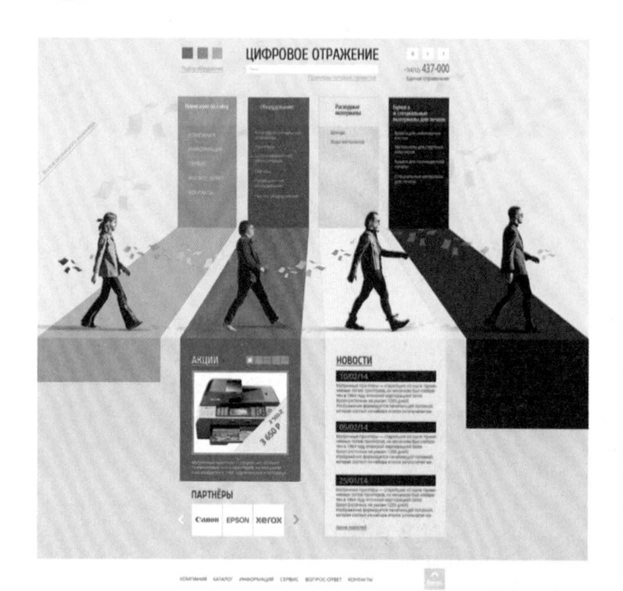

该网页主要由四种不同色彩的条块组成，通过色彩的明暗调整，给人以视觉上的错觉，形成立体的三维空间；由碎纸片随性而成的曲线微妙地将页面连接起来，营造出一种独特的艺术效果。

配色方案

CMYK：66-6-3-0	CMYK：10-80-0-0	CMYK：8-2-86-0	CMYK：78-74-71-44
RGB：53-193-246	RGB：255-68-181	RGB：254-242-0	RGB：54-53-53

2 率性、热烈

该页面底部大面积的留白与上方复杂的色彩形成鲜明的对比；由黄至红、由红至紫的一系列渐变色，赋予页面以火热的感觉，使页面在具有时尚感的同时又极富个性。

配色方案

CMYK：0-47-90-0	CMYK：0-88-65-0	CMYK：34-100-29-0	CMYK：60-100-31-0
RGB：255-163-10	RGB：255-57-68	RGB：190-0-112	RGB：138-0-112

3 个性与时尚

该网页的制作主要分为上下两部分。上方色彩的明度较暗，以三角形的裁切方式将图片与文字分隔开，使页面取得微妙的平衡；下方色块的色彩亮丽，活跃了页面的气氛。

◎配色方案

CMYK	RGB
22-37-89-0	215-170-42
15-91-64-0	223-51-73
52-4-96-0	142-199-40
68-46-37-0	100-129-146
67-82-0-0	143-41-210
85-81-81-68	23-22-22

4 洒脱、抽象

该网页中文字与图片的选择都较为抽象，蜿蜒的曲线使页面产生了流动感；使用色彩叠加的方式引导浏览者的视线，是该页面充满活力的主要因素，整体效果洒脱、大气。

◎配色方案

CMYK	RGB
57-0-16-0	0-245-255
82-36-40-0	10-137-152
95-89-0-0	39-19-184
8-65-97-0	237-121-0
21-95-100-0	212-38-16
32-97-39-0	192-27-103

5 案例欣赏

SARAH FOSS
A TALENTED YOUNG ARTIST WHO IS BOTH A SINGER AND SONGWRITER.
FIND HER VISION
MAR,24TH
APR.2ND
COLONEL GADAFFI

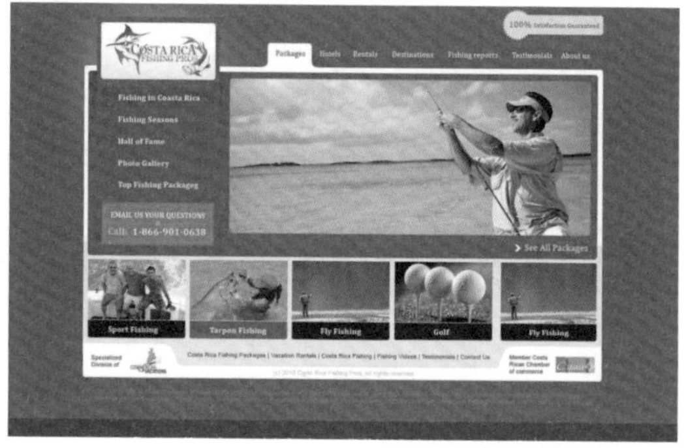
Fishing in Costa Rica
Fishing Seasons
Hall of Fame
Photo Gallery
Top Fishing Packages
Call: 1-866-901-0638
See All Packages
Sport Fishing
Tarpon Fishing
Fly Fishing
Golf
Fly Fishing

Histórico
Equipe
Clientes
Portfólio
Jingles
Contato

EVERLAND RESORT
윈터원더랜드
New 스노우버스터
에버랜드 무료입장
연간회원 가입하면
캐리비안 베이 쿠폰 증정

WELKOM OP
GOOD FELLOWS
Red Bull

第8章

8.5 电子商务

电子商务是交易双方基于网络在线进行支付的一种新型的商业运作模式。贸易全球化、网络开放化等一系列政策也推动了电子商务的发展，使其势不可挡，并逐渐占据服饰、美容、运动、食品、家装等多个领域，购买人群覆盖青年、中年及老年等多个年龄层面。因此，如何制作既可以将商品完美展示又可以根据不同年龄层面服务大众的网页，成为值得考量的问题。

图片由大至小的排列方式，给页面以层次感；浅蓝色的背景使图片效果清新、明亮。
在导航栏及横幅标题处以最精简的版块交代了品牌和服务项目。
灰色的条块将页面标题部分与内容介绍部分隔开。
图文结合的方式疏密相间，纵横交错，浑然一体，更具美感。
롯데백화점
Rainbow Festival
21,250
CMYK：9-2-0-0
RGB：238-247-255
CMYK：53-44-42-0
RGB：136-136-136
CMYK：76-31-7-0
RGB：31-152-213
CMYK：11-20-78-0
RGB：242-210-70

1 欢快、亮丽

该网页为某品牌化妆品的网页，主要面向群体为青年女性。在色彩选择方面较为鲜艳、明快，一对一的图文混排将商品信息及品牌文化以极佳的方式传递给浏览者，从而激起其购买欲。

◎配色方案

CMYK：8-3-86-0	CMYK：29-41-74-0	CMYK：82-66-62-17	CMYK：13-71-35-0	CMYK：11-95-16-0	CMYK：76-16-85-0
RGB：254-241-2	RGB：198-158-81	RGB：85-85-85	RGB：227-107-127	RGB：231-12-128	RGB：45-162-84

2 彰显品位

该网页在色彩选择方面较为巧妙、严谨。使用渐变的米黄色作为过渡，将上下两部分自然地分隔开，白色有延伸空间的作用，减少了页面的拥挤感。

◎配色方案

CMYK：11-12-22-0	CMYK：18-20-37-0	CMYK：20-67-46-0	CMYK：83-84-86-73
RGB：234-226-205	RGB：219-205-168	RGB：214-113-114	RGB：23-15-12

3 儿童品牌

该网页为国外某儿童品牌服饰的宣传网页。蓝色与明黄色的搭配，很容易引起浏览者的视觉兴趣，也符合儿童的主题；可爱的卡通人物更能够吸引儿童的目光，是页面的亮点。

配色方案

CMYK：71-5-23-0
RGB：0-189-211

CMYK：78-37-0-0
RGB：26-141-221

CMYK：6-16-88-0
RGB：254-220-0

CMYK：20-88-12-0
RGB：216-58-141

4 端庄、文雅

说到“婚纱”“婚礼”等词语，通常会使人联想到“神圣”“典雅”等感觉。该网页以此为主题进行制作，在色彩选择上以婚纱的色彩为主色调，文字字体及色彩的选用都较为严谨，页面的中心点缀有一束红色的捧花，作为页面的视觉焦点。

配色方案

CMYK：16-18-22-0
RGB：221-210-198

CMYK：38-41-73-0
RGB：178-153-86

CMYK：43-100-100-11
RGB：160-2-30

CMYK：93-88-89-80
RGB：0-0-0

5 案例欣赏

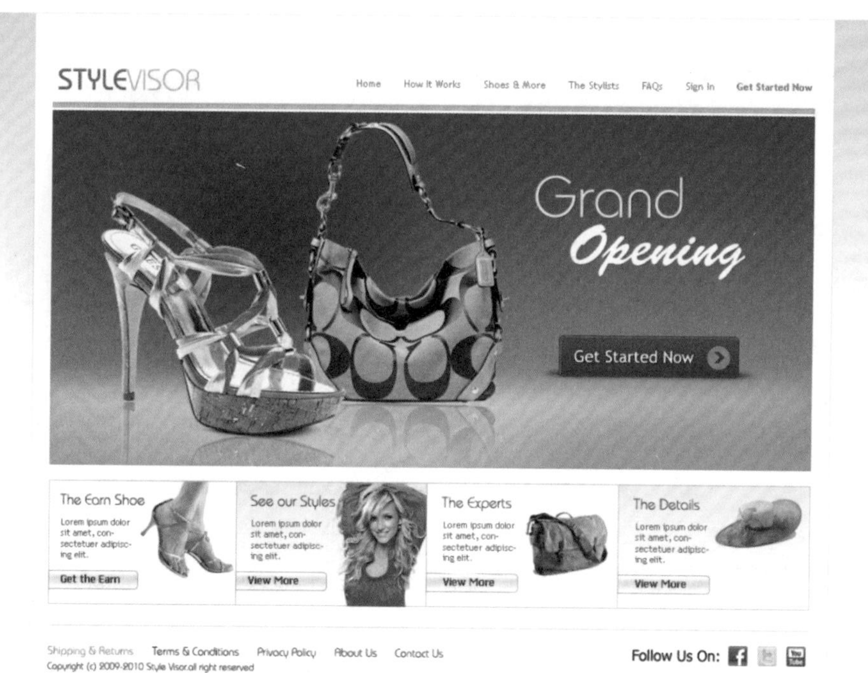
STYLEVISOR
Home
How It Works
Shoes & More
The Stylists
FAQs
Sign In
Get Started Now
Grand
Opening
Get Started Now
The Earn Shoe
Lorem ipsum dolor sit amet, con-sectetuer adipisc-ing elit.
Get the Earn
See our Styles
Lorem ipsum dolor sit amet, con-sectetuer adipisc-ing elit.
View More
The Experts
Lorem ipsum dolor sit amet, con-sectetuer adipisc-ing elit.
View More
The Details
Lorem ipsum dolor sit amet, con-sectetuer adipisc-ing elit.
View More
Shipping & Returns
Terms & Conditions
Privacy Policy
About Us
Contact Us
Copyright (c) 2009-2010 Style Visor.all right reserved
Follow Us On:

BRAND ON
BEST 100
SPECIAL MALL
Special Price
27,200
BRAND QUICK SEARCH
패션플러스
2013 S/S
입고!
엘프삭 / 쿠아 / 르샵
봄상품 단독공개
AK PLAZA
2013 새봄
FASHION TREND
제안
Special Benefit
Brand Sale
BEAN POLE
LADIES
Shopping News
New Arrival
PRADA
BUCKAROO

mecanoplast
PRODUCATOR
USI DE INTERIOR
obebe
Usi de interior, rezidentiale
Classic
450ron
450ron
450ron
600ron

Come In & Enjoy A HEAVENLY Dining EXPERIENCE
WINGS
Sports, Beer, Award-Winning Jumbo Wings & Lots of Other Great Stuff!
Lunch Specials
WELCOME
Redneck Chickens
260-432-6001
SIZZLIN'
SUMMER APPS!
New Opening

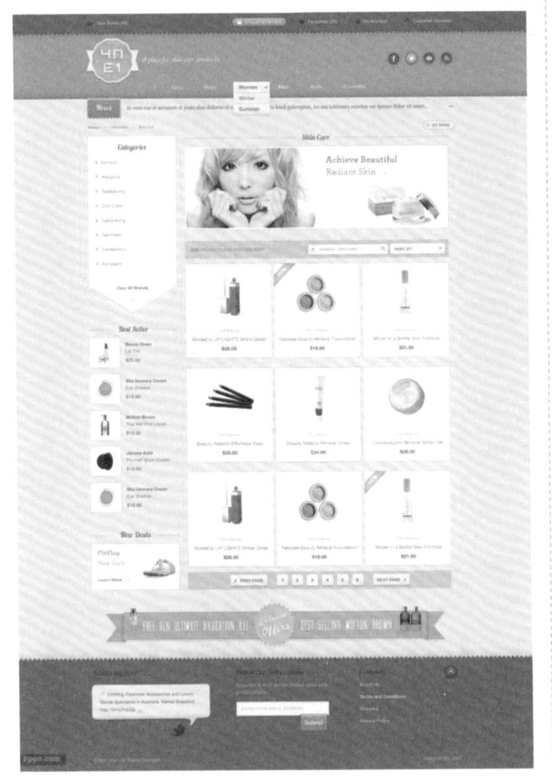
Categories
Achieve Beautiful
Radiant Skin
Best Seller

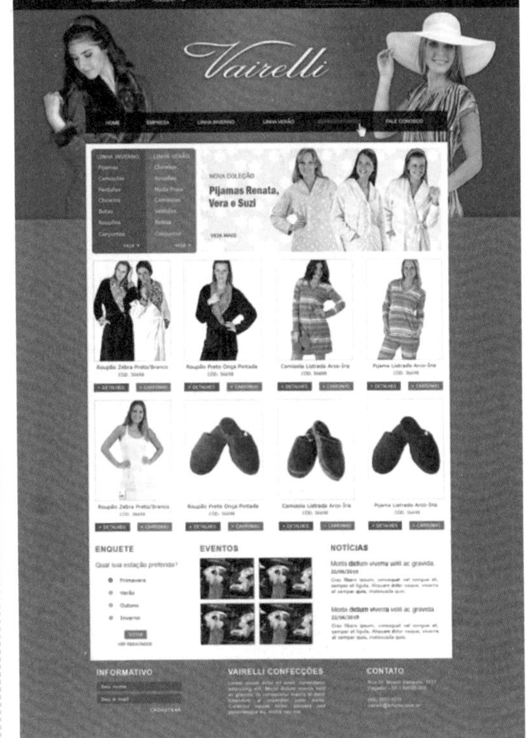
Vairelli
Pijamas Renata, Vera e Suzi
ENQUETE
EVENTOS
NOTÍCIAS
INFORMATIVO
VAIRELLI CONFECÇÕES
CONTATO

8.6 网络中心

网络信息化时代的到来，推动了网络游戏、网络汇集、网络宣传的发展，因此，各种网络题材的网站横空出世。为了适应行业发展，网络题材的网页纷纷突出其自身品质，放大其自身特色。此类网站的主要受众群体为男性，在色彩选择上要尽量符合男性的心理特征。

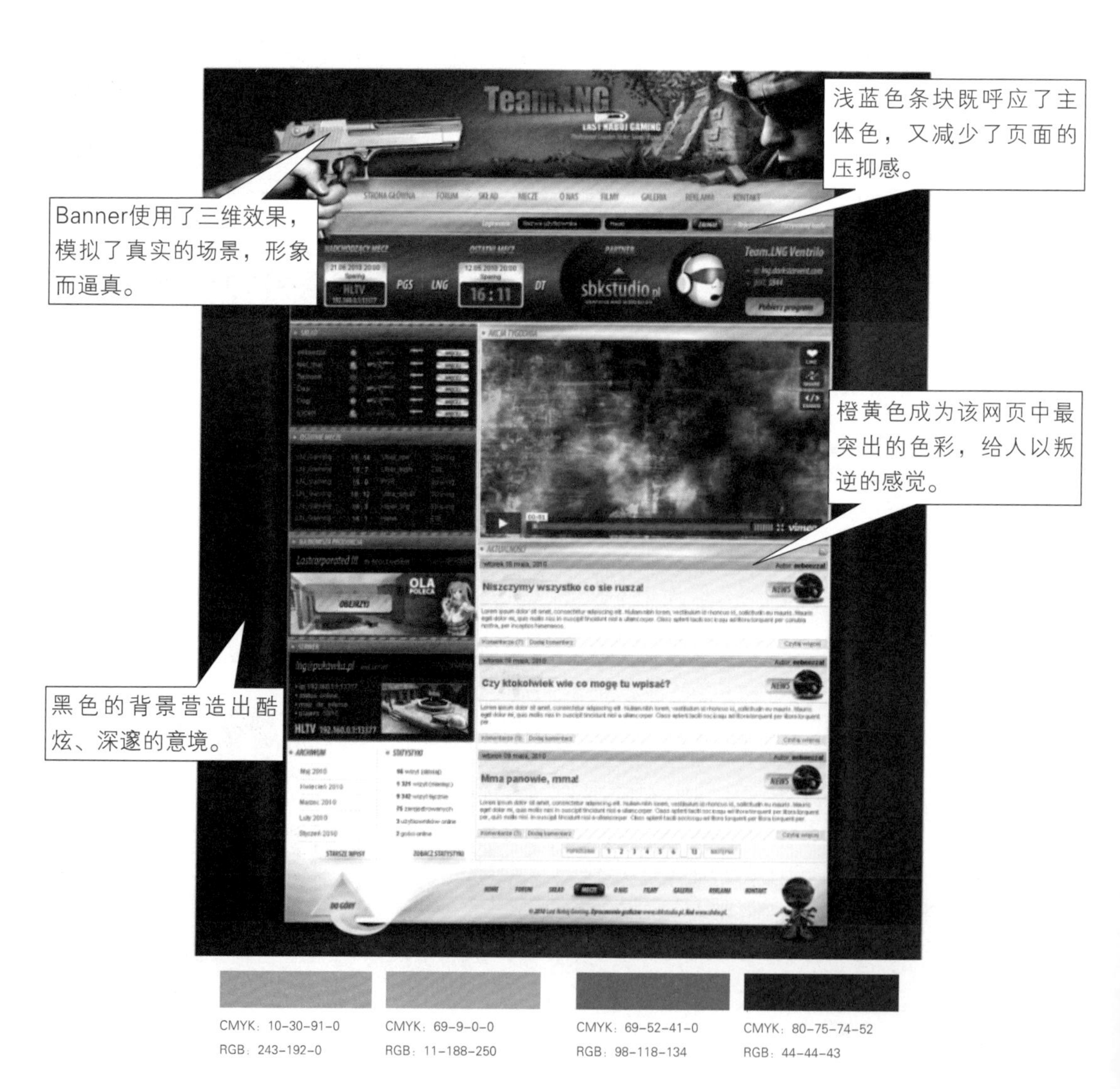

Banner使用了三维效果，模拟了真实的场景，形象而逼真。
浅蓝色条块既呼应了主体色，又减少了页面的压抑感。
橙黄色成为该网页中最突出的色彩，给人以叛逆的感觉。
黑色的背景营造出酷炫、深邃的意境。
CMYK：10-30-91-0
RGB：243-192-0
CMYK：69-9-0-0
RGB：11-188-250
CMYK：69-52-41-0
RGB：98-118-134
CMYK：80-75-74-52
RGB：44-44-43

1 极具真实感

该页面由阴暗的墙壁、破碎的木板、沉重的铁链以及昏暗的灯光构成，以文字及图片的形式简要地概述了该游戏的场景及思路，效果形象、立体、真实，给人以身临其境的感觉。

◎配色方案

CMYK：23-37-56-0	CMYK：56-77-89-30	CMYK：42-100-100-9	CMYK：86-84-88-75
RGB：209-171-118	RGB：110-63-41	RGB：165-13-9	RGB：17-12-8

2 惟妙惟肖

该网页以紫色系为主，以三维方式制作的卡通人像惟妙惟肖，将情节、场景、人物等元素汇集于一幅页面中实属不易，上紧下松的页面布局为整幅页面锦上添花。

◎配色方案

CMYK：43-50-68-0	CMYK：19-15-3-0	CMYK：81-82-30-1	CMYK：47-93-100-17
RGB：166-135-92	RGB：215-215-233	RGB：79-69-127	RGB：145-41-7

3 直观、鲜明

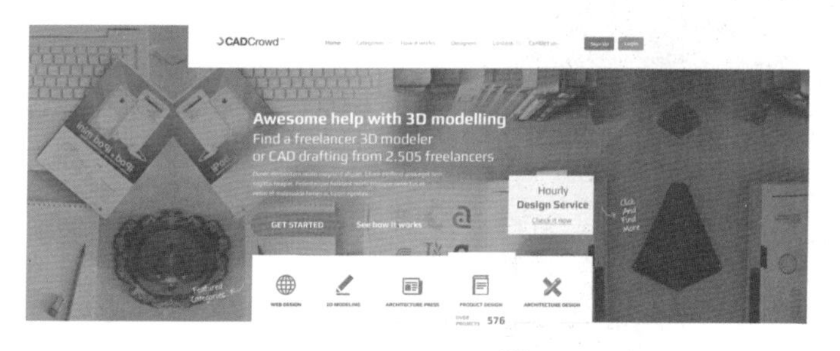

该页面是以多个电子产品的屏幕作为传递信息的媒介，这种表现方式直观而明了；下方的大片留白，使主体图片更加突出；上方背景的模糊处理，使其与叠加的文字形成鲜明的层次感。

◎配色方案

CMYK：51-53-57-1	CMYK：72-48-44-0	CMYK：69-76-63-27	CMYK：4-78-98-0	CMYK：24-96-40-0	CMYK：78-92-0-0
RGB：146-124-108	RGB：87-123-133	RGB：86-64-71	RGB：241-90-1	RGB：206-29-101	RGB：98-31-165

4 经典、灵动

黑、白色的搭配是永恒的经典，可以使页面效果精炼、传神；撕边效果的制作减少了页面的呆板、正式感，使其更加灵动、随性；少许红色的点缀起到了强调的作用。

◎配色方案

CMYK：32-100-100-1	CMYK：7-13-51-0	CMYK：77-44-15-0	CMYK：93-88-89-80
RGB：193-2-2	RGB：248-226-144	RGB：56-130-184	RGB：0-0-0

5 案例欣赏

GPOWER
Voice Servers
Game Servers
Web Hosting
GET GPOWERED

Imago

대한민국이 만들고
전세계가 열광한 FPS가 곧 시작됩니다.
크로스파이어
COMING SOON

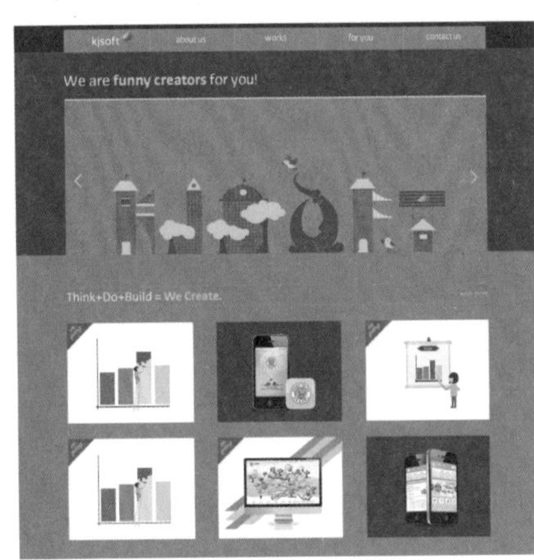
kjsoft
We are funny creators for you!
Think+Do+Build = We Create.

Double A Green Promise
오늘 바로 약속하고 함께 실천해요.
Green Promise 참여하기
Green Promise
992
Green Promise
Green Office Challenge
Better Paper Better World

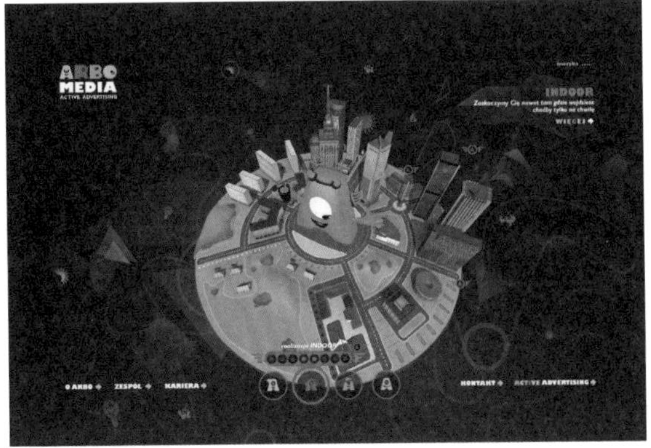
ARBO MEDIA
INDOOR

8.7 竞技体育

生命在于运动，运动代表着活力与健康，是人们生活中必不可少的环节。随着大众对体育运动越来越重视，竞技体育类的网站也逐渐蔓延开来，而此类网站主要展示运动项目、运动员信息以及运动服饰等内容，表现肌肉、汗水、健康等运动美，风格积极向上，可以起到催人奋进的作用。

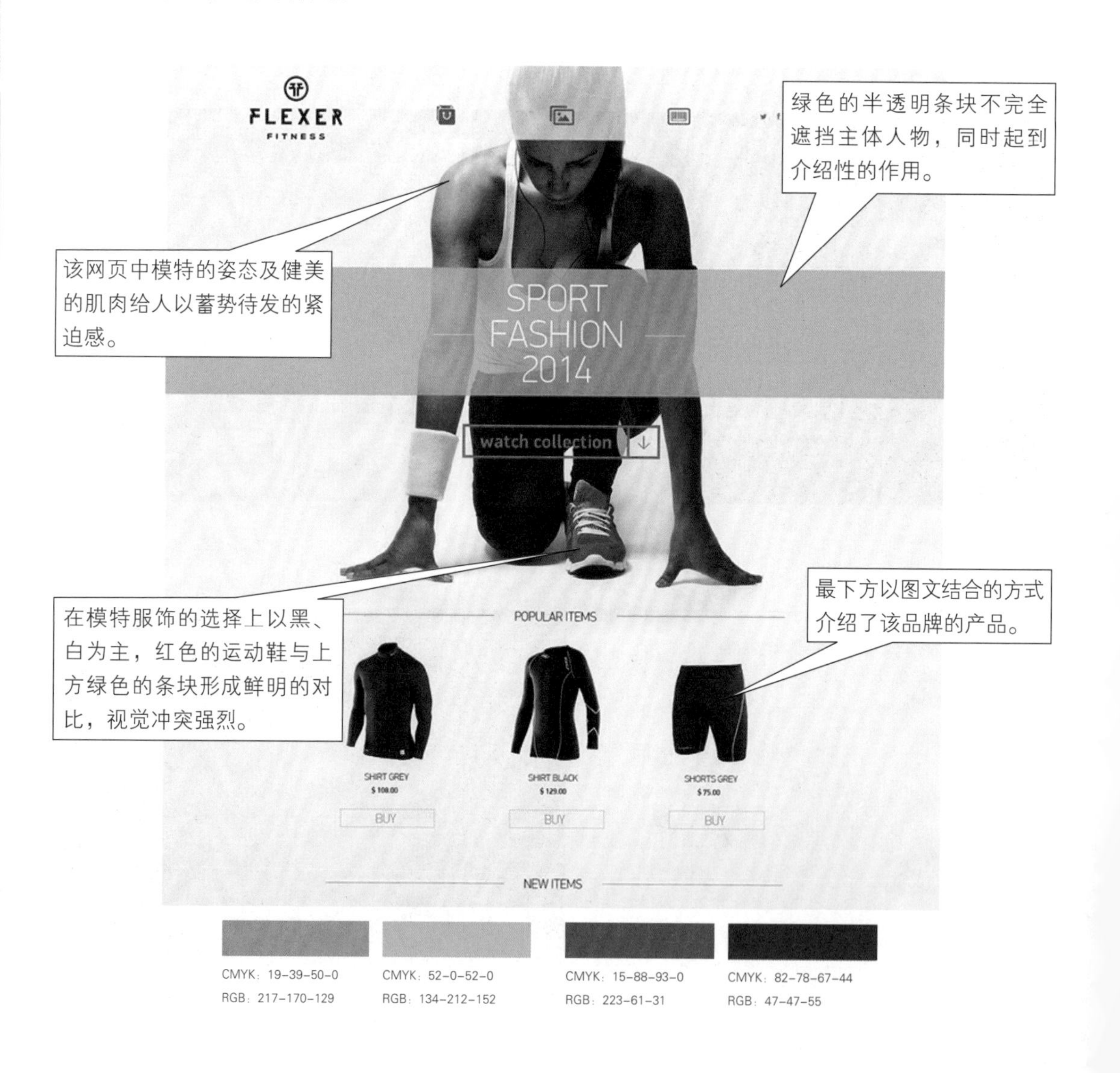

1 特写的美感

在制作运动题材的网页时使用特写照片，是塑造运动美的神兵利器。在该页面中，腿部细节的特写展示了肌肉的美感，溅起的水花表现了运动的韵律感，绿色的条块使页面的色调更加鲜明。

◎配色方案

CMYK：70-0-100-0	RGB：36-196-38
CMYK：43-49-62-0	RGB：166-136-102
CMYK：62-61-77-15	RGB：111-96-69
CMYK：92-87-88-79	RGB：2-2-2

2 帅气、灵动

该网页以生动的方式展现了运动之美。首先是色彩方面，商场与山峰的场景形成强烈的对比，给人以最直观的感受；人物服饰方面，运动与生活形成对比，使人更加向往。网页设计巧妙地抓住了当代人蜗居于都市而渴望自然的心理感受，通过色彩与布局的形式，将运动与生活的距离拉近。

◎配色方案

CMYK：31-41-61-0	RGB：193-158-108
CMYK：50-59-69-3	RGB：147-112-84
CMYK：24-97-76-0	RGB：205-33-57
CMYK：67-26-24-0	RGB：87-162-188
CMYK：86-62-42-2	RGB：45-96-126
CMYK：78-55-96-22	RGB：66-92-49

3 竞技与生活

以水上运动为主题的网页设计通常以蓝色系为主。该网页打破了通俗的设计观念，在此基础上进行拓展与延伸，使浏览者既体会到了海洋的魅力，又感受了阳光沙滩的美好。

◎配色方案

CMYK：14-16-29-0	RGB：228-216-188
CMYK：26-39-61-0	RGB：203-164-109
CMYK：6-16-88-0	RGB：255-220-4
CMYK：3-62-88-0	RGB：246-130-30
CMYK：71-33-0-0	RGB：66-151-227
CMYK：51-73-89-16	RGB：134-80-48

4 力量与激情

该网页是以足球为题材的网页。黑色的背景营造出炫酷的氛围；红色与绿色为互补色，形成了强烈的视觉冲击力，从而展现出体育竞技的力量与激情。

◎配色方案

CMYK：46-28-85-0	RGB：161-168-67
CMYK：16-98-100-0	RGB：221-17-18
CMYK：43-100-100-10	RGB：161-11-12
CMYK：82-75-99-66	RGB：28-30-6

5 案例欣赏

PAJU
코오롱스포렉스
운정스포츠센터
센터소개
회원가입안내
이벤트
커뮤니티
위치안내
체계적인 프로그램과 최신시설 보유!

SHOPTIMAO.COM.BR
JUNHO
ESTATÍSTICAS
MARÇO
ABRIL
MAIO
JUNHO
JULHO
AGOSTO
SETEMBRO

THE NORTH FACE
가볍게 매일매일 만나는 산
DYNAMIC HIKING
다이나믹하이킹 컬렉션
5월 1일부터 5월 31일까지
노스페이스 공식 온라인 쇼핑몰에서
다이나믹하이킹 컬렉션 제품들을 구매하시는
모든 분들께 다이나믹하이킹 반다나(스카프)와
보온병을 보내드립니다.
쇼핑몰 바로가기 Go
송중기와 함께하는
DYNAMIC HIKING DAY
중기와 효진이의 다이나믹하이킹무비를 보시고
이벤트에 참여해 주세요.
Event 참여하기
About DYNAMIC HIKING
더 가볍게, 더 빠르게, 더 간편하게! 매일매일 만나는 산이
얼마나 즐거운지 다이나믹하이킹과 함께
경험해보세요!
변화의 시작은 다이나믹 하이킹으로 부터
Go
다이나믹하이킹 HOME / About Dynamic Hiking / 이벤트 참여하기 / Movie 갤러리 / 제품보기 / 쇼핑몰 바로가기
본 사이트는 IE8 이상 버전에 최적화 되어 있습니다. 이벤트 고객센터: 070-8224-1004 (운영시간: 월~금 10:00 ~ 18:00)
COPYRIGHT© 2013 GOLDWINKOREA ALL RIGHTS RESERVED.

VIVA NA COPA
PROMOÇÃO NOVO SITE DA VIVA
A NOVA PROMOÇÃO DA
ACADEMIA VIVA
ESTÁ COM A BOLA TODA
ACADEMIA
VIVA
PLACAR
INSCRIÇÃO
Confira o nosso
REGULAMENTO
LOGIN
OK

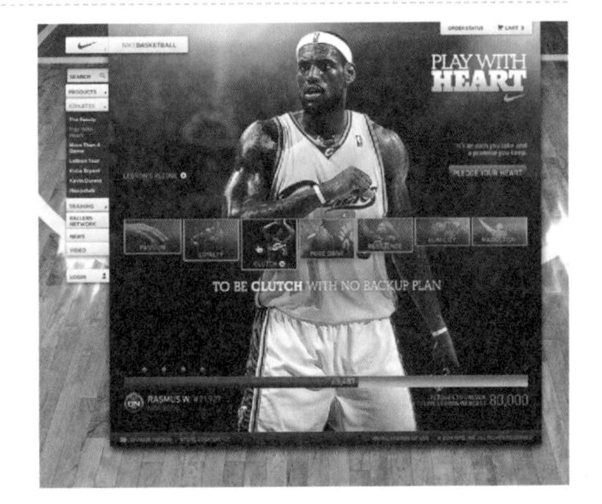
PLAY WITH
HEART
TO BE CLUTCH WITH NO BACKUP PLAN